世界牡丹和芍药研究

——兼论分类学的基本原理

洪德元　著

科 学 出 版 社

北　京

内 容 简 介

牡丹和芍药是芍药属中的一对“亲兄弟”，是著名的园林和药用植物。本书阐述了基于野外综合考察、大量标本观察分析、多学科研究和谱系基因组分析产生的 5 项研究结果。①对世界牡丹和芍药进行全面分类修订，确认芍药属有 34 种，其中野生牡丹 9 种，全为中国特有，为世界牡丹和芍药提供了精准的物种数据；②揭示了芍药属的谱系发生关系，建立了芍药属全新的分类系统；③推论芍药属植物起源于泛喜马拉雅地区，并由此向北温带地区扩散，形成芍药属现代的地理分布格局；④揭示中原地区 5 种野生牡丹在庭院中相遇，发生杂交，经人工选育，产生“花王牡丹”；⑤提出一个新的物种概念：遗传-形态物种概念，这一概念既有科学基础，又有实用价值，并解答了生物学中“什么是物种”这一问题。世界牡丹和芍药研究与分类学基本原理贯穿全书，互相呼应。

本书可供分类学、园艺学和生物学等领域的科研工作者、高校师生，以及生物学爱好者阅读参考。

审图号：GS 京（2023）2387 号

图书在版编目（CIP）数据

世界牡丹和芍药研究 ：兼论分类学的基本原理 / 洪德元著. -- 北京 ：科学出版社, 2024.6

ISBN 978-7-03-077598-6

Ⅰ. ①世… Ⅱ. ①洪… Ⅲ. ①芍药属－研究 Ⅳ. ①Q949.746.5

中国国家版本馆 CIP 数据核字(2024)第 014895 号

责任编辑：王海光 王 好 / 责任校对：郑金红
责任印制：肖 兴 / 封面设计：无极书装

科学出版社 出版
北京东黄城根北街 16 号
邮政编码: 100717
http://www.sciencep.com
北京建宏印刷有限公司印刷
科学出版社发行 各地新华书店经销
*
2024 年 6 月第 一 版 开本：787×1092 1/16
2024 年11月第二次印刷 印张：11 1/2
字数：270 000
定价：228.00 元
（如有印装质量问题，我社负责调换）

前　言

我生长在坐落于黄山和天目山之间的安徽绩溪县的一个小山村——杨溪泉水塘，这里出门就爬山，我从小上山摘野果、挖野菜。高中三年级时，文盲家庭出身的我就把自己的志向定在爬山越岭，调查、研究野生植物上。当年（1957 年），我以第一志愿考上复旦大学生物系植物学专业，5 年后又有幸考上中国科学院植物研究所“植物分类与地理”专业的四年制博士研究生，师从著名的植物学家钟补求教授。研究生学习的前两年，我读了不少植物学和植物分类学的英文书籍。毕业后，我留所工作。在那个取消高考、知识分子接受再教育的年代，培根的“知识就是力量”这句名言启示了我，人类需要知识，国家需要知识。于是我自行精读了 4 本专业名著：Eames 的 *Morphology of the Angiosperms*（《被子植物形态学》，1961 年出版）、Davis 和 Heywood 的 *Principles of Angiosperm Taxonomy*（《被子植物分类学原理》、1963 年出版）、Stebbins 的 *Variation and Evolution in Plants*（1951 年出版）和它的中译版《植物的变异与进化》（1963 年出版），获益匪浅。在那以后的大半生里，我一直坚持读书，思考着分类学中的原理和科学问题，并把它们与实践结合起来。

1972 年，我开始研究工作，从编写《中国高等植物图鉴》的玄参科和鸭跖草科开始，后转入《中国植物志》项目，主持第七十三卷第二分册（桔梗科）的编写。到 1979 年，我已经完成了《中国高等植物图鉴》、《中国高等植物检索表》和《中国植物志》玄参科（部分属）、鸭跖草科和桔梗科的编写任务。在相当长的时间里，我一直琢磨着一些问题：科学划分物种的形态学原则是什么？如何避免人为误判？我在后续的一些报告和讲义中讲述了我的想法。

1985 年，我获得中国科学院的一笔 5 万元的回国人员科研启动费。我和我的伴侣兼同事潘开玉商量选题问题，她建议我把芍药属作为研究对象。她是《中国植物志》第二十七卷芍药属的作者，觉得牡丹和芍药都是重要植物，但中国缺文献，也缺标本，还有不少分类问题需要解决。于是我就着手芍药属的细胞分类学研究，一边研究一边查阅文献，逐渐认识到牡丹和芍药在花卉、药用和文化等多方面的重要价值，同时也越来越发觉芍药属的原有研究还很浅显，特别是那时中国缺文献，尤其缺野生牡丹和芍药的标本，研究工作难以深入。1991 年至 1992 年，我有机会在德国图宾根大学工作 3 个月，潜心研究世界牡丹和芍药，获得不少文献资料，特别是观察、研究了该校的 W. Sauer 教授专为我从欧洲几个大标本馆借来的芍药属标本。虽然为时很短，但我认识到，有关牡丹和芍药的认识还很肤浅，它们值得深入研究。

Sauer 教授在我们离别前将他们夫妇俩从希腊卡瓦拉（Kavala）地区采集的一号两份未经鉴定的标本送给我。显然，他意在鼓励我继续研究。回国后经我初步观察，发现这号标本很可能是一个新种，但我深感自己的研究才起步，不够深入，必须收集更充实的数据才能下结论。这件事也促进我在研究世界牡丹和芍药的道路上不断开拓。我想对世界牡丹和芍药进行深入研究，必须全面掌握文献资料，查阅尽可能多的标本，特别是模式标本，更重要的是必须进行广泛的野外考察，在野外这个天然实验室里充分观察植物的变异——变异幅度和变异规律，掌握第一手材料，还可获取宝贵的实验材料。但在 20 世纪 90 年代初，我国改革开放、经济腾飞才起步不久，财政还不富足。正在踌躇不前之时，1994 年至 1995 年初，我和潘开玉在美国合作完成 *Flora of China*（《中国植物志》英文修订版）项目部分任务时，听取了美国同事们的建议，于是我就在美国逗留期间向美国国家地理学会递交了考察喜马拉雅和横断山地区的牡丹和芍药的基金申请，不到半年我就获得了一笔资助。从此，我将世界牡丹和芍药研究定为我科学研究的首要项目。于是，1995 年秋至 1997 春，我和我的团队成员考察了四川西部、西藏东南部和云南的广大地区。1997 年，我在 *Novon* 上发表了“*Paeonia* (Paeoniaceae) in Xizang (Tibet)”（《西藏的牡丹和芍药》）一文；1998 年在 *Journal of Missouri Botanical Garden* 上合作发表了“Taxonomy of *Paeonia delavayi* complex (Paeoniaceae)”（《滇牡丹复合群的分类学》）。这两篇文章发表后不久受到国外专家的高度赞扬。初步的成功激励了我，也鞭策我走向世界，于是我继续申请，后又成功获得 4 笔资助，使我有条件考察了西起西班牙，向东经地中海、土耳其和高加索至日本，并跨洋考察美国西部，覆盖了芍药属几乎全部分布地点，也获取了为后来的染色体研究和谱系基因组分析所必需的实验材料。但很遗憾，由于安全原因，未能考察非洲西北部的卡比利亚（Kabylie）山区。可以说，“有牡丹和芍药的地方，就有洪德元”（《中国科学报》2021 年 11 月 17 日头版头条）。同时我也查阅了世界 65 个标本馆的标本。我在进行野外考察的同时，对各个类群逐个进行分类修订，依据形态性状的观察、分析、野外考察数据，必要时进行统计学分析，不断发表分类修订文章。同时我们团队还进行染色体观察、孢粉学观察和胚胎发生研究。直到 2004 年，我已有底气编写世界牡丹和芍药的英文专著。原计划出 2 册，第一册：分类与植物地理，第二册：谱系发生与进化。这时我老伴潘开玉研究员建议我增加一册，用野外照片生动地展示多态性与多样性。2008 年，我完成了第一册稿件，因为自感满意，想找一个世界上有名气的出版社出版，我就把书稿送交专出植物学著作的英国皇家植物园邱园出版社。一个多月后，评审委员会主任 S. Owens 教授的回信写道，委员会审查了书稿，认为有很高的科学权威性，并决定出版。2010 年第一册 *PEONIES of the World: Taxonomy and Phytogeography*（Hong,

2010）出版，2011 年第二册 *PEONIES of the World: Polymorphism and Diversity*（Hong，2011b）出版。在第一册中已经确定第三册的副标题是 *Phylogeny and Evolution*。这很使我为难，虽然已有很好、很丰富的染色体、孢粉学、胚胎学和形态学数据，但没有高分辨率的分子谱系发生树，难于揭示谱系发生①关系和深入探讨有关进化的问题，这势必影响第三册的科学性和权威性。根据文献资料以及我们以叶绿体基因和个别核基因做出的初步分析都未能达到理想效果。此时，葛颂研究员建议我采用转录组方法获取大量单拷贝或寡拷贝核基因。我们团队于 2009 年申请并获得国家自然科学基金重点项目资助，由周世良和邹新慧执行。这一项目的成果是获得了高分辨率的谱系发生树，体现在三篇论文中（Zhou et al.，2014，2020；Dong et al.，2018）。我自认为，这一结果有力支撑了第三册的副标题：*Phylogeny and Evolution*。这一册于 2021 年 6 月出版（Hong，2021）。至此，我们团队历经 30 多年的奋斗，终于有了自感欣慰的结果。

我们的研究成果除了《世界牡丹和芍药》3 本英文系列专著外，还有 46 篇文章，绝大多数在国际主流刊物上发表，主要研究成果可归纳为以下 5 点。

1. 对世界牡丹和芍药原有的物种记录进行了全面梳理，废除了 27 个种名，恢复了 5 个种名，发表了 5 个新种，厘清了物种组成，确认芍药属有 34 种及 20 亚种，其中野生牡丹 9 种，全为中国所特有。新的检索表和种的描述抓准了鉴别性状，简明、实用、便于鉴定。每个物种均配有分布地图，标出分布地点，并有标本引证。此项工作为世界牡丹和芍药提供了精准的物种数据，得到了学者和读者的赞扬和同行的好评。

2. 从芍药属基因组中筛选出 25 个单拷贝核基因并以此构建了高支持率、高精度的核基因组谱系发生树，揭示了芍药属的谱系发生关系，并结合形态学分析，建立了芍药属含 2 个亚属、7 个组和 34 个种的全新的分类系统。

3. 揭示了芍药属植物起源于泛喜马拉雅地区，并由此向全球北温带地区扩散，形成芍药属现代的地理分布格局。依据高分辨率的基因组谱系发生树，通过谱系分歧时间的估算以及深入的形态学分析，我们推测芍药属大约在 2800 万年前随喜马拉雅山脉的隆升快速分化，向外迁移，形成泛喜马拉雅和地中海两个分布中心，并推测了两个分布中心的形成时间和过程，阐述了两个分布中心的特点。

4. 揭示了“花王牡丹”的起源。“唯有牡丹真国色，花开时节动京城”。花王牡丹有上千个品种，三朝国花。但牡丹何以成为“花中之王”？我们团队根据广泛观察，分析牡丹传统栽培品种与野生牡丹的关系，选取传统栽培品种足够的代表和所有 9 种野生牡丹做样品，选用 25 个单拷贝核基因和叶绿体基因进行基因组谱系发生

① “phylogeny”一词有两种译法：“系统发育”和“系统发生”，本书译为“谱系发生”，把“phylo-”一律改译为“谱系-”。例如，我把“phylogenomics”译为“谱系基因组学”。我认为，“系统”二字不仅被生物学领域采用，数学和工程技术等领域也用；而“谱系”含有亲缘关系之意，该是生物学领域专用的词。

分析。得出的结论是，花王牡丹源自中原地区 5 个牡丹野生种（中原牡丹 *Paeonia cathayana*、紫斑牡丹 *P. rockii*、卵叶牡丹 *P. qiui*、凤丹 *P. ostii* 和矮牡丹 *P. jishanensis*），它们在被引入庭院后相遇，发生杂交，杂交后代经人工精心选育，最终产生了花王牡丹。由 5 个野生种杂交产生一个栽培种，这在科学上还是首次报道。

5. 提出一个崭新的物种概念——遗传-形态物种概念。物种是生物学的基本单元，“什么是物种”是生物学的核心问题之一，也是 *Science* 杂志 2005 年提出的 125 个科学问题之一——“What is species”（什么是物种）。我提出这一新物种概念的依据和基础包括三点：①根据我们的广泛观察和实验，并结合文献记载，确认芍药属植物是异交生物，能代表绝大多数生物类群；②根据我的形态学原则划分的 34 个种符合客观，不仅受到学者们的广泛认同，而且与谱系核基因组数据分析得出的结果高度契合；③深入分析现有的各种物种概念，发现从遗传、进化等微观领域提出的物种概念虽然理论性很强，但很难用于实践，而分类学家提出的物种概念又都多少带主观色彩。我把从微观角度和从宏观角度看待物种有机结合起来，提出这一崭新的物种概念，这一物种概念既有理论，又很实用，应是一次大的创新，也是对 *Science* 杂志提出的“什么是物种”这一命题的应答。

我乐意写本书，其意向有二。一是由于世界牡丹和芍药研究的结果汇集在 46 篇论文（多半英语）和 3 本专著中，专著在英国出版，而且书价昂贵，我国广大分类学工作者不易接触、了解，因此我欲把 3 本专著和多篇论文的内容汇成一体，用中文扼要表达，希望能知识共享，发挥本书应有的作用。二是希望书中涉及的学术思想和研究方法，特别是分类学的基本原理，能引起读者的共鸣，更希望引起读者的讨论和批评，有助于分类学原理在我国得到广泛重视和传播。我还为本书设了副标题：兼论分类学的基本原理。在本书中，我大力压缩了研究的具体内容和成果，突出我们研究的思路和方法，突出从外部形态到基因组多途径的综合研究方法，即宏观（形态性状）和微观（遗传机理等）的有机结合。就是说，我们的研究不仅遵循分类学原理，而且结合实际，力图创新。我还留有笔墨在“跋”的“分类学原理”这一部分中深议这一主题。

在搁笔之余，我还要说一句话，在本书编写过程中，得到了昔日的学生和同事们大力而高水平的帮助，我本人毕竟已是近 87 岁的老人，书中难免有语言不畅等疏漏之处，为此我恳请读者为科学的严谨性，予以指点，提出批评。

洪德元

洪德元

2023 年 10 月

致　谢

PEONIES of the World: Phylogeny and Evolution（《世界牡丹和芍药：谱系发生和进化》）于 2021 年出版。至此我们团队 30 多年对世界牡丹和芍药的研究已告结束。这 3 本系列专著有不小的国际影响，但毕竟是英文，价格也颇昂贵，国内影响有限，正当我和学生酝酿翻译这套书时，昔日的学生北京大学饶广远教授向我建议，还是自编一书为好，可融合系列专著和 40 多篇论文，简明扼要地介绍研究的内容和成果，又借此机会论述自己的研究思想和方法，效果更好。我欣然接受了这一建议。在近一年的编写过程中有幸得到了众多同事和昔日学生们的大力支持。顾红雅、郭延平、傅承新、朱瑞良教授，葛颂、张大明、陈之端、周世良、孙航、张寿洲、何春年、罗毅波、金效华研究员等，以及邹新慧、刘冰、刘彬彬、萨仁等都给了我大力支持，他（她）们的宝贵建议使我的文稿在科学性和语言上都跃升一个大台阶。这样有力和高效的帮助使我难以表达发自内心的感激之情。

文字处理是彭丹、宫晓林和薛艳莉完成的，李爱莉贡献了图 6-6。我衷心感谢她们的尽心帮助。

虽然我已不止一次感谢了团队成员付出的艰辛劳动以及紧密配合的团队精神；也非常荣幸获得国家自然科学基金重点项目和美国国家地理基金会 5 个野外考察项目的基金资助，但在本书圆满完成之际，我还要再次表示衷心感谢。

最后，我要把诚挚的感谢送给我的老伴和同事潘开玉研究员，她不仅给了我必要的精神支持，还在主导和参与花粉和胚胎研究方面，以及文稿完成方面都做了很有效的贡献。

目　录

第1章　研究世界牡丹和芍药的意义

1.1　牡丹和芍药简介

本书概述了我们研究世界牡丹和芍药的结果。我们研究的是野生牡丹和芍药，按亲缘关系，它们是“一家”，但这一群植物在国内和国外、在大众和分类学家之间称谓不一。下面我们力图澄清不同名称的含义。国人把这一群植物分得很清楚，把木本的称为“牡丹”，把草本的称为“芍药”，但是外国人却把它们俩统称为 peony（复数 peonies）。2005 年，在德国慕尼黑举办了“International Peony-Symposium with Exhibition”。我认为会议名称可译为“国际牡丹和芍药大会兼展览”。英文中把木本的称为“tree peony”（直译只能是“树牡丹”，意译应为“牡丹”）；把草本的称为“herb peony”（同样只能意译为“芍药”）。在科学（分类学）上，这一群植物的名称只有一个，即拉丁文为 *Paeonia* L.（中文为芍药属），包括牡丹和芍药。所以中文里的“芍药”和“芍药属”两者涵盖范围就不同了。“芍药”泛指草本的“芍药属植物”，而“芍药属”则包括芍药和木本的牡丹。

我们在对世界牡丹和芍药的研究中已按谱系发生关系构建了芍药属的分类系统（见第 4 章）。按这一系统，芍药属首先分为两大群，即牡丹亚属 subg. *Moutan* (DC.) Ser.（全部木本）和芍药亚属 subg. *Paeonia*（全部草本）。这与国人称的“牡丹”和“芍药”所含内容完全一致，也与英语所称的“tree peony”和“herb peony”含的内容一致。我用《世界牡丹和芍药研究》作为本书的书名，在文中也在几处用了“牡丹和芍药”一词，是因为已出版的 3 本系列专著概括了团队 30 多年的研究成果，为了使这一系列专著有不错的国际影响，我用 *PEONIES of the World*（《世界牡丹和芍药》）作为系列专著名。

按团队的研究成果，芍药属共有野生种 34 个。其中，牡丹亚属（即牡丹）含 9 种，全为中国特有，分布范围西起西藏米林和隆子，东至安徽巢湖，南至云南，北至甘肃、陕西；芍药亚属（即芍药）含 25 种，广泛分布于北温带，西起葡萄牙和摩洛哥，向东至日本，并跨洋到北美西部，我国有 8 种，除福建、广东、广西、海南、江苏、山东和台湾外，各省区均有分布。

栽培牡丹所有的传统品种都属于 *Paeonia* × *suffruticosa* Andrews（栽培牡丹，“×”表示杂交种的符号）。它不是野生的，是中原地区 5 个野生种（紫斑牡丹、中原牡丹、凤丹、卵叶牡丹和矮牡丹）在庭院中相遇、杂交，再经人工选育而形成的（见第 6 章）。

我们的研究揭示了芍药属起源于喜马拉雅地区（见第 5 章）。从“血缘”看，它没有“近亲”，所以芍药科 Paeoniaceae 就成了单属科。芍药科在科一级上也是很孤立的，它在被子植物中的系统位置曾长期存在争议。按被子植物谱系发生研究组系统（APG IV，2016），芍药科属于木兰亚纲虎耳草目，但在虎耳草目中它仍然是孤立的（见第 4 章）。所以，芍药科至今仍是一个值得深入探讨的科。

1.2 牡丹和芍药的价值

1.2.1 药用价值

在中国，丹皮是被《中华人民共和国药典》收录的著名中药之一。1300 多个中药方中都有丹皮。丹皮是所有牡丹植物的根皮，但主要来自大面积栽培的凤丹 *Paeonia ostii* T. Hong & J. X. Zhang。白芍和赤芍也是著名中药，分别来自芍药 *Paeonia lactiflora* Pall.和川赤芍 *Paeonia veitchii* Lynch。

欧洲有一种常见的芍药，学名是 *Paeonia officinalis* L. (1753)。“*officinalis*”是 1753 年林奈在其划时代名著 *Species Plantarum*（《植物种志》）中用的种加词，拉丁语意为“药用的”。可见，至少在 270 年前，芍药就被欧洲人作药用了。

1.2.2 食用价值

近些年，我国很重视且正在大力发展油料牡丹的培育和种植。因为，中国 6 种常用的油料中，牡丹籽的出油率仅次于山茶籽和油菜籽。牡丹籽油中不饱和脂肪酸含量稍次于橄榄油和大豆油，亚油酸含量仅次于大豆油和花生油，而亚麻酸含量则远超其他 5 种油。α-亚麻酸有血液营养素、植物脑黄金之称，具有预防心脑血管疾病、降血脂、抗衰老等功效。毒性试验的结果表明，牡丹籽油是一种安全的、营养合理的食用油，2011 年已被卫生部批准为新资源食品。牡丹籽油的产量不低，且还在不断提升，大有发展前景。

1.2.3 园艺价值

在中国，栽培牡丹有上千个品种，唐朝时被誉为“花中之王”。牡丹如此，那芍药呢？公元 3 世纪，古希腊人把芍药誉为“草本皇后”（Queen of Herbs）。芍药属植物中牡丹当了“花王”，芍药成了“草本皇后”。在欧美，几乎各国都有牡丹和芍药协会。欧洲有一句话，“没有中国花卉成不了花园”；英国著名植物学家威尔逊也曾说过“中国花卉是世界花园之母”。我的经历告诉我，确实如此！我到过欧洲十多个国家，在比较大的庭院中，中国的牡丹和芍药最为常见。

1.2.4 文化价值

牡丹为三朝“国花”，它的文化价值在著名诗句中也有体现，如“唯有牡丹真国色，花开时节动京城”（唐·刘禹锡《赏牡丹》），再如“花开花落二十日，一城之人皆若狂”（唐·白居易《牡丹芳》）。生活和各类艺术作品中也常有牡丹出现，如笔记文中最著名的有北宋欧阳修的《洛阳牡丹记》，音乐中《牡丹之歌》是著名颂歌，戏曲有《牡丹亭》，城市则有牡丹之都——菏泽。2019 年，中国花卉协会召开推荐国花的会议，经过激烈的讨论，并根据公众网上投票结果，最终向全国人大推荐牡丹为唯一候选国花。

1.3　野生牡丹和芍药的生存状况

1.3.1　紫斑牡丹和矮牡丹的遭遇

1985 年，我在中国科学院回国人员科研启动费的支持下，开始了芍药属的细胞分类学研究。首先在已知野生牡丹分布比较集中的秦岭太白山考察，我和我的助手漫山遍野寻找两天整，只发现 3 株：一株在高耸的悬岩上，可望而不可即；第二株在栎树林下的大石堆中，也难获得；第三株是林下的一个残枝。令人失望的考察行将结束时偶遇一位采药者。他告诉我们，1960 年前，他一天可采一麻袋数十斤的丹皮。但 1960 年前后的 2～3 年，药材公司以一斤（1 斤=500g）数元的价格大量收购丹皮，价格诱人，从那以后山上就难见牡丹了。

1993 年，我们团队启动了我主持的国家自然科学基金“八五”重大项目“中国主要濒危植物的保护生物学研究”，研究对象包含一种野生牡丹，即矮牡丹 *Paeonia jishanensis*。我们在山西稷山县和永济县（现永济市）对矮牡丹做了深入的调查研究。在稷山县马家沟村，老乡们讲述了与太白山药农讲的类似的故事。野生牡丹自那次劫难之后，在山上就难见了，上山采挖野生牡丹的人减少了很多，丹皮价格也随之大跌。随着时间的推移，野生牡丹有所恢复，我们在稷山和永济两县的一些山上还是见到不少野生植株。经研究发现，它们绝大多数是根出条长成的植株，由此可以判断矮牡丹是兼性营养繁殖的物种，挖了它的植株，可能还留下一部分根，它就有可能靠克隆繁殖再长出新苗。这与太白山的紫斑牡丹 *P. rockii* 不同，后者是专性异交繁殖（obligately outbreeding）物种，专靠种子繁殖，挖一株就少一株。

1.3.2　大花黄牡丹遇难记

1996 年，张树仁和罗毅波协助我考察喜马拉雅东段，看到一种花为黄色的牡丹。我们最初以为其是《中国植物红皮书》（傅立国，1991）中的黄牡丹 *Paeonia lutea* Delavay ex Franch. (= *P. delavayi* var. *lutea*)，但看到它的丛生习性，又觉得不像。当时这个居群遭到私采滥挖，我们看到它们的“遗体”散落一地，一片狼藉，惨不忍睹（图 1-1）。

图 1-1　大花黄牡丹 *Paeonia ludlowii* (Stern & G. Taylor) D. Y. Hong 西藏米林居群遭受私采滥挖（1996 年 5 月洪德元摄）

据当地人说，那是甘肃、青海的采药人把其当牡丹采挖丹皮造成的。回北京后，经研究发现这并非所谓的黄牡丹，而是英国人于 1951 年发表的黄牡丹变种 *P. lutea* var. *ludlowii* Stern & G. Taylor。经过进一步研究，我们发现它除花黄色，像 *P. lutea* (= *P. delavayi* Franch.) 外，其根的形态、习性、花序、果实大小等一系列性状均与 *P. lutea* 分明有别（见第 3 章）。这一研究结果使我有充分理由认为，它实际上是一个未经描述的新种，但被错误地处理为“变种”。于是我将它处理为一个新种——大花黄牡丹 *P. ludlowii* (Stern & G. Taylor) D. Y. Hong（Hong，1997a）。根据我们收集的标本和文献记录，这个新种仅分布于西藏东南部的米林和隆子两县，分布区域非常狭窄。如果不采取有效的保护措施，这个物种很可能面临灭绝。令人意外的是，我和潘开玉 2013 年在伦敦自然博物馆工作时，竟然发现在这座可算是伦敦标志性建筑的宏伟大楼前两侧的花坛里各有几株大花黄牡丹。可惜当时是秋天，我们未能看到它的花果。后来，我们又在英国皇家植物园邱园（Kew）发现了它的身影。三年后，王强帮我们拍摄了大花黄牡丹的照片（图 1-2）。我不希望这种牡丹也有像麋鹿（四不像）

图 1-2　英国伦敦自然博物馆大楼前两侧花坛里的大花黄牡丹 *Paeonia ludlowii* (Stern & G. Taylor) D. Y. Hong（2016 年 5 月王强摄）

一样的经历（麋鹿原产中国，清朝末年在中国消失，改革开放后又被从英国引回中国繁育）。

1.4　研究现状和科学问题呼唤深入的研究

前文简述了牡丹和芍药在观赏、药用、保健和文化方面的多重价值，同时也表达了对它们岌岌可危现状的忧虑。这样珍贵的植物资源理应得到有力的保护，使它们可以持续地服务于人类。要保护并可持续地利用它们，首先必须充分认识它们，要有精准的物种数据。然而，坦率地说，关于世界牡丹和芍药究竟有多少种，它们分布在哪里，它们的生物学特性如何，如何进行有效保护，对于这些问题，现有的研究成果还远不能准确回答。

1.4.1　对物种的认识肤浅且分歧悬殊

本书第 3 章详细叙述学者们在物种认识上的严重分歧，第 4 章介绍学者们各自的分类系统。这里只对这一问题作简单概述。

从全球看，Schipczinsky（1937）在 *Flora USSR*（《苏联植物志》）中记载了苏联产 15 种芍药，可 Stern（1946）只承认其中 7 种。Kemularia-Nathadze（1961）记载高加索地区有 13 种，但只有 3 种与 Stern（1946）的物种名单一致。地中海两个小岛——科西嘉岛（Corsica）和撒丁岛（Sardinia），在我们去考察之前就知道有 28 个芍药属种或变种名称，2001 年意大利人又发表了一个新种。北美西部的芍药属到底是两个种还是一个种，也一直存在争议。在中国，方文培（1958）记载了牡丹和芍药 12 种（未涉及西藏和新疆），但后来只有 5 个种被学界接受。20 世纪 90 年代，除我和我的团队发表的 4 个新种外，还有学者发表了 10 个新种，但其中只有 2 个被后来的学者承认。《中国植物红皮书》（傅立国，1991）收录了牡丹 4 个保护单元，但遗憾的是 4 个保护单元的拉丁学名全是错的，甚至误把常见的黄牡丹 *Paeonia delavayi* var. *lutea*[其实就是滇牡丹 *P. delavayi* 的一个黄花类型]归为濒危植物。

对牡丹和芍药的研究如此浅显，怎么能成为有效保护的科学基础，使人类得以永续利用？随着研究的持续深入，我更觉得必须有人站出来对世界牡丹和芍药进行尽可能深入的研究，来保护珍贵的牡丹和芍药野生资源，并回答我上面提出的那些问题。

1.4.2　芍药属的科学问题

芍药属植物不仅有极高的应用价值，还有许多引人入胜的科学问题，我们应当进行深入研究，为有效保护和可持续利用这些珍贵的野生植物资源奠定坚实的科学基础。

例如，栽培牡丹何以成为“花中之王”？“花中之王”是如何产生的？为什么芍药科（属）在被子植物中孤孤单单，没有“亲戚”？芍药属的起源地在哪里？它现在独特的分布格局是如何形成的？

牡丹和芍药的价值，以及它们所处的濒临绝灭的境地和极富挑战性的科学问题，是我历经30多年，不畏艰险、不怕困难钻研世界牡丹和芍药的动力。

第 2 章　芍药属的生物学属性

本章主要阐述一些与分类学研究密切相关的生物学属性，包括叶表皮的形态学特征、孢粉形态学、特征化学成分、染色体数目和核型、减数分裂行为，以及生殖生物学特性等。我们不仅展示了观察和实验结果，更着重分析它们与分类、谱系发生（phylogeny）和进化的关系，目的在于以实例说明一个基本思想：分类学研究必须广泛吸纳生物学其他分支学科的思想和研究方法，借鉴它们已有的成果，加上我们自己的思路和研究成果，进行综合分析并加以提炼，才能得出贴近自然的结论。

2.1　叶表皮形态特征及其进化趋势

2.1.1　气孔器的发育

我们对栽培牡丹 *Paeonia* × *suffruticosa* Andrews（属于牡丹亚属牡丹组 sect. *Moutan* DC.）、芍药 *P. lactiflora* Pall.（属于芍药亚属芍药组 sect. *Albiflorae* Salm-Dyck）和草芍药 *P. obovata* Maxim.[属于芍药亚属草芍药组 sect. *Obovatae* (Kom. ex Schipcz.) D. Y. Hong]的气孔器发育过程进行了观察，发现这 3 个种的气孔器发育过程是一致的。原表皮细胞（protoderm cell）一次分裂，产生 2 个大小不等的细胞，其中小的细胞变为圆形，成为保卫细胞的母细胞，而大的细胞直接发育为周围细胞（surrounding cell），又称相邻细胞（neighbour cell）。保卫细胞的母细胞经一次均等分裂，形成 2 个半月形的保卫细胞。因此，相邻细胞与保卫细胞的发育起源不一。这样的气孔器发育式样称为 Aperigenous 型。

2.1.2　成熟叶片的表皮性状

我们观察了芍药属两个亚属 6 个组 17 个种 1 个亚种的上、下叶面的表皮特征。

芍药属植物上表皮没有气孔，唯一的例外是产于美国西北部的北美芍药 *Paeonia brownii*。

表皮细胞的形状一般不规则，多角形不常见，垂周壁也很少见平直的，大多为波状。为方便讨论，我们按垂周壁的多少人为地将其划分为 5 个类型（图 2-1）：a 型为平直型（straight），b 型为微弯型（sinuolate），c 型为弯曲型（sinuous），d 型为深弯曲型（sinuate），e 型为重弯曲型（double-sinuate）。其中，e 型是由洪德元首次报道的（Hong，1989）。

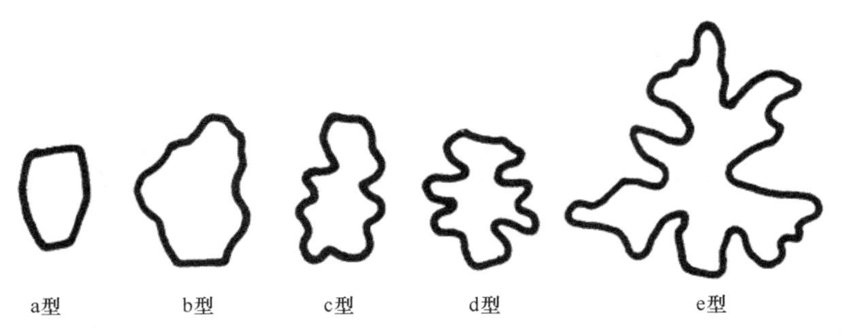

图 2-1　芍药属叶表皮细胞和气孔器相邻细胞垂周壁的 5 个类型（引自 Hong，1989）

由表 2-1 可知，5 个类型的分布有一定规律。牡丹亚属 subg. *Moutan* 的 4 个种出现在 a 型、b 型和 c 型中，而且 a 型仅出现在牡丹亚属的滇牡丹组 sect. *Delavayanae*。草本的芍药亚属 subg. *Paeonia* 出现在 c 型、d 型和 e 型，该亚属中只有北美芍药组 sect. *Onaepia* 的两个种出现在 b 型中。a 型、b 型和 c 型所在的类群是谱系发生树的基部类群（见第 4 章图 4-4 和图 4-5）。我们对形态性状的分析也与谱系发生树相符。因此可以认为，叶表皮细胞和气孔器相邻细胞垂周壁的进化方向是从 a 型过渡到 e 型的。

表 2-1　芍药属叶表皮细胞和气孔器相邻细胞垂周壁 5 个类型的分布

类型	亚属	组	种
a 型	subg. *Moutan*	sect. *Delavayanae*	滇牡丹 *P. delavayi*
b 型	subg. *Moutan*	sect. *Delavayanae*	大花黄牡丹 *P. ludlowii*
		sect. *Moutan*	四川牡丹 *P. decomposita*
	subg. *Paeonia*	sect. *Onaepia*	北美芍药 *P. brownii* 加州芍药 *P. californica*
c 型	subg. *Moutan*	sect. *Delavayanae*	滇牡丹 *P. delavayi*
		sect. *Moutan*	矮牡丹 *P. jishanensis*
	subg. *Paeonia*	sect. *Albiflorae*	多花芍药 *P. emodi* 川赤芍 *P. veitchii* 窄叶芍药 *P. anomala*
d 型	subg. *Paeonia*	sect. *Albiflorae*	芍药 *P. lactiflora* 白花芍药 *P. sterniana*
		sect. *Paeonia*	块根芍药 *P. intermedia* 丝叶芍药 *P. tenuifolia* 药用芍药 *P. officinalis*
e 型	subg. *Paeonia*	sect. *Paeonia*	药用芍药巴拉特亚种 *P. officinalis* subsp. *banatica* 巴尔干芍药 *P. peregrina*
		sect. *Obovatae*	草芍药 *P. obovata* 美丽芍药 *P. mairei*

我们观察的这 17 个种中，有 3 个种气孔器发育类型是一致的，都属于 Aperigenous 型；其余未发现气孔器有差异的种，都属于 Anomocytic 型。但是，表皮细胞和气孔器的相邻细胞在垂周壁的形态上却呈现显著差异（图 2-1）。它们从 a 型逐渐过渡到

e 型。a 型仅出现于牡丹亚属的滇牡丹 *Paeonia delavayi*，b 型仅见于牡丹亚属和芍药亚属北美芍药组 sect. *Onaepia*（北美芍药 *Paeonia brownii* 和加州芍药 *P. californica*）。芍药亚属其他组只有 c 型、d 型和 e 型。作者依据形态分析认为，进化趋势是从 a 型经由 b 型、c 型、d 型到 e 型（Hong，1989）。我们的谱系基因组分析（phylogenomic analysis）也支持这一推论，因为牡丹亚属中的滇牡丹 *P. delavayi* 和大花黄牡丹 *P. ludlowii* 在支持率极高的分子树上处于基部位置。

2.2　花粉形态及其系统学意义

Erdtman 的 *Pollen Morphology and Plant Taxonomy*（《花粉形态与植物分类学》，1952 年出版）一书首次指出，花粉形态在分类学中具有重要意义。他在书中还列举了桔梗科的例子。我和我的团队在桔梗科的分类学研究中发表了 5 个新属，恢复了一个属，并建立了桔梗族新的分类系统。这些结果得到了国际同行的认同。花粉形态是我们应用的重要证据之一（Hong，1984；Hong and Pan，1998，2012；Wang et al.，2014）。现在植物学同行已有共识，孢粉学（palynology）在植物分类学，特别是在科、属和组级分类和谱系发生的探讨中起着不可或缺的作用。虽然在芍药属中至少有 8 位学者对孢粉学进行过研究，但都是零星的，其中席以珍（1984）和 Nowicke 等（1986）的工作最为出色。前者对中国产的 9 个种进行过观察；后者的取样有 14 个种，但其中 2 个种是错误鉴定。

2.2.1　花粉形态观察

在先前的花粉形态研究中，观察用的花粉都取自干标本。这就存在一个弊病，即观察到的花粉粒不是原有形状（圆球形），而是由于失水收缩成了椭圆形，也因而花粉孔沟关闭，无法观察到孔沟和沟膜。而我们在扫描电子显微镜（SEM，简称扫描电镜）观察中采用了新方法（Hong，1983a），即观察之前先复原花粉形状。我们对 43 个分类群（33 个种和 10 个亚种，在整个芍药属的 34 个种中仅缺革叶芍药 *Paeonia coriacea*）进行了 SEM 观察，其中 10 个种还在透射电镜（TEM）下做了观察。

观察结果显示，芍药属的花粉全为球状，而不是先前报道的长球形或近长球形；极轴与赤道轴近等长；常 3 孔沟，4 孔沟仅在巴尔干芍药 *Paeonia peregrina* 中出现；覆盖层网状（reticulate）或穿孔（perforate），全覆盖（eutectate）的少见，仅在西亚芍药 *P. kesrouanensis* 中出现；网眼（lumina）形状大多不规则，大小也不等；网脊（muri）平滑，少见呈波状的，在原网脊上再长出厚的次生网脊的现象仅见于地中海芍药土耳其亚种 *P. mascula* subsp. *bodurii*；沟很长，达到极区，甚至一些种的沟与沟几乎相连，如欧亚芍药 *P. arietina*；沟膜上总有纹饰，多数瘤状，但在达乌里芍药原亚种 *P. daurica* subsp. *daurica* 中有稀见的团块状结构（massive structure）。芍药属的花粉外壁清晰地分为 4 层：覆盖层（tectum）、柱状层（columella）、基层（foot layer）

和外壁内层（endexine）。前 3 层合称外壁外层（ectexine），但在沟区，外壁外层成残留状态，且没有柱状层，基层欠发达，但外壁内层很发达。

在我的系列专著《世界牡丹和芍药：谱系发生和进化》（Hong，2021）中对观察的 33 种 10 亚种都配有 SEM 照片和部分 TEM 花粉照片，并予以简明描述，这里只列举不同类型的代表。整个属的花粉颇为一致，难以划分成分明有别的花粉类型，但可以划分为几个花粉群。网状花粉群：覆盖层网状，包括牡丹亚属的中原牡丹 *P. cathayana*、大花黄牡丹 *P. ludlowii*（图 2-2）、四川牡丹 *P. decomposita* 和圆裂牡丹 *P. rotundiloba*（图 2-3）、矮牡丹 *P. jishanensis*、凤丹 *P. ostii*、紫斑牡丹 *P. rockii*；芍药亚属北美芍药组的北美芍药 *P. brownii* 和加州芍药 *P. californica*，芍药组的芍药 *P. lactiflora* 以及地中海芍药组的达乌里芍药彩花亚种 *P. daurica* subsp. *mlokosewitschii*。

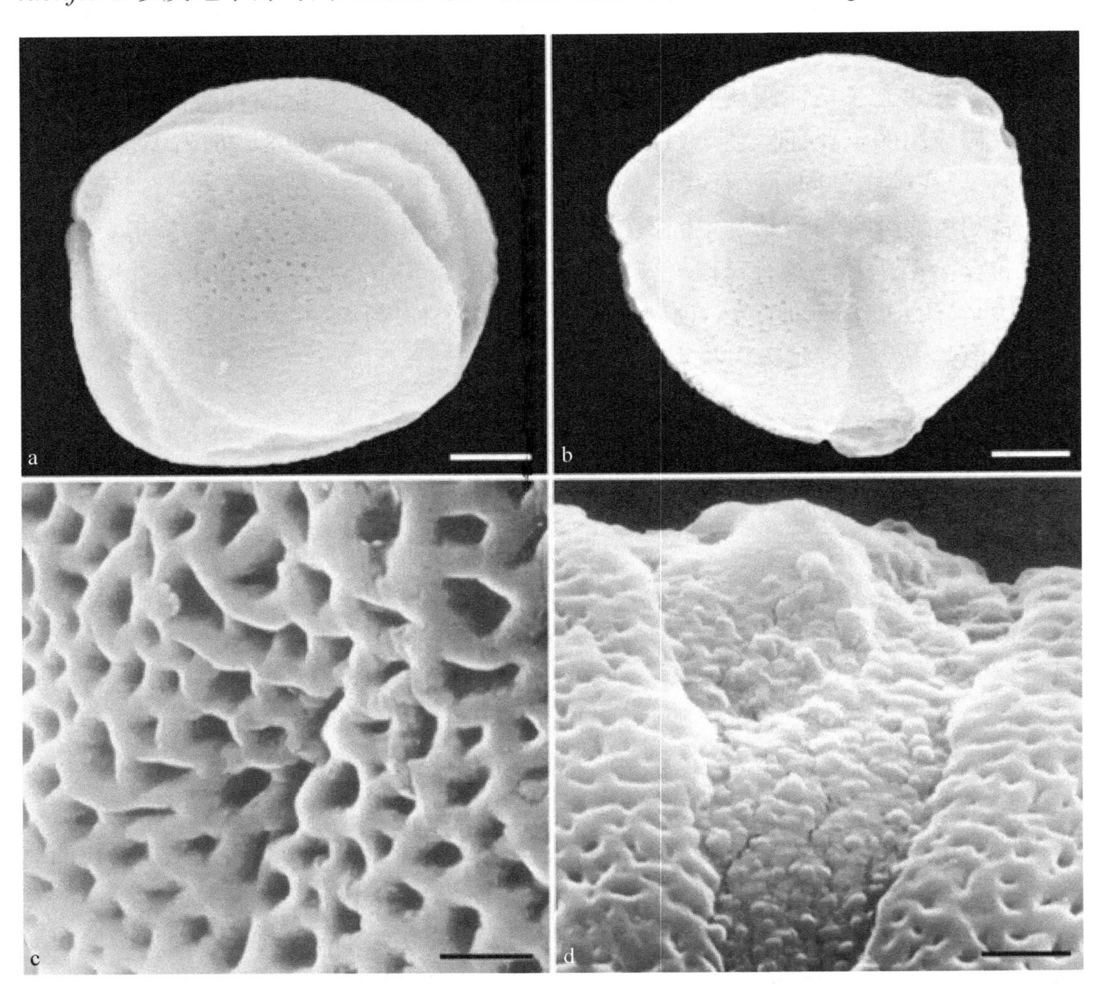

图 2-2 大花黄牡丹 *Paeonia ludlowii* (Stern & G. Taylor) D. Y. Hong 花粉的扫描电镜照片（引自 Hong，2021）

a. 赤道面观；b. 极面观；c. 沟间区；d. 沟区。比例尺=5 μm

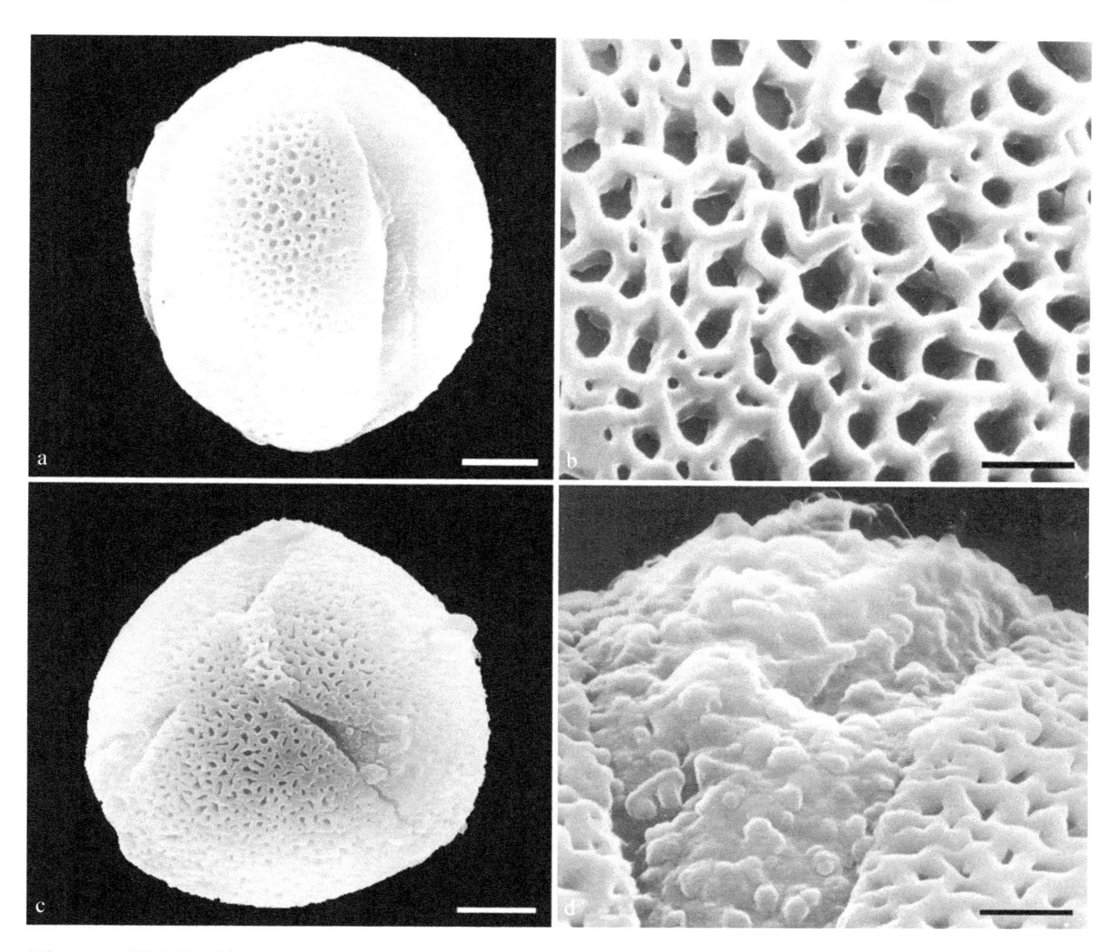

图 2-3　四川牡丹 *Paeonia decomposita* Hand.-Mazz. (a 和 b)和圆裂牡丹 *P. rotundiloba* (D. Y. Hong) D. Y. Hong (c 和 d)花粉的扫描电镜照片（引自 Hong，2021）

a. 赤道面观；b. 沟间区；c. 极面观；d. 沟区。比例尺=5 μm

孔型花粉群：覆盖层具孔眼，包括牡丹亚属的滇牡丹 *P. delavayi*（图 2-4）和大部分芍药亚属的成员。皱皮-孔眼花粉群：仅见于 3 个种，芍药组的多花芍药 *P. emodi*，草芍药组的草芍药原亚种 *P. obovata* subsp. *obovata*（图 2-5）和地中海芍药组的西亚芍药 *P. kesrouanensis*。脑皱状花粉群：仅发现于地中海芍药组的地中海芍药土耳其亚种 *P. mascula* subsp. *bodurii*（图 2-6）。

2.2.2　花粉形态的系统学意义

我们的观察显示，芍药属的花粉全为球形，而不是前人报道的长球形（prolate）到近球形（subprolate）（Nowicke et al.，1986），或长球形至稀见的近球形（席以珍，1984）。

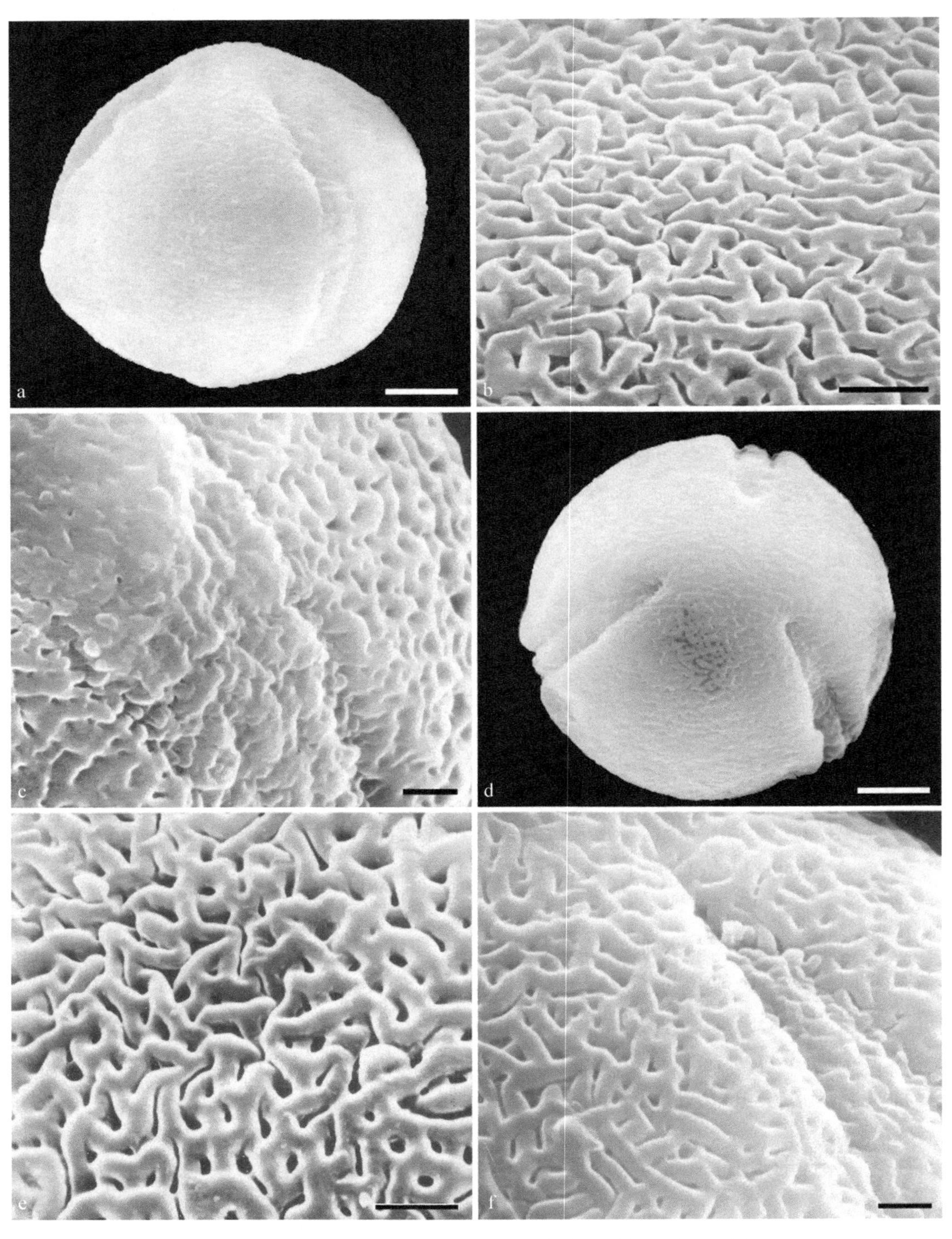

图 2-4 滇牡丹 *Paeonia delavayi* Franch. 花粉的扫描电镜照片（引自 Hong，2021）

a. 赤道面观；b. 沟间区；c. 沟区；d. 极面观；e 和 f. 黄色花类型的花粉。比例尺=5 μm

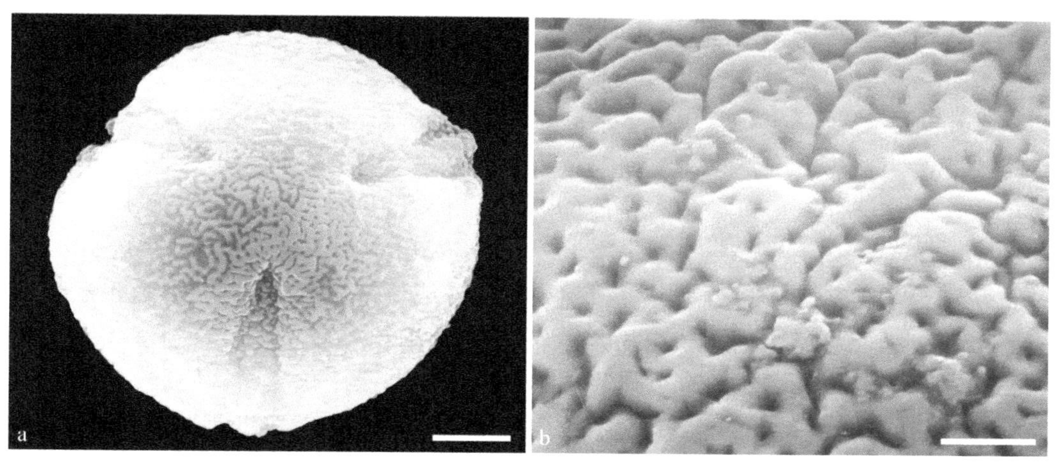

图 2-5　草芍药原亚种 *Paeonia obovata* Maxim. subsp. *obovata* 花粉的扫描电镜照片（引自 Hong，2021）

a. 极面观；b. 沟间区。比例尺=5 μm

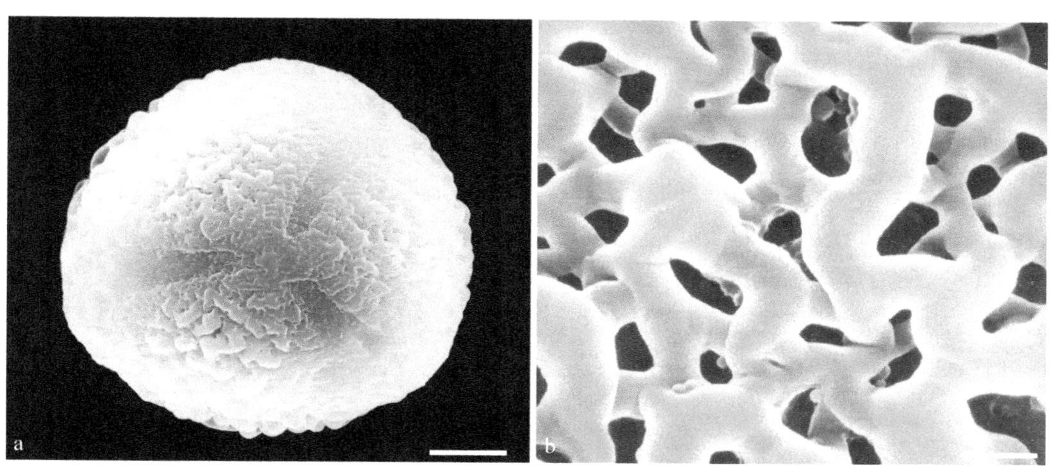

图 2-6　地中海芍药土耳其亚种 *Paeonia mascula* (L.) Mill. subsp. *bodurii* N. Özhatay 花粉的扫描电镜照片（引自 Hong，2021）

a. 赤道面观；b. 沟间区。比例尺=5 μm

芍药属中花粉大小与染色体倍性并不相关，Nowicke 等（1986）的相关性结论不成立。例如，二倍体的巴利群岛芍药 *P. cambessedesii* 具有该属中最大的花粉（36.0/27.2 μm）；在达乌里芍药 *P. daurica* 4 个亚种的花粉中，二倍体的彩花亚种 subsp. *mlokosewitschii*（31.0/23.7 μm）比四倍体的多毛亚种 subsp. *tomentosa*（25.0/24.0 μm）和大叶亚种 subsp. *macrophylla*（26.5/29.7 μm）都大；草芍药 *P. obovata* 中有二倍体和四倍体，但它们的花粉大小并无显著差异。

我们并未观察到种内不同亚种之间在花粉群形态上有显著差异，但地中海芍药 *P. mascula* 的情况不一样。在这个种内，土耳其亚种 subsp. *bodurii* 的两个取样花粉都在原生网脊上有次生网脊（epi-muri），与其他亚种有分别，意味着这个亚种可能应提升为种，因为它在外部形态上（小叶数目和大小）也与其他亚种不同，这个类群值得进一步研究。

花粉形态的变异在一定程度上反映谱系发生关系。我们的大范围观察显示，网状花粉群在两个亚属中都存在，而且更重要的是，它与2个性状相关联：二倍体和多花的茎。这些性状可以被认为是原始的，因为有这些性状的物种，如大花黄牡丹 *P. ludlowii*、紫斑牡丹 *P. rockii*、北美芍药 *P. brownii*、加州芍药 *P. californica* 和芍药 *P. lactiflora* 在高支持率的谱系发生树上处于基部或近基部的位置上（见第4章图4-4和图4-5）。因此可以说，网状花粉是原始状态，由此向孔型花粉群进化，花粉外壁表面从网脊平滑向具次生网脊进化，沟膜由具瘤突向具团块状结构发展。

芍药科的系统位置是一个长期争论的问题（Hong，2021），它曾被置于毛茛科，或作为独立科置于毛茛科附近。王伏雄团队对毛茛科的花粉形态做了广泛的研究，结论是毛茛科花粉具孔、散孔、3沟、多沟，而芍药科的花粉全为3孔沟（王伏雄等，1995）。也有一些学者认为芍药科与第伦桃科 Dilleniaceae 接近。根据 Dickison 等（1982）的研究，第伦桃科的花粉3沟或3孔沟，外壁也分为4层，但基层和外壁内层之间分化不明显，外壁内层在沟区明显，但在沟间区却是多样的。因此，芍药科与第伦桃科的花粉存在不小差异。还有学者把芍药科和白根葵科 Glaucidiaceae（单属科）组合成芍药亚纲 Paeoniidae（吴征镒等，2002）。但是我们的研究显示，白根葵 *Glaucidium palmatum* 的花粉外壁不能清晰地分为4层，而且外壁外层近于全覆盖，难见有小孔，与芍药属的花粉形态差异悬殊（图2-7和图2-8）。上述分析表明，在分子系统学（molecular systematics）分析之前，以孢粉形态学为基础的关于芍药科在被子植物中系统位置的不同观点都应受到质疑（Chase et al.，1993；APG，1998；APG IV，2016）。

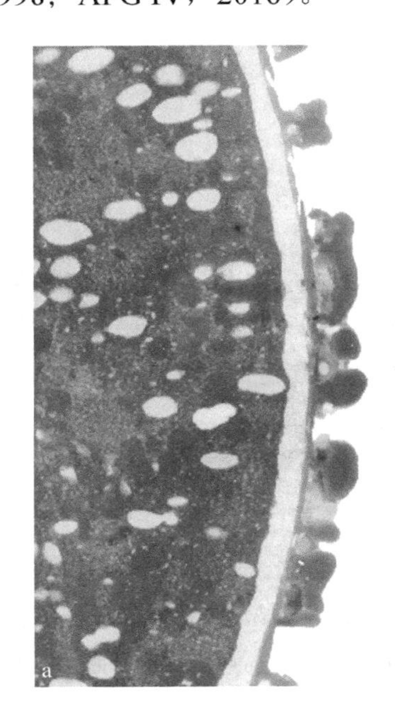

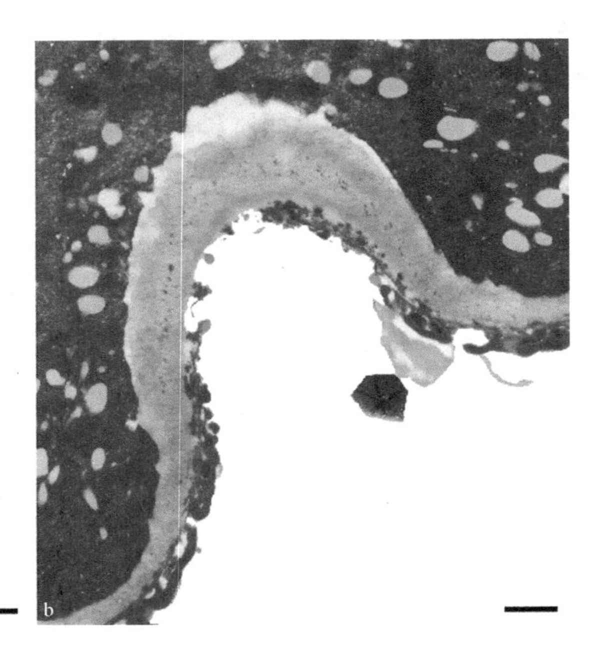

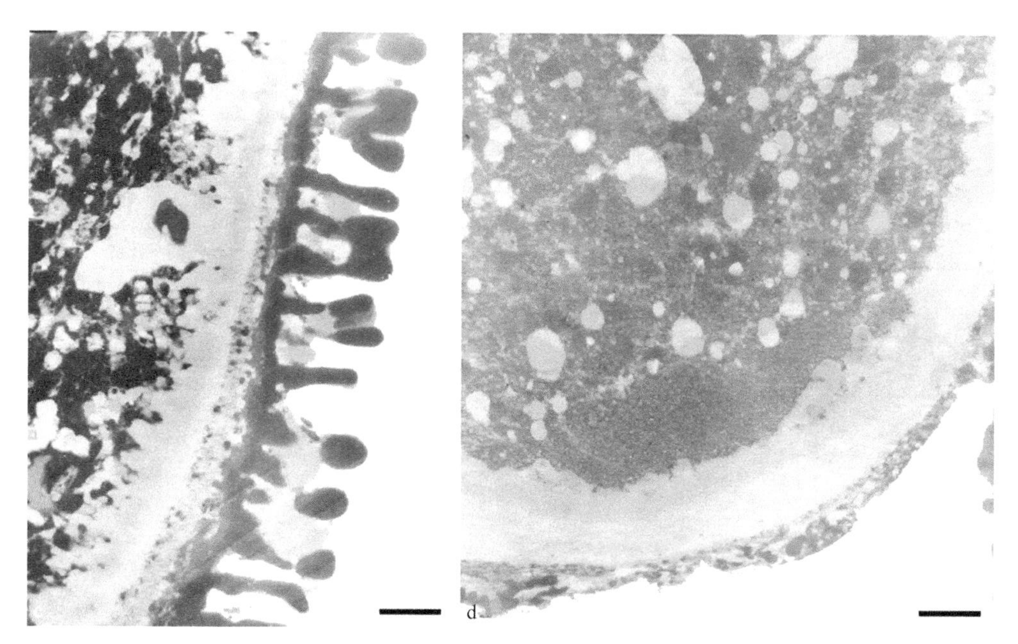

图 2-7　中原牡丹 *Paeonia cathayana* D. Y. Hong & K. Y. Pan (a 和 b)和加州芍药 *P. californica* Nutt. ex Torr. & A. Gray（c 和 d）花粉的透射电镜照片（引自 Hong，2021）

a 和 c. 沟间区；b 和 d. 沟区。比例尺=1 μm

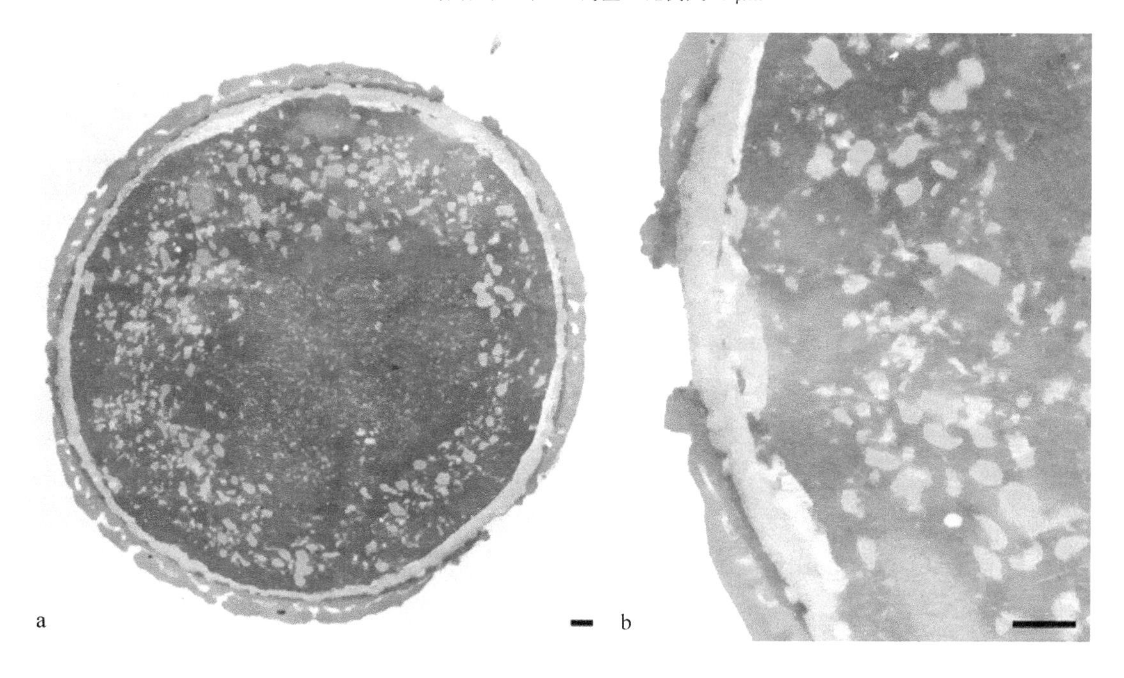

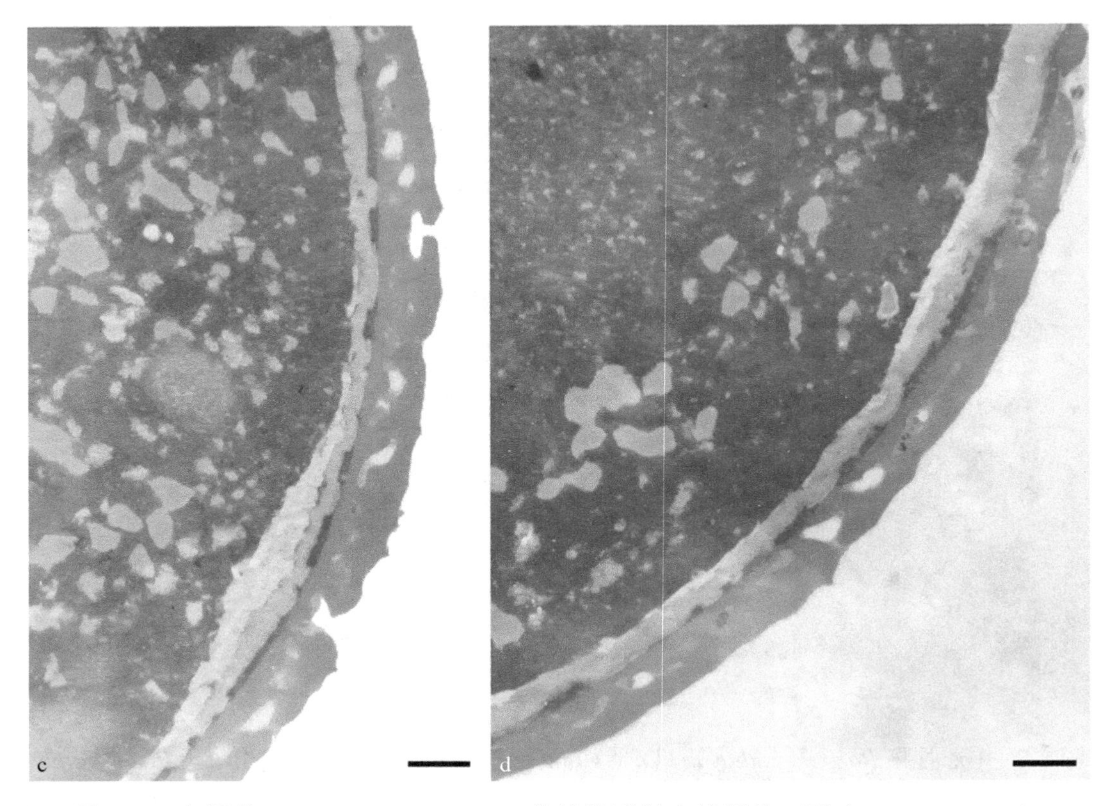

图 2-8　白根葵 *Glaucidium palmatum* 花粉的透射电镜照片（引自 Hong，2021）

a. 整个花粉的切面；b. 沟区切面；c 和 d. 沟间区切面。比例尺=1 μm

2.3　芍药属的特征化学成分

芍药属植物有很高的药用价值，且含芍药苷等许多特征成分。为此，我邀请中国医学科学院药用植物研究所的何春年研究员为我的 *PEONIES of the World: Phylogeny and Evolution*（《世界牡丹和芍药：谱系发生和进化》）一书撰写了植物化学这一章（Hong，2021），介绍了从芍药属植物中提取并鉴定出的七大类超过 466 种化合物的化学成分，并给出了它们的结构式和分布，从中可知芍药属的一些特征性成分。

芍药属已报道 153 种单萜烯苷（monoterpene glycoside），它们是芍药属的优势成分，其中大多数为笼状（cage-like）蒎烷型骨架，如芍药苷（paeoniflorin）（图 2-9）、苯甲酰芍药苷（benzoylpaeoniflorin）、芍药新苷（lactiflorin）等。蒎烷型单萜及其衍生物的芍药苷类成分是芍药属的特征化学成分。对薄荷烷单萜的衍生物，如芍药内苷 C（paeonilactone C）（图 2-10）、lactinolide、paeonilide 等，也是芍药属的特征性成分。

芍药属中普遍存在（苯）酚类及类似物，目前已报道的约有 61 种。其中，从凤丹 *Paeonia ostii* 中分离出约 10 种丹皮酚类化合物，它们是丹皮酚（paeonol）（图 2-11）、

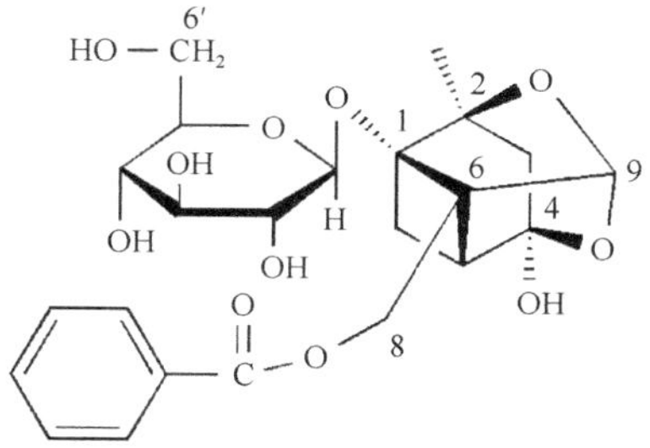

图 2-9　芍药属的特征化学成分——芍药苷

已在两个亚属 6 个组中发现

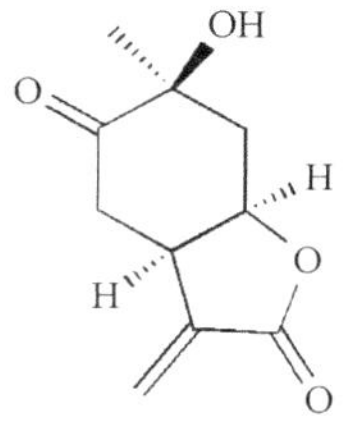

图 2-10　芍药属的特征化学成分——芍药内苷 C

已在芍药和滇牡丹（属于两个亚属）中发现

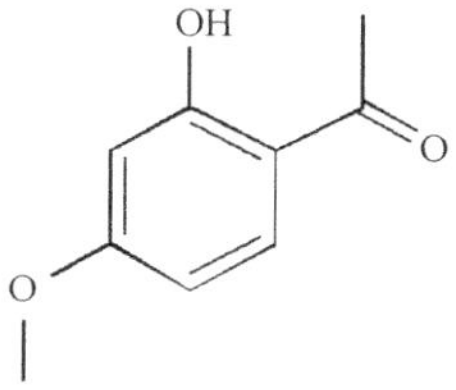

图 2-11　芍药属的近似特征化学成分——丹皮酚

已在两个亚属 7 个种中发现

丹皮苷（paeonoside）、鼠李丹皮苷（paeonolide）、芹糖丹皮苷（apiopaeonosides）等，在芍药科 Paeoniaceae 以外的科中较少存在。

因此，芍药属（科）中以芍药苷为代表的蒎烷单萜烯苷类和以芍药内苷 C 为代表的对薄荷烷单萜类的衍生物，是至今在芍药属（科）外的所有被子植物科中都未被发现的两类化学成分。以丹皮酚为代表的丹皮酚类化合物仅在萝藦科徐长卿等少数植物中被发现，也可以被视为芍药属（科）的近似特征性成分之一。

2.4　传粉与繁殖行为

繁殖行为是物种和生物类群的重要生物学属性之一，可分为有性繁殖和无性繁殖两种方式。植物的有性繁殖方式包括自交（inbreeding）和异交（outbreeding）；无性繁殖方式包括营养繁殖（vegetative reproduction）和无融合结籽（agamospermy）。不同繁殖方式是进化的结果，但它们又反过来影响进化的过程和结果。因此，研究一个类群的分类和进化必须了解它的生殖生物学特性。

2.4.1 野外观察与研究

我们对木本的矮牡丹 *Paeonia jishanensis* T. Hong & W. Z. Zhao 进行了传粉生物学观察，并对其亲和性做了测试。罗毅波等（1998）对矮牡丹在山西省的 4 个居群进行了野外观察，2 个在永济市，另 2 个在稷山县。1996 年和 1997 年，周世良等对稷山县的一个居群进行了传粉观察，发现矮牡丹在花开后花药就立即散发花粉。矮牡丹的花持续开放数天，花药散粉 2 至数天；在花开放前，即柱头暴露于空气之前，花粉不会在柱头上萌发；花开放后，柱头很快变成受粉状态，少量花粉可在柱头上萌发；花开后第二天，大量花粉在柱头上萌发；柱头维持受粉状态数天，同一朵花的散粉和柱头受粉可能同步，因此自花授粉有可能发生（Zhou et al.，1999）。

矮牡丹花盘革质，未见有蜜分泌；昆虫受大量花粉吸引，所以其由昆虫传粉。目前，已发现有 5 种蜜蜂和 5 种甲虫为其传粉。蜜蜂会频繁地拜访矮牡丹的花，它们在花间飞翔，有效地给花传粉。甲虫与蜜蜂的传粉方式有所不同，它们在花内移动，而且持续时间很长，偶尔活动于花间。例如，长毛花金龟 *Cetonia magnifica* 会在一朵花内待数小时，甚至整天，只观察到一次它从一朵花飞到 30 cm 外的另一朵花内。我们观察到甲虫与蜜蜂这两类昆虫在花药和柱头之间移动，因此推断在自然居群中自花授粉的机会是存在的（罗毅波等，1998）。

亲和性测试的结果见表 2-2 和表 2-3。周世良等还观察了花粉在柱头上的萌发和花粉管的生长（Zhou et al.，1999），发现花粉在同一朵花的柱头上容易萌发，但花粉管的生长在自交与异交之间有显著差异。

表 2-2 矮牡丹 *Paeonia jishanensis* T. Hong & W. Z. Zhao 山西两个居群经处理的结实率
（罗毅波等，1998）

处理	居群	茎数	花数	蓇葖果数	种子数	结种子的花数	有种子的蓇葖果数	每个蓇葖果的种子数	结实率*（%）
去雄隔离	a	2	2	10	0	0	0	0	0
	b	3	4	16	0	0	0	0	0
未去雄隔离	a	2	3	15	0	0	0	0	0
	b	15	17	85	0	0	0	0	0
人工同株异花授粉	a	3	5	15	20	3	7	1.33	12.59
	b	9	17	82	0	0	0	0	0
人工异株授粉	a	3	4	20	37	2	8	1.85	17.47
	b	17	17	84	27	2	9	0.32	3.03
人工居群间异花授粉	a	3	3	15	45	3	14	3.00	28.32
	b	19	19	95	266	16	71	2.86	27.01
自然授粉	a	12	12	60	159	10	41	2.65	25.02
	b	24	29	142	114	14	46	0.80	7.60

*. 结实率即胚珠中形成种子的百分比，每个心皮中胚珠平均数为 10.6，n=320。

表 2-3　矮牡丹 *Paeonia jishanensis* T. Hong & W. Z. Zhao 稷山居群 1996 年人工授粉和自然授粉的结果（Zhou et al.，1999）

处理	花数	心皮数	种子数	每个心皮种子数±标准差
自花授粉	3	15	0	0
异花授粉	4	18	44	2.4±0.5
自然授粉作对照	14	67	137	2.1±2.0
混入外来花粉	2	8	20	2.5±0.5
混入自花花粉	2	10	5	0.5±0.7

从上述研究结果可以得出结论，矮牡丹是自交不亲和的。不亲和机制不在于花粉萌发，也不在于花粉管在母体柱头上的生长，而在于进入柱头后的过程被抑制。

Schlising（1976）在加利福尼亚 3 个地点对芍药亚属北美芍药组 subg. *Paeonia* sect. *Onaepia* 加州芍药 *Paeonia californica* 的传粉生物学进行了深入研究，并做了亲和性测试。据他的观察，加州芍药的雌蕊先熟，花盘分泌花蜜，传粉者有 17 种蜜蜂、1 种甲虫，有可能进行自花传粉。他的研究显示，自然授粉的结实率为每蓇葖果（心皮）产生 4.2 粒种子，人工异花传粉的结实率为每蓇葖果 4.5 粒种子，而自花授粉的结实率仅为 1.4 粒。因此，他判断加州芍药自交亲和性（self-compatibility）很弱。

以上对牡丹亚属矮牡丹和芍药亚属加州芍药进行的传粉观察和授粉实验显示，芍药属植物中异交占优势，由此推断属于异交生物（outbreeding organism）。

2.4.2　杂交亲和性

Saunders 对芍药属植物进行了广泛的杂交亲和性（cross-compatibility）实验，历时 20 年，结果总结在 Saunders 和 Stebbins（1938）的文章中（图 2-12）。他们的工作对于牡丹亚属来说，范围不够广，不足以得出概括性结论，但可认为有提示意义。他们对滇牡丹 *Paeonia delavayi* 和黄牡丹 *P. lutea* 做了杂交，结果是异交可育。这说明我们把后者并入前者作为异名是正确的（Hong et al.，1998），也说明种内不同类群之间可以杂交，但在牡丹亚属不同组的成员之间，如牡丹组的牡丹 *P.* × *suffruticosa* 和滇牡丹组的滇牡丹 *P. delavayi* 之间的杂交是不亲和的。

在湖北保康县后坪镇附近的不同山头上有两种野生牡丹，即紫斑牡丹 *Paeonia rockii* 和卵叶牡丹 *P. qiui*。1997 年，我们在后坪镇对野生牡丹进行了相当深入的考察，在野外没有发现任何杂种植株，但在两个小村庄（洪家大院和祁家村）的两个庭院中发现有许多开花的个体，它们是这二者杂交的后代。我们自然想到，它们在不同山上难以相遇，一旦被引入同一庭院，为它们创造了相遇、传粉和受精的机会，就会产生杂种后代，这说明种间杂交是可育的。我们于 1994 年和 1997 年在陕西延安也观察到相似情况，是紫斑牡丹 *P. rockii* 和矮牡丹 *P. jishanensis* 之间的杂交，并且杂交种 *P.* × *yananensis* T. Hong & M. R. Li 已经从庭院里扩散到附近的山林中。我们

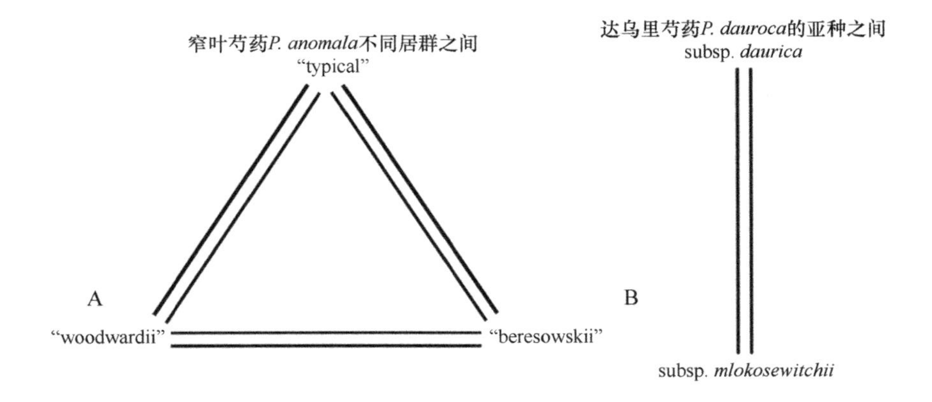

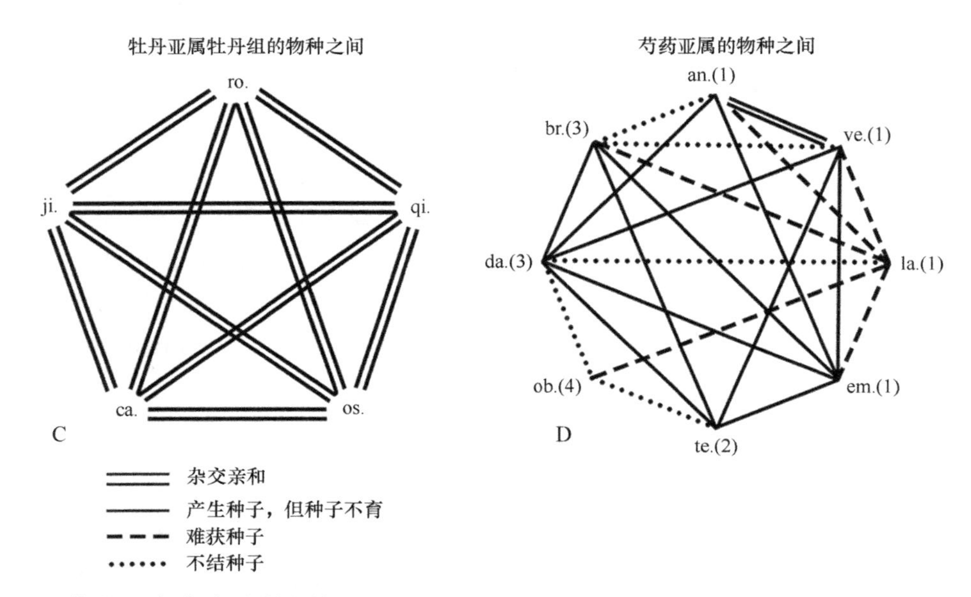

图 2-12　芍药属杂交亲和性图解（A，B，D. Saunders and Stebbins，1938；C. Hong，2010）

an. *P. anomala*；br. *P. broteri*；ca. *P. cathayana*；da. *P. daurica*；em. *P. emodi*；ji. *P. jishanensis*；la. *P. lactiflora*；ob. *P. obovata*；os. *P. ostii*；qi. *P. qiui*；ro. *P. rockii*；te. *P. tenuifolia*；ve. *P. veitchii*。（1）*Paeonia* subg. *Paeonia* sect. *Albiflorae*；（2）*Paeonia* subg. *Paeonia* sect. *Paeonia*；（3）*Paeonia* subg. *Paeonia* sect. *Corallinae*；（4）*Paeonia* subg. *Paeonia* sect. *Obovatae*

的另一项研究发现“花王牡丹”*Paeonia* × *suffruticosa* 是 5 种野生牡丹自然杂交产生的后代（Zhou et al.，2014），说明牡丹组中产自中原地区的 5 个野生种是异交亲和的（见第 6 章）。

对于草本的芍药亚属 subg. *Paeonia* 来说，Saunders 和 Stebbins（1938）的工作范围颇为广泛。他们对 8 个种 11 个分类群作了 24 个杂交组合，结果显示，种内没有生殖障碍。我们把高加索的 *Paeonia mlokosewitschii* Lomakin 作为达乌里芍药 *P. daurica* 的亚种 *P. daurica* subsp. *mlokosewitschii* 处理，并非因为我们看到了他们的报道，而只是依据我们认真的形态分析（Hong and Zhou，2003）。当看到他们的文章时，发现我们依据形态做出的处理和他们的杂交结果是完全吻合的。

芍药亚属内二倍体种间杂交结果完全不同于牡丹亚属牡丹组内种间组合的结果。如图 2-12 所示，所有芍药亚属的种间杂交，或者不产生种子，或者即使产生少量种子也是不育的，唯独窄叶芍药 *P. anomala* 和川赤芍 *P. veitchii* 之间的杂交是例外，二者分布区远离，中间隔着戈壁荒漠，Saunders 和 Stebbins 的研究显示，它们是互交能育的。川赤芍曾被我们处理为窄叶芍药的亚种 *P. anomala* subsp. *veitchii* (Lynch) D. Y. Hong & K. Y. Pan (2001)，但通过进一步深入的形态分析发现，它们之间形态差异分明，足可作为 2 个种处理；也可以认为，它们因长期空间隔离阻断了二者的基因流。

Saunders 和 Stebbins（1938）指出，在芍药亚属内四倍体与二倍体不同，种间杂交完全亲和，甚至它们在庭园中相遇时还会自然杂交。虽然这样获得的杂种部分或完全不育，但这种异交的潜力无疑会给分类带来干扰。

根据 Saunders 和 Stebbins（1938）规模甚大的杂交实验和我们的野外观察，我认为对芍药属的杂交亲和性可以归纳成以下 3 点：①种内无生殖障碍，种内甚至亚种之间杂交都是亲和的；②种间杂交亲和性各类群表现不一，在牡丹亚属牡丹组内，种之间没有生殖阻碍，完全亲和，但在芍药亚属内种间杂交亲和性很微弱或完全失去，不能产生可育的杂种，唯独窄叶芍药和川赤芍之间的杂交例外；③类群组之间的杂交只有牡丹亚属的两个组间，即牡丹组 sect. *Moutan* 和滇牡丹组 sect. *Delavayanae* 之间，才显示一定的亲和性。

2.4.3　有性繁殖和无性繁殖

我们在这里讨论的是芍药属在自然界，而不是在栽培条件下的繁殖行为。芍药属中既有有性繁殖（sexual reproduction），又有无性繁殖（asexual reproduction）。在牡丹亚属中，我们可以肯定地说，大花黄牡丹 *Paeonia ludlowii* 和紫斑牡丹 *P. rockii* 是专性（obligate）有性繁殖的。在大花黄牡丹的研究中，我们未见有根状茎或根出条，只见到密集成丛的个体（图 2-13）；在居群内也经常遇见幼苗，如我们于 1996 年在西藏米林南伊沟考察时发现，一株大花黄牡丹母树下仅 1 m^2 的范围内就有大约 100 株幼苗。相反，滇牡丹 *P. delavayi* 和矮牡丹 *P. jishanensis* 则是另一种现象——营养繁殖（根状茎、匍匐茎和根出条）频繁出现。几乎每个滇牡丹 *P. delavayi* 的居群，我们都见到它的根状茎（图 2-14）。1996 年春天，我们在西藏林芝考察，观察了滇牡丹的 5 个居群，没有发现当年花朵，也没有见前一年结的蓇葖果和种子，其中一个居群有无数的“个体”（茎）占据约 250 m^2 的面积，却没有任何蓇葖果（图 2-15），看来这无数的“个体”都是由同一个个体“克隆”产生的。但是在云南中甸（现香格里拉）的哈拉村和翁水乡，我们见到的却是滇牡丹繁殖行为的另一种景象，突显居群多态性和产生这一现象的异交繁殖的程度。可见，滇牡丹的繁殖行为在不同地区有明显不同的表现。

图 2-13　大花黄牡丹 *Paeonia ludlowii* (Stern & G. Taylor) D. Y. Hong 的丛生习性

1996 年 5 月洪德元摄于西藏米林；

a. 两株因取丹皮被挖掘的大花黄牡丹；b. 两株有无数丛生茎，带有成百朵花的大花黄牡丹

图 2-14　滇牡丹 *Paeonia delavayi* Franch. 的营养繁殖

1997 年 5 月洪德元摄于云南中甸；a. 一株带纺锤状根和由根状茎发出的两个分枝；b. 两个由根状茎长出的幼枝

图 2-15　一个占地约 250 m^2 的滇牡丹 *Paeonia delavayi* Franch. 居群

1996 年 5 月洪德元摄于西藏林芝

在牡丹亚属的其余 5 个种中，四川牡丹 *P. decomposita* 大概率是有性繁殖的。我们观察了四川牡丹的许多居群，都没有发现任何“克隆”器官。圆裂牡丹 *P. rotundiloba* 是一个有性繁殖的物种，但偶尔有克隆繁殖。我们在四川黑水发现圆裂牡丹带根出条的个体，一个根出条带着至少 7 个枝条（图 2-16）。根据野外观察，我们发现卵叶牡丹 *P. qiui* 的结实率不高，而根出条常被观察到，因此，该物种既行无性繁殖又行有性繁殖，但哪种方式占优势，尚不明确。

图 2-16　圆裂牡丹 *Paeonia rotundiloba* (D. Y. Hong) D. Y. Hong 根出条个体

1995 年 8 月洪德元摄于四川黑水，洪等标本号 H95017

在芍药亚属中，我们于 2005 年对北美芍药组 sect. *Onaepia* 的加州芍药 *Paeonia*

californica 的 2 个居群（洛杉矶）和北美芍药 *P. brownii* 的 4 个居群（爱达荷州 1 个，俄勒冈州 3 个）做了观察，但未发现任何克隆现象。Schlising（1976）对加州芍药的繁殖行为做了深入研究，结果是他研究的 3 个地点每株的平均种子数分别为 130、180 和 233，萌发率分别为 71%（1971 年）、83%（1972 年）和 85%（1973 年）。可见，北美芍药组的这两个种都没有营养繁殖。芍药亚属其他 4 个组，包含 23 个种，营养繁殖方式有两种。①茎基（caudex）可以发育成根状茎，当茎基产生伸长的分枝，这些分枝便成了根状茎，而当这些根状茎从母株上分离便成了独立的小植株。②块状根繁殖。我们在地中海马略卡岛（Majorca）发现地中海芍药组 sect. *Corallinae* 的巴利群岛芍药 *P. cambessedesii* 的一个植株带有 15 cm 长的根状茎，此根状茎已经长出一个分枝。块根芍药组 sect. *Paeonia* 都有块状根，土耳其的欧亚芍药 *Paeonia arietina* 和塞尔维亚的药用芍药巴拉特亚种 *P. officinalis* subsp. *banatica* 的一株幼苗从一个破裂的块根上长出来（图 2-17）；希腊的帕那斯芍药 *P. parnassica* 有成串的块根（图 2-18），随着串状块根断裂，分离的块根也长出小植株。我们未发现芍药亚属其他物种有上述 4 个种那样的营养繁殖行为。例如，胡文清等（2011）用分子标记方法发现芍药 *P. lactiflora* 自然居群中的个体均是实生苗。也可以说明，有性繁殖在芍药亚属中占优势地位。

图 2-17 芍药亚属的两种营养繁殖方式

a. 欧亚芍药 *Paeonia arietina* G. Anderson 土耳其 Zara 的 Sivas 居群，示一支由断裂块根长出的幼苗（2002 年 5 月洪德元摄于土耳其Zara，D. Y. Hong et al. 标本号H02216）；b. 药用芍药巴拉特亚种 *P. officinalis* subsp. *banatica* (Rochel) Soó 塞尔维亚 Banat 地区 Daliblat 的 Flamunda 居群，示从一段老根长出的植株（2003 年 8 月洪德元摄于塞尔维亚 Banat，D. Y. Hong, O. Vasc & V. Stojšić 标本号 H03020）

图 2-18　帕那斯芍药 *Paeonia parnassica* Tzanoud. 希腊帕尔纳索斯山（Parnassos）居群示念珠状的匍匐纺锤根（2002 年 5 月洪德元摄于希腊 Parnassos，D. Y. Hong et al. 标本号 H02224）

综上所述，芍药属中既有有性繁殖，又有无性繁殖，但各大类群表现不一。牡丹亚属的两个组两种繁殖行为都有。其中，滇牡丹组的滇牡丹和牡丹组的矮牡丹行两种繁殖方式，但营养繁殖可能占优势，而滇牡丹组的大花黄牡丹与牡丹组的紫斑牡丹和四川牡丹则行种子繁殖，其他物种处于中间位置。牡丹亚属的无性繁殖以根出条、地下茎和匍匐茎繁殖为主。芍药亚属的 5 个组中仅发现地中海芍药组 sect. *Corallinae* 巴利群岛芍药 *P. cambessedesii* 有可能以根状茎行营养繁殖；块根芍药组 sect. *Paeonia* 的药用芍药巴拉特亚种 *P. officinalis* subsp. *banatica* 和帕那斯芍药 *P. parnassica* 两个种有可能以块根断裂或破裂产生分枝而行营养繁殖；其他 3 个组，即芍药组 sect. *Albiflorae*、北美芍药组 sect. *Onaepia* 和草芍药组 sect. *Obovatae* 均未发现有无性繁殖的迹象。

上述研究表明，芍药属是以专性有性繁殖为主、无性繁殖为辅的植物。结合前一节对传粉和授粉的观察和实验结果，可以认为芍药属植物是异交生物。

2.5　胚 胎 发 生

2.5.1　矮牡丹的胚胎发育

我们团队的潘开玉研究员对矮牡丹 *Paeonia jishanensis* T. Hong & W. Z. Zhao 的胚胎发育全过程进行了系统观察和研究，包括花药壁的结构、小孢子发生和雄配子体的形成、大孢子发生和雌配子体形成、受精、胚乳发育、胚的发育，直至种子成熟，为矮牡丹提供了一份较为完整和系统的胚胎学资料，详细内容和胚胎发育图发表在 *PEONIES of the World: Phylogeny and Evolution*（Hong，2021）一书中，这里不再详述。

2.5.2 游离核原胚——芍药属的特异性

芍药属胚胎发育过程中是否存在游离核原胚期[coenocytic (free nuclear) proembryo stage]曾是一个有争论的问题。Yakovlev（1951）基于他对胚胎发育早期的初步观察，首次提出芍药属中存在游离核原胚期。后来他和同事对芍药属 3 个种：*Paeonia anomala*、*P. daurica* subsp. *wittmanniana* 和 *P. moutan* Sims (=*Paeonia* × *suffruticosa*) 做了进一步详细观察，并绘制了 2 核、4 核、8 核及多核原胚的图片（Yakovlev and Yoffe，1957）。之后，Yakovlev（1969）又把他们的研究扩展到 *P. tenuifolia* 和 *P. lactiflora*，证实了游离核原胚期的存在。Murgai（1959）针对 Yakovlev 和 Yoffe（1957）的报道，观察了 *P. delavayi*、*P.* × *suffruticosa* 和 *P. lactiflora* 的胚胎发育，她绘制的图显示，合子第一次分裂产生两个细胞——基细胞和顶细胞，产生游离核的分裂只发生在基细胞中，而顶细胞首次分裂产生垂直的壁。1962 年，Murgai 又发表文章证实她的观察结果，而且还获得了 Maheshwari（1964）的支持。同时，Cave 等（1961）观察了北美两个种——*P. brownii* 和 *P. californica* 的胚胎发育，结果支持 Yakovlev 和 Yoffe（1957）的结论。Cave 等人指出，Murgai 所谓的基细胞和顶细胞原来是卵器的两个细胞，而她所谓的吸器实际上是胚乳核。Matthiessen（1962）对 *P. anomala*、*P. tenuifolia*、*P. veitchii* 和 *P.* × *suffruticosa* 的胚胎发育进行了观察，并用照片显示出合子第一次分裂产生的 2 核原胚以及随后的 4 核、8 核和多核原胚。随后，Moskov（1964）、Carniel（1967）、母锡金和王伏雄（1985）以及 Cheng 和 Aoki（1999）相继对芍药属的胚胎发生进行观察研究，结果全都证实了芍药属核型原胚的存在。母锡金和王伏雄（1985）在 *P. lactiflora* 中观察到 400 个核的原胚，授粉后 16 天开始细胞分裂。潘开玉用非常清晰的显微照片展示了矮牡丹 *P. jishanensis* 合子第一次分裂产生的 2 个核以及随后产生的 4 核和 8 核原胚（图 2-19）（Hong，2021）。按照她的观察，原胚期的游离核可达 380 个（Hong，2021）。至今，科学家们已对 12 种芍药属植物进行了胚胎发生观察，发现全都有核型原胚期，并且这 12 个种分属于芍药属 2 个亚属 6 个组，只是未对草芍药组（含 2 个种）进行观察。因此，可以肯定地说，核型原胚是芍药属在被子植物中独有的。

核型原胚在被子植物中至今只见于芍药属，但在裸子植物中却普遍存在。Stebbins（1974）认为，这一现象对考虑芍药属在被子植物中的系统位置很重要。他把这一特征与其他性状联系起来，做出芍药属是最原始的被子植物之一的论断。他曾表示，很难想象芍药属中这种奇特的状况是近期特化的结果。但是正如本书第 4 章所述，近期的所有分子系统学分析都一致显示，芍药属是虎耳草目的成员，而虎耳草目又属于真双子叶植物 Eudicots 蔷薇超目 Superrosids，远离被子植物的基部类群（Soltis et al.，2011；APG IV，2016）。因此可以说，Stebbins（1974）的推论站不住脚。

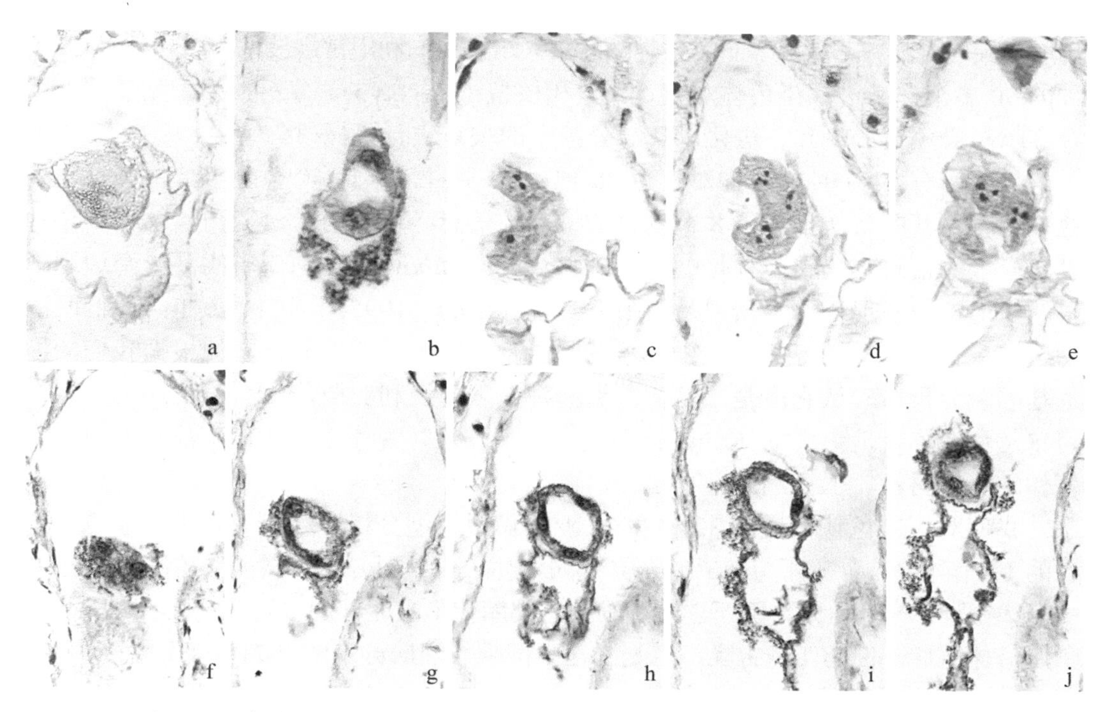

图 2-19　矮牡丹 *Paeonia jishanensis* T. Hong & W. Z. Zhao 的胚珠纵切

a. 分裂中的受精卵；b. 一个 2 核原胚和一个单核胚乳；c～e. 胚的连续切片，示一个 4 核原胚；f～j. 胚的连续切片，示一个 8 核原胚

2.6 染 色 体

染色体作为基因的载体，它们的数目、倍性、大小、结构，它们的减数分裂导致的染色体重组和随之产生的基因重组等均深刻影响生命的所有过程。显然，分类学研究，包括分类、谱系发生和进化，不得不与染色体打交道。1909 年，Rosenberg 对茅膏菜属 *Drosera* 两个种进行的研究是细胞分类学（cytotaxonomy）的奠基工作。20 世纪 30 年代起，细胞分类学成为分类学的一个热门领域，至 90 年代，全球有关染色体研究的文章和报道数量一直在上升。中国大陆自 20 世纪 70 年代末至 90 年代，这方面的研究也很热，但 90 年代后，细胞分类学逐渐走向低潮。这有两个原因，一是分子系统学在那时已经兴起，它在探讨分类学问题上比细胞分类学成效更显著；二是获取染色体研究的材料（鲜活的根尖或能萌发的种子）比获取 DNA 样品要艰难得多。但是，正如我在《植物细胞分类学》一书中所说，对一个类群进行深入的分类、谱系关系和进化的探讨，染色体研究往往是不可或缺的（洪德元，1990）。

2.6.1 染色体的基本数据

我们团队在考察世界牡丹和芍药的过程中，在得到当地同行许可的前提下，现场取根尖固定材料，或取一个个体带回北京栽培。我们利用常规技术，成功地对 28 个种的 50 多个样品进行染色体观察、计数和核型（karyotype）分析，并在此基础上结合文献对染色体的变异、进化以及与分类学的关系进行了探讨。

芍药属有 34 个种，我们对其中 28 种和 12 亚种，共计 40 个分类单位进行了染色体观察，其中首次报道了 8 个物种的染色体信息。迄今为止，芍药属仅有 2 个种没有染色体信息。其中一种是中原牡丹 *Paeonia cathayana*，河南省嵩县一个边远山村的农宅旁曾发现一株，据说是由附近野生移植的。1995 年和 1997 年，我们两次动员老乡在附近山上寻找，均未果，其是否真的野生，难以确定，但根据我们的谱系基因组分析，确认它应是二倍体。另一种是阿尔及利亚芍药 *P. algeriensis*，原产阿尔及利亚临近地中海的 Kabylie 山区，由于一些客观原因，我们未能获得研究染色体的新鲜材料，但推测此种也是二倍体。

我们对有染色体报道的 32 种和 12 亚种做了核型分析。经研究发现，东亚和中亚的 17 个种中只有美丽芍药 *P. mairei* 是四倍体（图 2-20），其余全是二倍体。不过其中有 2 个种：一个是分布于西喜马拉雅和兴都库什山东北部的多花芍药 *P. emodi* 有一个四倍体居群，位于西藏吉隆，也是它在中国唯一的居群（图 2-21）；另一个是草芍药 *P. obovata*，它包含 2 个亚种，原亚种 subsp. *obovata* 广泛分布，常见为二倍体，但有 3 个地点为四倍体，毛叶亚种 subsp. *willmottiae* 则为四倍体（图 2-22）。地中海和西亚地区有染色体报道的 14 个种中，有 8 个种是四倍体（图 2-23 和图 2-24），有 2 个种既有二倍体又有四倍体（图 2-25 和图 2-26），只有 4 个种是纯二倍体（图 2-27）。这与东亚和中亚地区的情况形成鲜明对比。芍药属有如此丰富的染色体数目和核型数据在植物界也是罕见的。

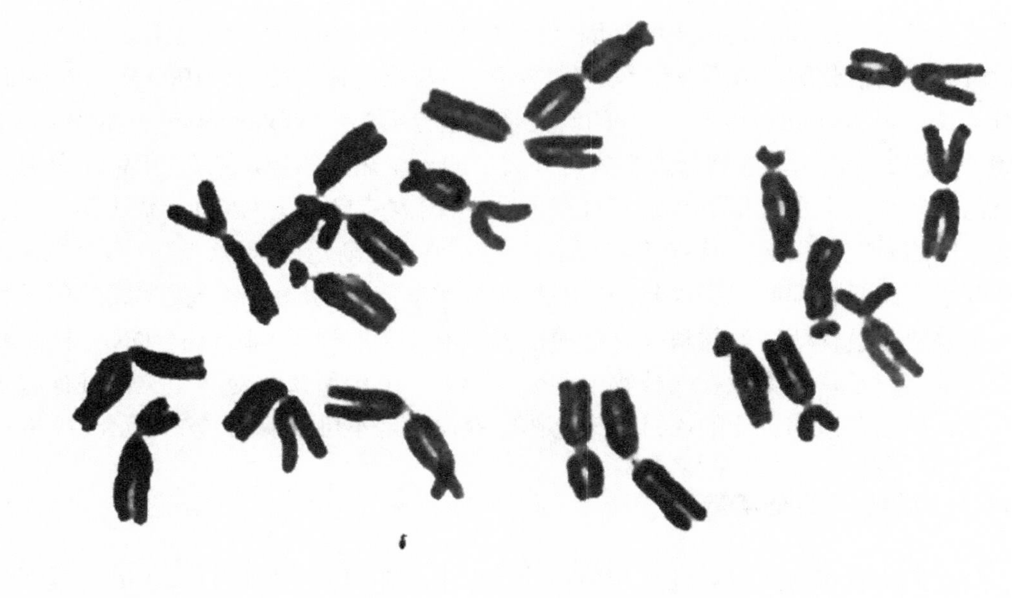

a

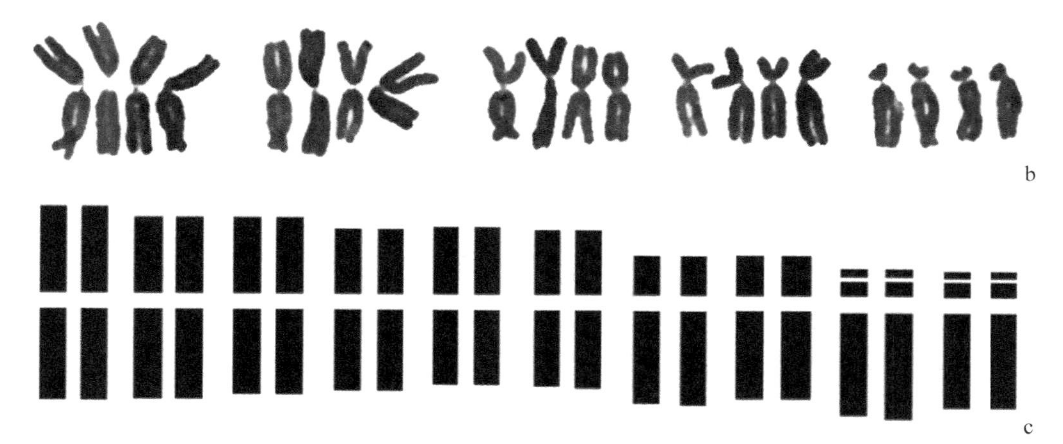

图 2-20　美丽芍药 *Paeonia mairei* H. Lév. 的染色体
（a 和 b 引自 Hong，2021；c 引自 Zhang and Sang，1999）
a. 体细胞有丝分裂中期；b. 核型公式；c. 核型模式图
（取自四川卧龙自然保护区，D. Y. Hong & X. Y. Zhu 标本号 PB85023）

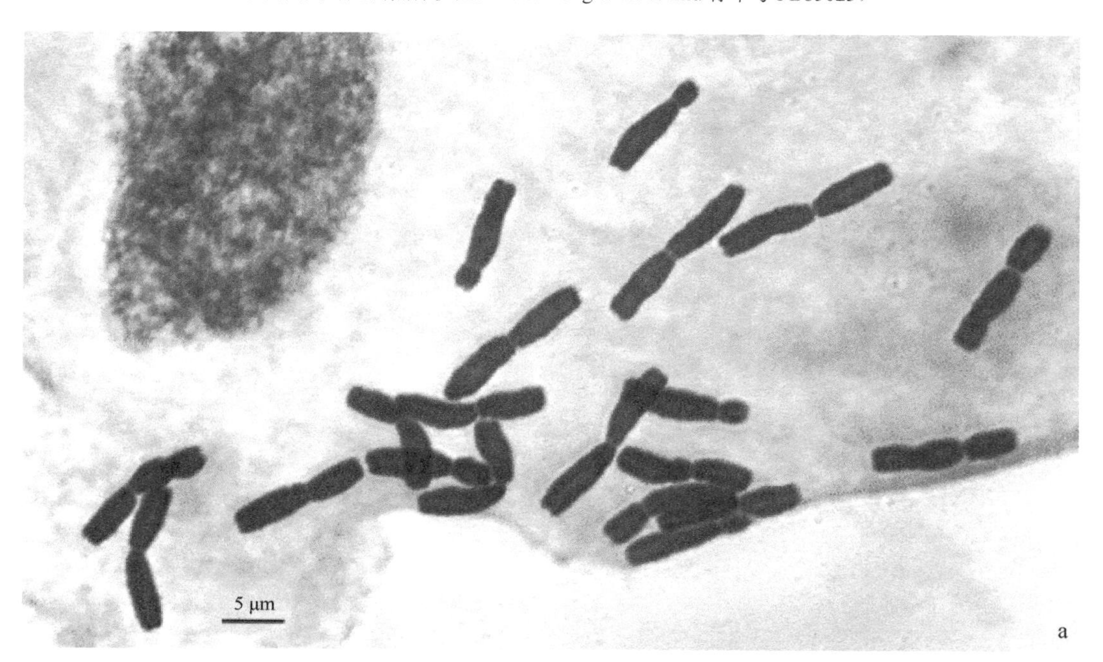

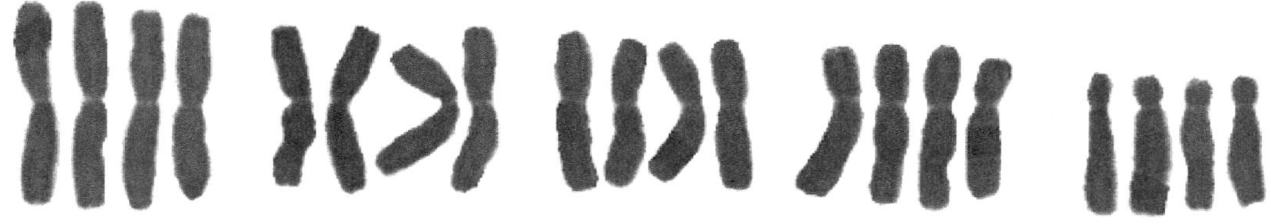

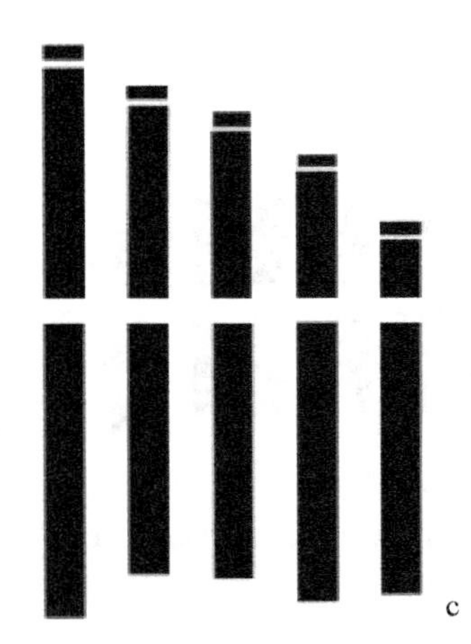

图 2-21 多花芍药 *Paeonia emodi* Wall. ex Royle 的染色体

a. 体细胞有丝分裂中期；b. 核型公式；c. 单倍体核型模式图（引自 Zhang and Sang，1999）

（取自西藏吉隆，S. L. Zhou 标本号 H01031）

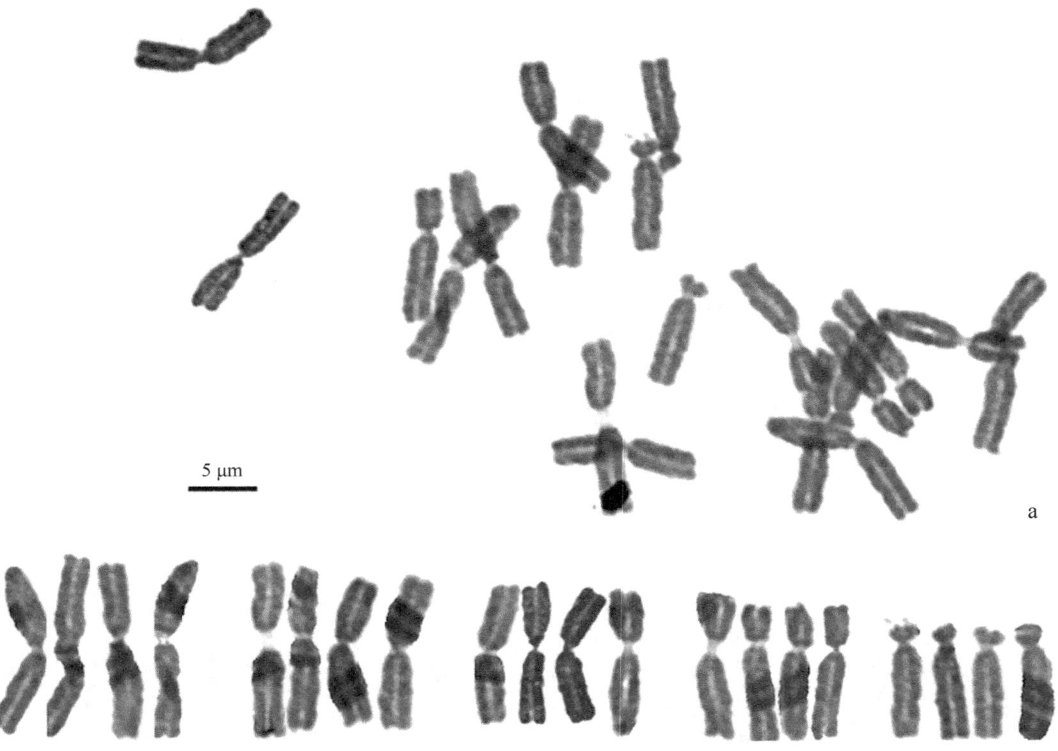

图 2-22　草芍药毛叶亚种 *Paeonia obovata* subsp. *willmottiae* (Stapf) D. Y. Hong et K. Y. Pan 的染色体（引自洪德元等，1988，略有修改）

a. 体细胞有丝分裂中期；b. 核型公式；c. 核型模式图

（取自陕西太白山，D. Y. Hong & X. Y. Zhu 标本号 PB85068）

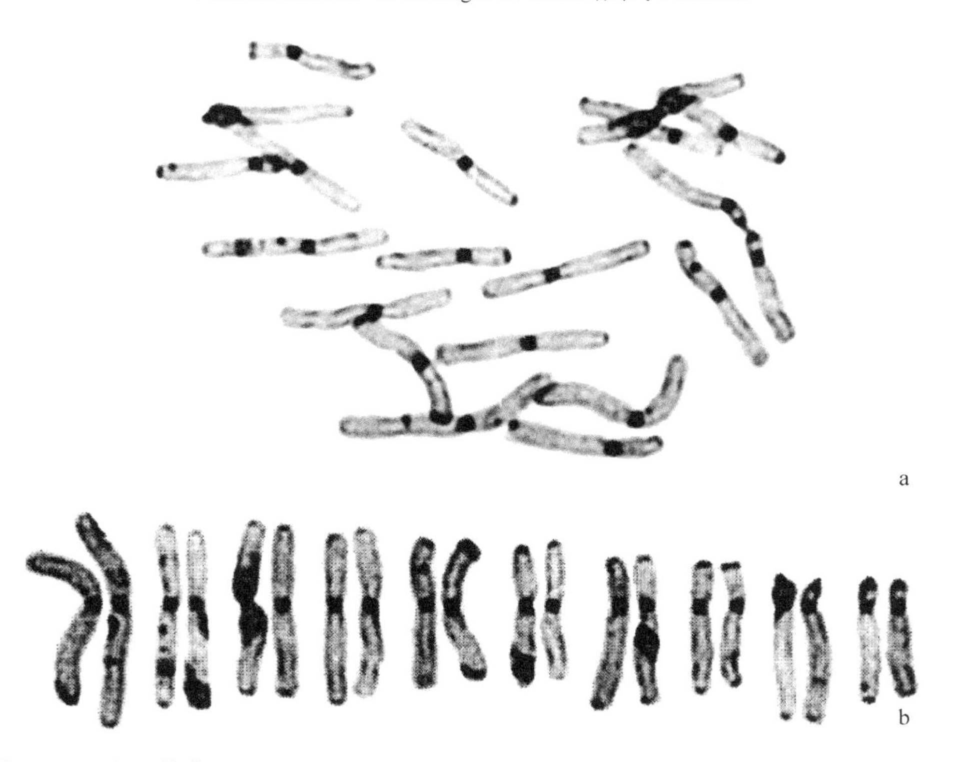

图 2-23　沙氏芍药 *Paeonia saueri* D. Y. Hong, X. Q. Wang & D. M. Zhang 的染色体（引自 Hong et al.，2004）

a. 体细胞有丝分裂中期；b. 核型公式

（取自希腊卡瓦拉 Pangeon 山，D. Y. Hong，D. M. Zhang & X. Q. Wang 标本号 H02227）

图 2-24　药用芍药巴拉特亚种 *Paeonia officinalis* L. subsp. *banatica* (Rochel) Soó 的染色体（引自 Hong，2021，略有修改）

a. 体细胞有丝分裂中期；b. 核型公式

（取自塞尔维亚 Banat 地区 Dalibrat 居群，D. Y. Hong，O. Vasic & V. Stojšić 标本号 H03020）

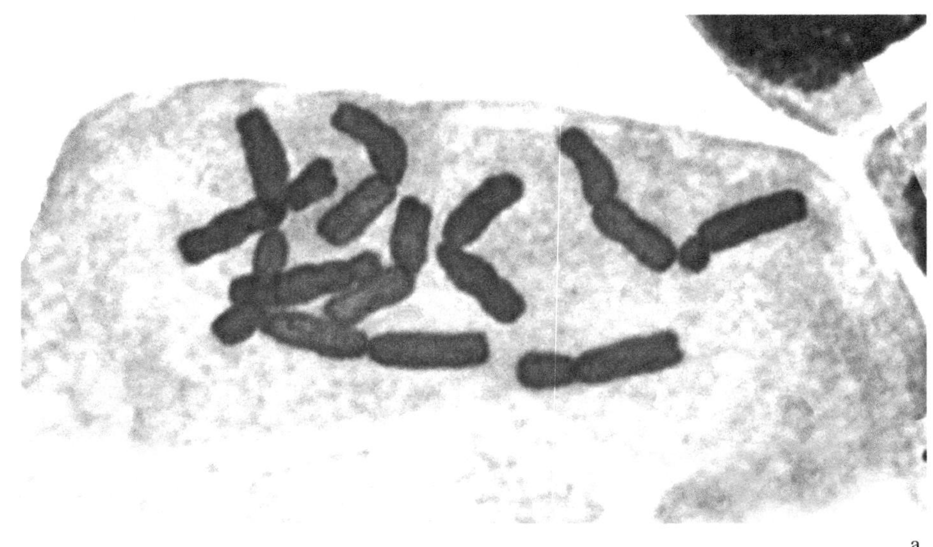

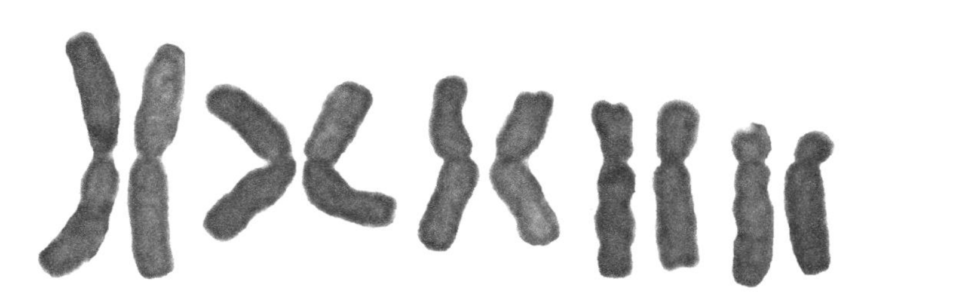

图 2-25　达乌里芍药原亚种 *Paeonia daurica* Andrews subsp. *daurica* 的染色体

（引自 Hong，2021，略有修改）

a. 体细胞有丝分裂中期；b. 核型公式

（取自土耳其 Amasya，D. Y. Hong et al. 标本号 H02222）

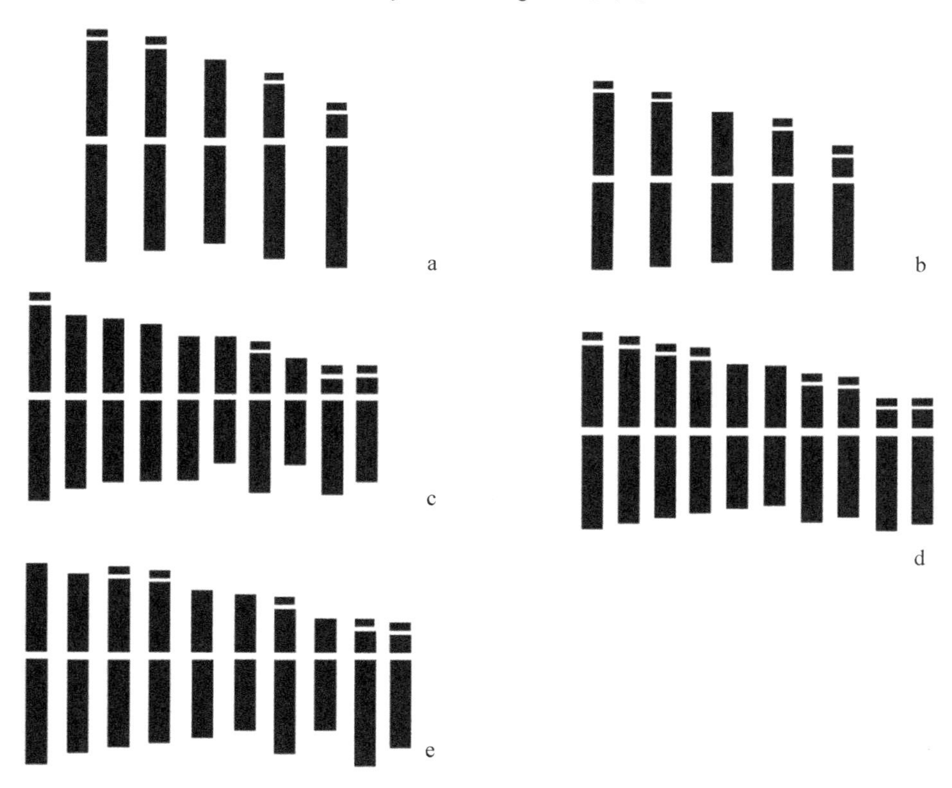

图 2-26　达乌里芍药 *Paeonia daurica* Andrews 的 5 个亚种的染色体核型模式图

（引自 Punina，1987，略有修改）

a. subsp. *coriifolia*；b. subsp. *mlokosewitschii*；c. subsp. *tomentosa*；d. subsp. *wittmanniana*；e. subsp. *macrophylla*

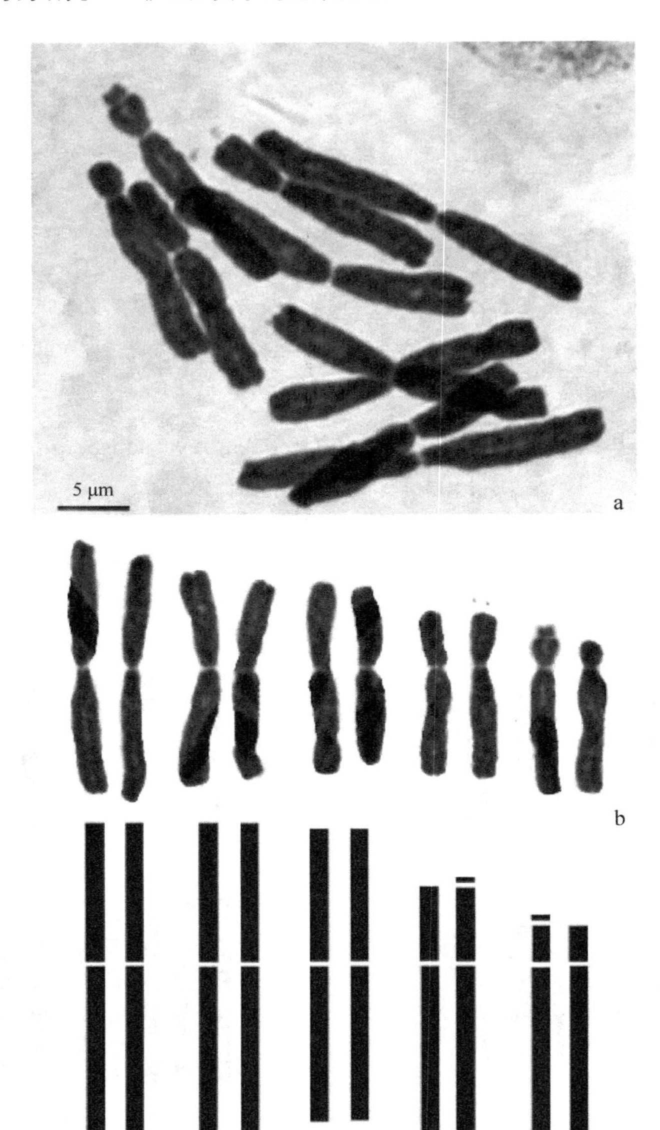

图 2-27　伊比利亚芍药 *Paeonia broteri* Boiss. & Reut. 的染色体
（引自 Hong，2021，略有修改）
a. 体细胞有丝分裂中期；b. 核型公式；c. 核型模式图
（取自西班牙 Avila 的 Mingorria 居群，D. Y. Hong & P. Vargos 标本号 H03015）

2.6.2　染色体的特点

1. 单一而低的基数

在整个芍药属中，染色体只有一个基数 x=5，二倍体 2*n*=10，四倍体 2*n*=20，这样低的基数在被子植物中并不多见，还见于菊科的 *Haplopappus gracilis*（x=2），还

阳参属 *Crepis* L.（x=6，5，4，3）及其他几个属；柳叶菜科的克拉花属 *Clarkia* Pursh.（x=7，6，5）；以及桔梗科（狭义）的蓝钟花属 *Cyananthus* Wall. ex Benth.（x=7，6，5）。

2. 巨大的染色体

芍药属染色体之大显示了它的特异性。芍药属的单倍 5 条染色体的长度范围从最大的 19 μm 到最小的 8 μm（偶见 6.3 μm）。我们观察了牡丹亚属 3 个种和芍药亚属 4 个种的有丝分裂中期。结果显示，最大的一对 12.4～19 μm。可以确定，芍药属是被子植物中染色体最大的类群之一，可与它相比的只有百合属 *Lilium* Tourn. ex L.、延龄草属 *Trillium* L.和紫露草属 *Tradescantia* L.，此外还有刺球果科 Krameriaceae 和桑寄生科 Loranthaceae。

3. 随体染色体数/A 染色体数比值

A 染色体就是不带随体的常染色体。Nakamura 和 Nomoto（1982）基于芍药属 3 个种（5 个分类单位）的观察计算了每条染色体带随体的平均频率，他们发现各条染色体都可能带有随体。张大明和桑涛利用荧光原位杂交展示了非常漂亮的体细胞有丝分裂中期图，从中可以清晰地看出，在川赤芍 *P. veitchii* 中每条染色体都有 rDNA 位点（Zhang and Sang，1998，1999）。这样的位点在牡丹亚属 subg. *Moutan* 和芍药亚属北美芍药组 subg. *Paeonia* sect. *Onaepia* 中为 6～8 个，在芍药亚属的其他组中为 6～10 个。因此，Zhang 和 Sang（1999）表示，他们还未见在被子植物中有任何其他物种每条染色体都有 rDNA 位点的报道。

4. 相对稳定的核型

从我们给出的核型可以看出，芍药属单倍基因组的 5 条染色体中，第四条具近中部着丝粒（submetacentric，sm），第五条具近端部着丝粒（subtelocentric，st），二者很容易被识别；第一条具中部着丝粒（metacentric，m），有点难辨认；第二和第三条也都具中部着丝粒，非常难于鉴别。总体而言，芍药属染色体核型都是这样。Stebbins（1938）首先注意到芍药属染色体形态的稳定性，他认为芍药属物种在染色体数目和形态两方面均显示惊人的相似。他研究了 2 个木本种，7 个草本种，得到的结论是所有二倍体物种均具有相同核型。Punina（1987）对高加索地区的丝叶芍药 *Paeonia tenuifolia*（二倍体）和达乌里芍药 *P. daurica*（5 个亚种：2 个二倍体，3 个四倍体）做了核型分析，得到的结果也支持 Stebbins（1938）的结论。

为了验证 Stebbins（1938）和 Punina（1987）的结论是否，我们团队对芍药属 15 个居群 7 个物种（3 个木本种，4 个草本种）的体细胞有丝分裂中期染色体进行了观察，获得了很好的图像（洪德元等，1988）。据此我们做了相当精细的核型分析，获得的结果与他（她）们的结论稍有不同，我们的结论是相对稳定，而不是惊人地相似。我在 *PEONIES of the World: Phylogeny and Evolution* 第 3 章 3.1 中提供了几乎所有物种的核型信息（Hong，2021）。从中可以看出，在牡丹亚属内，或在芍药亚属北美芍药组内的物种之间，或在牡丹组内和地中海芍药组内的二倍体物种之间，核型相似，看不出有明显差异。但是，在牡丹亚属和芍药亚属之间，以及在芍药组和地中海芍药组中的某些四倍体之间染色体核型存在显著不同。表 2-4 显示，第一条染色体的臂比在牡丹亚属的两个组之间没有差异，在芍药亚属 4 个组间亦无差异，但在两个亚属之间却差异显著。

表 2-4　芍药属两个核型性状在亚属间和组间的比较

分类群		染色体臂比					最长/最短染色体
		第一条染色体	第二条染色体	第三条染色体	第四条染色体	第五条染色体	
牡丹亚属 subg. *Moutan*	滇牡丹组 sect. *Delavayanae* [1]	1.57	1.12	1.33	1.79	3.81	1.35
	牡丹组 sect. *Moutan* [2]	1.52 ± 0.07	1.15	1.17	1.82	5.60	1.43
芍药亚属 subg. *Paeonia*	芍药组 sect. *Albiflorae* [3]	1.18 ± 0.05	1.20	1.24	2.12	5.31	1.56
	草芍药组 sect. *Obovatae* [4]	1.21 ± 0.07	1.20	1.30	2.19	5.35	1.54
	地中海芍药组 sect. *Corallinae* [5]	1.15	1.3	1.25	2.4	4.6	1.46
	北美芍药组 sect. *Onaepia* [6]	1.17	1.15	1.28	3.14	7.47	1.94
	块根芍药组 sect. *Paeonia* [7]	1.18	1.23	1.14	1.78	4.17	1.49

注：1. *P. delavayi* 的 7 个居群（龚洵等，1991）；2. *P. decomposita*, *P. rockii* subsp. *atava* 和 *P. ostii*（洪德元等，1988）；3. *P. lactiflora* 和 *P. veitchii* 3 个居群（洪德元等，1988）；4. *P. obovata* subsp. *obovata* 5 个居群（洪德元等，1988）；5. *P. daurica* subsp. *mlokosewitschii*（Punina，1987）；6. *P. californica* 和 *P. brownii*（Stebbins and Ellerton，1939；Zhang and Sang，1998）；7. *P. tenuifolia*（Punina，1987；D. Y. Hong & S. L. Zhou 标本号 H99052）和 *P. intermedia*（J. F. Mao，J. Pan & C. Wang 标本号 XJ053）。

2.6.3　染色体变异与进化

1. 结构变异

Stebbins（1938）和 Punina（1987）认为芍药属染色体核型稳定，我们得出的结论是相对稳定（洪德元等，1988；Hong，2021）。从我们对染色体核型的广泛研究可以看出，染色体有三类结构变异。

（1）结构畸变

从图 2-28d 和 e 可以看出，在草芍药原亚种 *Paeonia obovata* subsp. *obovata* 的 PB85078 居群内染色体发生了易位（translocation），第四条染色体的一条长臂有一段已移位到了第三条染色体的一条短臂上。Tzanoudakis（1983）报道了在克里特芍药 *P. clusii*、科西嘉芍药 *P. corsica*（误称 *P. mascula* subsp. *russoi*）以及巴尔干芍药 *P. peregrina* 中观察到几个畸变的例子。

（2）核型分化

如果杂合的结构变异变成同源的（homologous），那么核型分化就会出现在个体之间、居群之间，甚至在物种间，直至种群之间。我们对核型进行精细分析的结果

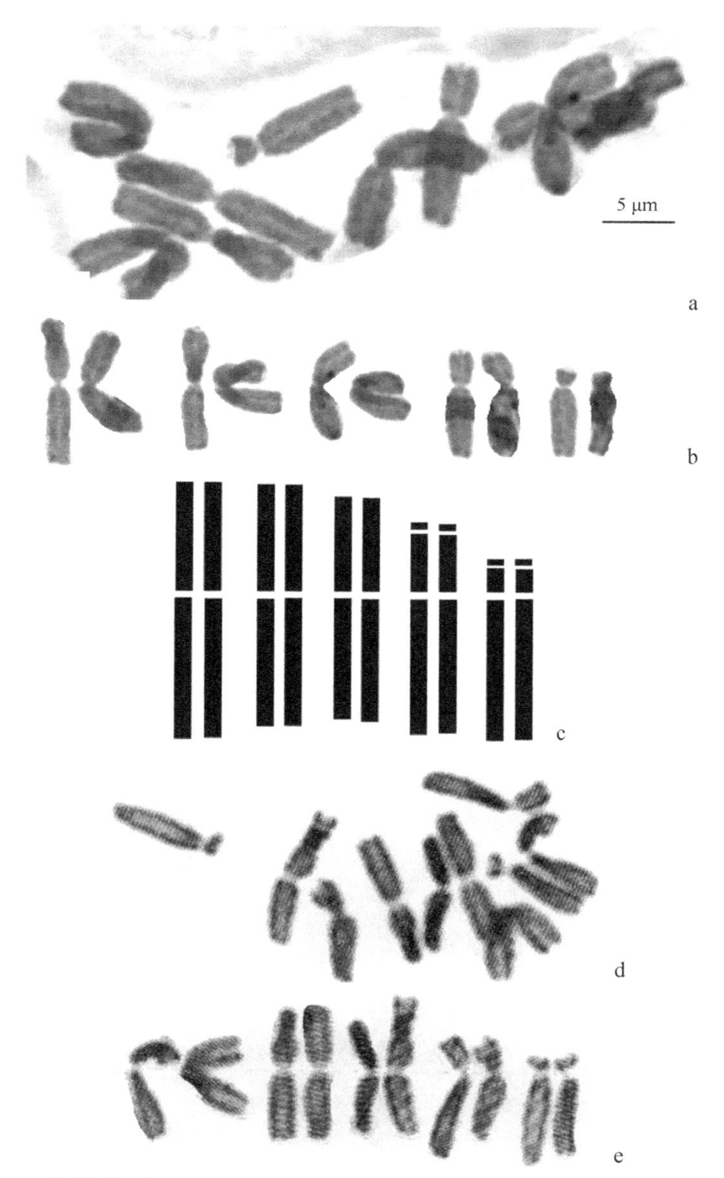

图 2-28　草芍药原亚种 *Paeonia obovata* Maxim. subsp. *obovata* 的染色体

a. No. 1 个体体细胞有丝分裂中期；b. 核型公式；c. 核型模式图（引自洪德元等，1988，略有修改）；d. No. 2 个体体细胞有丝分裂中期；e. 细胞型 d 的核型公式（取自河北赤城大海陀山，D. Y. Hong et al. 标本号 PB85078; a-c 来自该居群的 No. 1 个体；d，e 来自该居群的 No. 2 个体）

显示，在 95%置信区间核型分化已经在牡丹亚属 subg. *Moutan* 和芍药亚属 subg. *Paeonia* 之间发生。第一条染色体的臂比在牡丹亚属中为 1.45～1.59，而在芍药亚属中则为 1.13～1.28；我们的统计分析显示，两者的变异范围并不重叠（表 2-4）。这表明，两亚属之间核型已经分化（洪德元等，1988）。

（3）二倍化

芍药属的多数四倍体看起来像是同源四倍体或与同源四倍体相似，因为同一组内不同种的核型很相似，单用细胞学手段难以分出同源四倍体和异源四倍体。但我们对芍药属核型进行全面观察比较发现，有几个细胞型（cytotype）看来似异源四倍体。例如，在草芍药毛叶亚种 *P. obovata* subsp. *willmottiae* 中，陕西太白山居群的四倍体似乎是同源四倍体（图 2-22），但四川卧龙自然保护区的四倍体则像异源四倍体，至少从第 5 条染色体看是异源四倍体（图 2-29）。这是由于结构重排造成二倍化的结果。我们展示的 10 个四倍体核型中，有 7 个显示出二倍化，如药用芍药巴拉特亚种 *P. officinalis* subsp. *banatica*（图 2-24）、达乌里芍药多毛亚种 *P. daurica* subsp. *tomentosa*（图 2-26c）和大叶亚种 *P. daurica* subsp. *macrophylla*（图 2-26e）、草芍药亚种 *Paeonia obovata* subsp. *obovata*（图 2-28）和毛叶亚种 *P. obovata* subsp. *willmottiae*（图 2-29）、革叶芍药 *P. coriacea*（图 2-30）以及沙氏芍药 *P. saueri*（图 2-23）。

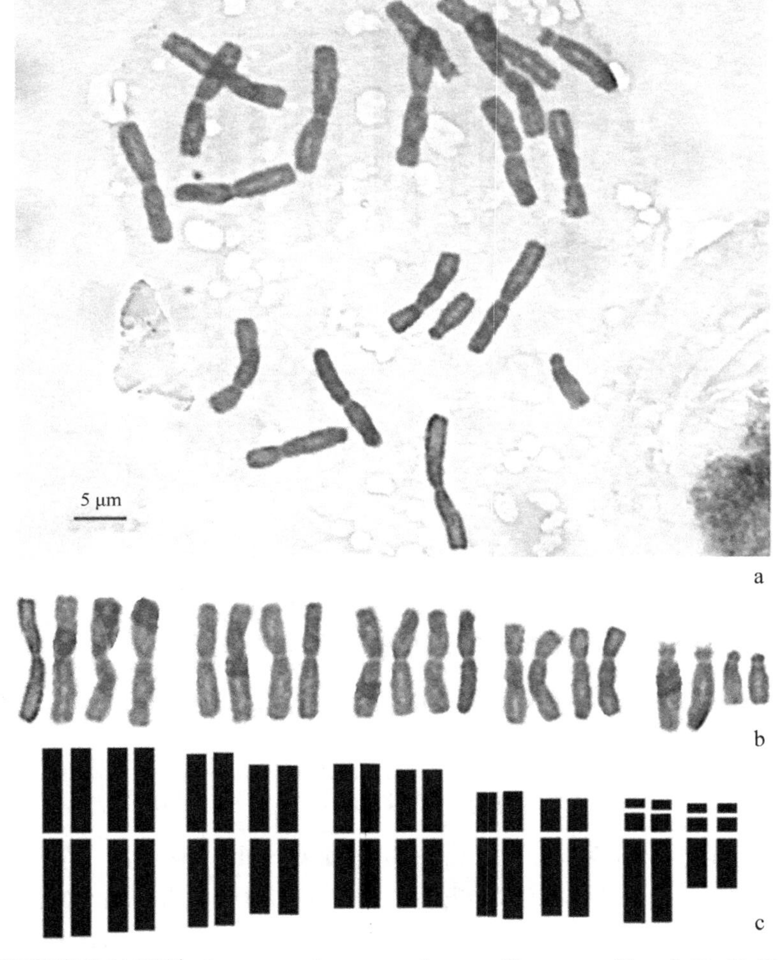

图 2-29 草芍药毛叶亚种 *Paeonia obovata* subsp. *willmottiae* (Stapf) D. Y. Hong et K. Y. Pan 的染色体（引自洪德元等，1988）

a. 体细胞有丝分裂中期；b. 核型公式；c. 核型模式图

（取自四川卧龙自然保护区，D. Y. Hong & X. Y. Zhu 标本号 PB85024）

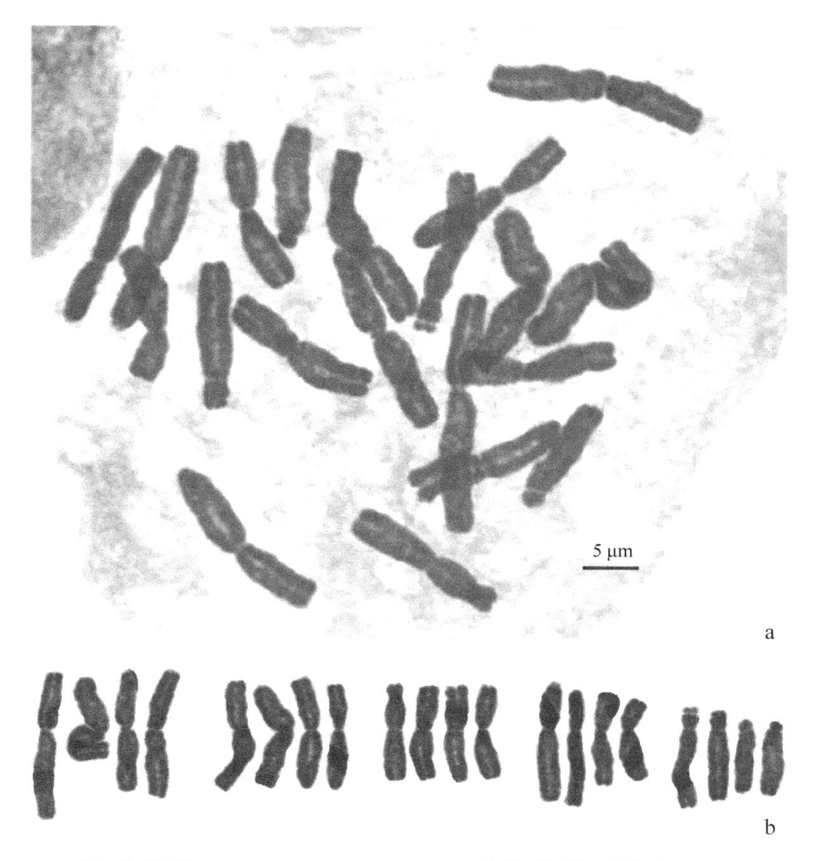

图 2-30　革叶芍药 *Paeonia coriacea* Boiss.的染色体（引自 Hong，2021）

a. 体细胞有丝分裂中期；b. 核型公式

（取自西班牙 Granada 的 Sierra de Alfacar 山脉，D. Y. Hong & A. Quintanar 标本号 H03018）

2. 倍性变异

牡丹亚属全部为二倍体，仅中原牡丹 *P. cathayana* 尚无染色体报道，但它应是二倍体。按我们的新分类系统，芍药亚属包含 5 个组，其中北美芍药组 sect. *Onaepia* 的 2 个种都是二倍体，芍药组 sect. *Albiflorae* 的 5 个种全为二倍体，仅多花芍药 *P. emodi* 在西藏吉隆的居群为四倍体。所以，四倍体全都在芍药亚属的其余 3 个组中，它们是草芍药组 sect. *Obovatae*、块根芍药组 sect. *Paeonia* 和地中海芍药组 sect. *Corallinae*。草芍药组仅有 2 个种，都在东亚，其中美丽芍药 *P. mairei* 是四倍体，另一个种草芍药 *P. obovata* 包含 2 个亚种：草芍药原亚种是二倍体，但其有 3 个四倍体居群，草芍药毛叶亚种 *P. obovata* subsp. *willmottiae* 全为四倍体。块根芍药组包含 7 个种，亚洲仅有一个种——块根芍药 *P. intermedia* 是二倍体，其余 6 个物种全在高加索及以西的欧洲和地中海地区，其中 5 个为四倍体，仅丝叶芍药 *P. tenuifolia* 为二倍体。地中海芍药组包含 9 个种，其中阿尔及利亚芍药 *P. algeriensis* 尚无染色体报道，其余 8 个种中有 3 个种为二倍体（*P. broteri*、*P. cambessedesii* 和 *P. corsica*），

3 个种为四倍体（*P. coriacea*、*P. kesrouanensis* 和 *P. mascula*），另 2 个种兼具二倍体和四倍体（*P. clusii* 和 *P. daurica*）。可见，芍药属有 9 个四倍体种，但仅有一个在亚洲，其余 8 个四倍体种全在地中海地区，而且集中在块根芍药组和地中海芍药组中。

上面我们展示了芍药属四倍体在全球的分布格局。人们会问，为什么四倍体种多分布在地中海地区？Barber（1941）和 Stern（1944）给出了相当可信的解释。在冰期，地中海地区与东亚和中亚的情况大不一样。在亚洲，冰川活动较弱，而且由于地形原因，植物在冰期可向南迁移，冰期过后可向北回迁。但在地中海地区，受冰期影响更大，把二倍体芍药向南推至半岛和岛屿，这就把二倍体种分隔成孤立的区块。冰期过后，它们向北回迁、相遇至发生杂交，产生了适应能力较强的四倍体。那些留在原地的二倍体就成了分布狭窄的物种。园艺学家 Stern（1944）解释为栽培的四倍体种生长力较强，增殖快于欧洲二倍体种。

2.6.4 核型与杂交亲和性

Saunders 和 Stebbins（1938）对两个亚属之间和每个亚属的物种之间进行了广泛杂交。图 2-12 反映了他们努力的结果，显示亚属之间的所有尝试都不成功。在牡丹亚属，滇牡丹 *Paeonia delavayi* 种内不同类型之间杂交毫无障碍。根据我们的观察，同在牡丹组的紫斑牡丹 *P. rockii* 和卵叶牡丹 *P. qiui* 在形态上区别分明，在地理上或生态上也是隔离的，但二者一旦被移植于同一园中，它们就自然杂交，产生能育的杂种。牡丹组和滇牡丹组之间杂交虽不容易，然能产生杂种。但在芍药亚属内不同组的物种之间杂交非常困难，即使产生杂种，也是不育的。

根据 Saunders 广泛的杂交试验（Saunders and Stebbins，1938）和我们的观察（Hong and Pan，1999），牡丹亚属内不存在种间不亲和；芍药亚属中组间杂交试验也有产生杂种的，但是两亚属间杂交就完全不产生杂种，我的解释是，杂交亲和性在一定程度上与核型分化相关。芍药属的核型总体来说是稳定的，组内未见明显的分化，但在两亚属之间却存在显著分化（表 2-4）。

2.7 减数分裂

2.7.1 芍药属减数分裂研究的历史回顾和问题

减数分裂是真核生物的生物学关键过程之一，由一系列细胞遗传学关键事件组成，如染色体重组、分离，最终形成四分体子细胞。它与有丝分裂不同的是它有两轮细胞分裂。减数分裂每一轮都经历 4 个时期：前期、中期、后期和末期。第一次分裂前期，同源染色体配对，即联会（synapsis），此后形成交叉，交叉在偶线期、粗线期和双线期变化过程中端化（Jenczewski et al.，2013）。染色体在减数分裂中的行为，特别是配对式样，被广泛用于揭示和估算杂合度和染色体的基因组杂合度（King，1993）。此外，它能提供有关染色体重排如何影响配子体发生的信息，受影响的配子体发育又可能影响配子的活力和育性，而且有时还导致有染色体重排的杂种部分不育（King，1993）。

细胞学观察能够揭示同源染色体在第一次分裂中期配对的程度。减数分裂构型主要包括环状二价体（图 2-31a，图 2-33a）、棒状二价体（图 2-31a）、互锁构型（图 2-32）、单价体（图 2-32）、多价体、倒位桥（图 2-31g，图 2-36）、断片（图 2-33f，图 2-33g，图 2-33k，图 2-33l）、不等（非对标）分离（图 2-37h）、不等互换（图 2-32）和落后染色体（图 2-33i，图 2-34i，图 2-35i）。一般来说，完全配对可形成环状二价体，不完全配对可能形成棒状二价体，不成功配对会形成单价体。单价体常出现在芍药属中（表 2-5 和表 2-6）。再有，如果存在杂合性结构重排，那么有时会观察到染色体桥、断片、多价体等异常构型（Lysák and Schubert，2013）。在 20 世纪 90 年代基因组测序兴起之前，经典细胞遗传学家普遍利用染色体配对特征作为揭示基因组结构的标准（Stebbins，1939）。即使在今天，减数分裂的配对构型仍然作为揭示染色体结构重排的重要证据。

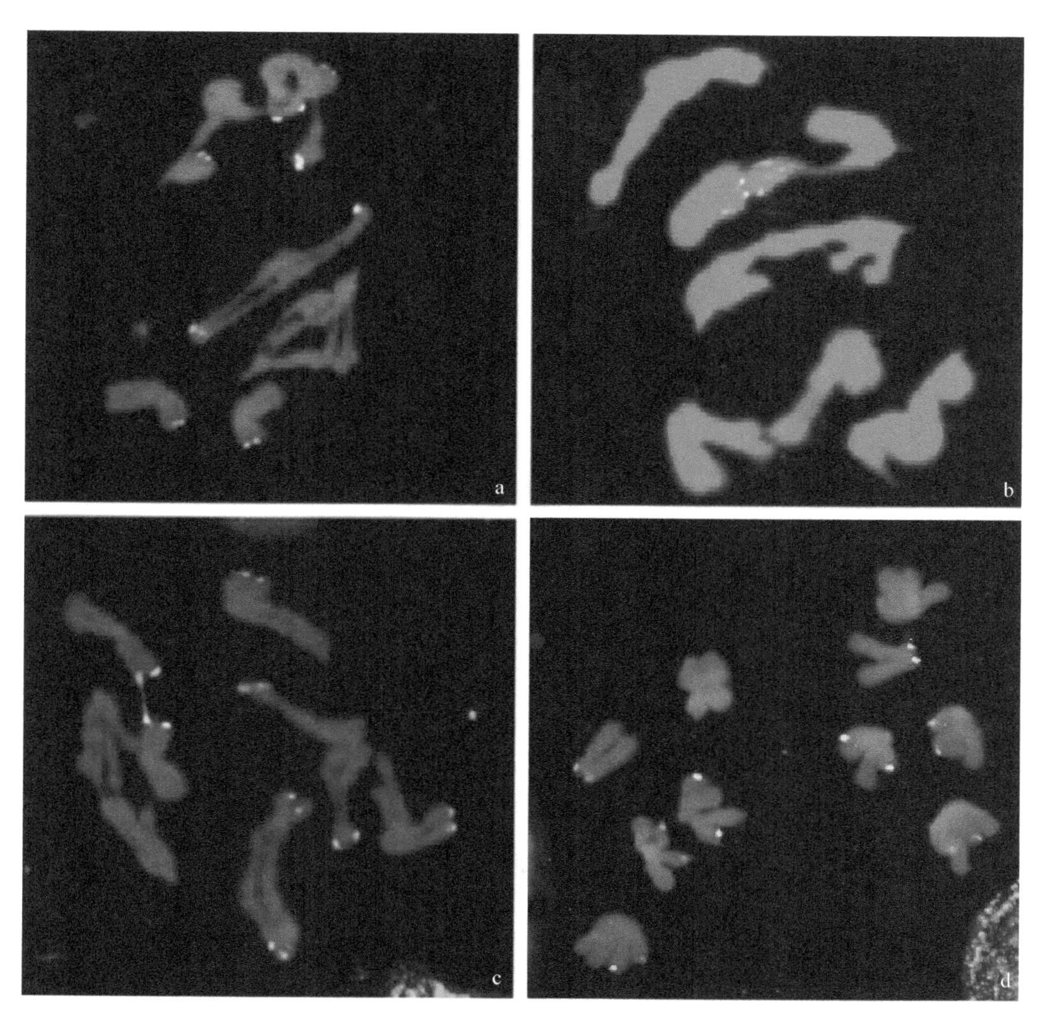

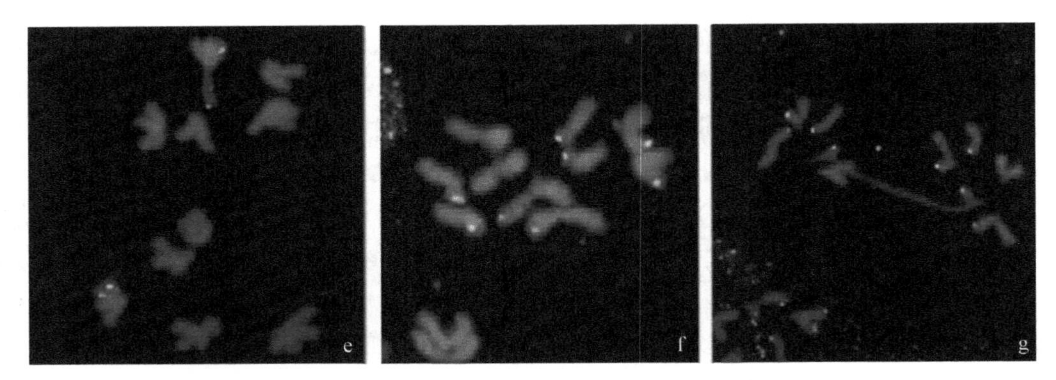

图 2-31　窄叶芍药 *Paeonia anomala* L. 的染色体

（引自 Hong，2021，原始材料由张大明研究员提供）

取自新疆阿尔泰，由荧光原位杂交（FISH）显示，以从芍药 *P. lactiflora* Pall. 中获取的 DI 荧光标记为探针；a. 花粉母细胞减数分裂晚中期 I，示一个环状、棒状二价体和单价体，黄色信号是 18S rDNA 位点；b. 减数分裂后中期 I，黄色信号是 5S rDNA 位点，分散在一对染色体一条臂的末端；c. 减数分裂早后期 I，示二价体开始分离和同源染色体之间 18S rDNA 区域（黄色信号）的黏着；d. 减数分裂后期 I，示染色体分离，黄色信号是 18S rDNA 位点；e. 减数分裂后期 I，示染色体分离，黄色信号是 5S rDNA 位点；f. 减数分裂早后期 II，示一个子细胞在第一次分裂后姐妹染色单体分离，黄色信号是 18S rDNA 位点；g. 减数分裂后期 II，示一个倒位杂合体上的染色体桥，黄色信号为 18S rDNA（方法细节见 Zhang and Sang，1998，1999）

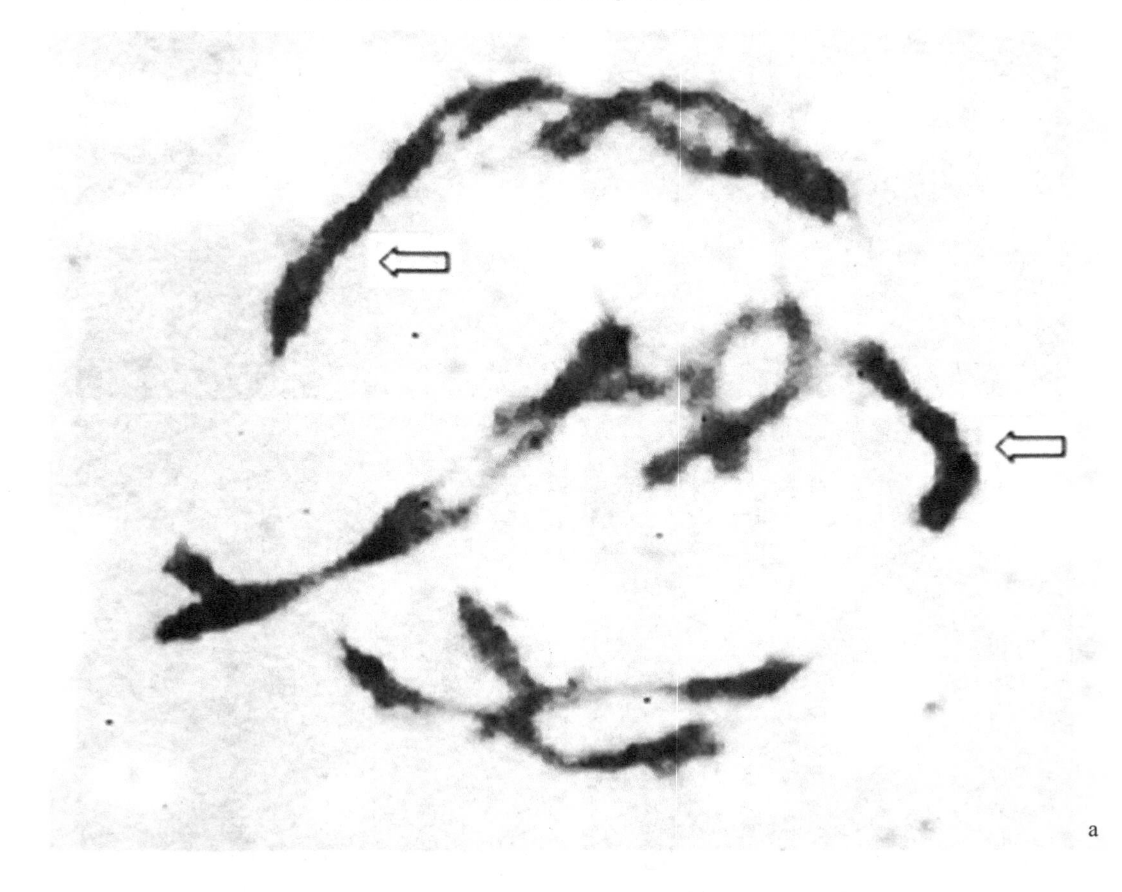

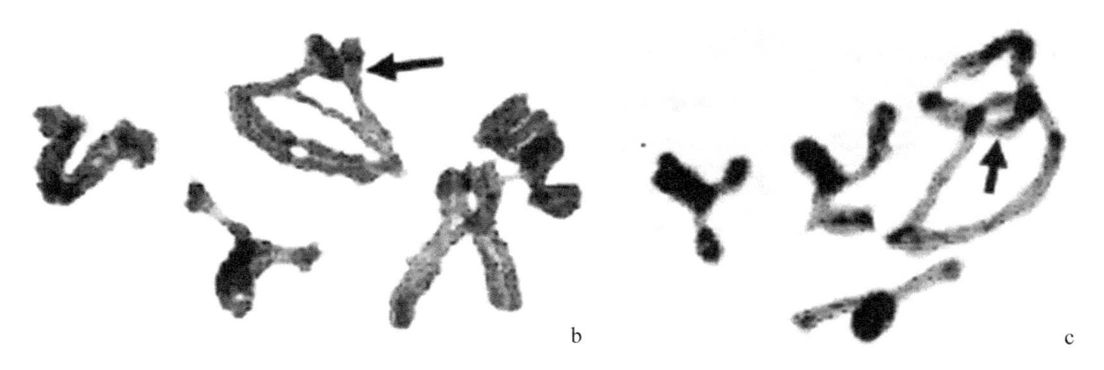

图 2-32　减数分裂的几种构型

a. 草芍药 *Paeonia obovata* Maxim.（二倍体）减数分裂前期 I 双线期的单价体（箭头），取自山西黄鸡塔居群；b, c. 窄叶芍药 *Paeonia anomala* L. 减数分裂中期 I，b 中箭头指染色单体之间的不等互换，c 中箭头指两个环状二价体之间的互锁

芍药属的染色体非常大，数目少，因此它们的减数分裂构形很容易用普通显微镜鉴别，一直是染色体行为研究的理想材料。芍药属减数分裂研究始于 Sax（1932，1937），此后对芍药属进行了广泛研究（Hicks and Stebbins，1934；Stebbins，1938；Stebbins and Ellerton，1939；Walters，1942，1952，1956；Snow，1969）。

在芍药属中，除报道了配对不成功外，还报道了染色体异常现象频率很高，如北美芍药组（Stebbins and Ellerton，1939；Walters，1942，1952，1956；Snow，1969），再如芍药亚属芍药组和牡丹亚属牡丹组。不正常的减数分裂被认为是由染色体重排或结构突变导致的（Stebbins and Ellerton，1939；Walters，1942，1952；Snow，1969），本文对先前观察到的减数分裂构形归纳在表 2-6 中。

对芍药属的减数分裂研究已有 80 多年历史，但仍然有一些深层次的问题有待解答，如为什么在芍药属中常发现染色体重排，这些重排如何能够在自然居群中以杂合子形式保留下来？

2.7.2　观察与分析

为了解答上述问题，我们对减数分裂细胞做了大样本取样，并进行大范围观察。我们对芍药 *P. lactiflora* Pall.、川赤芍 *P. veitchii* Lynch 和草芍药 *P. obovate* Maxim. 3 个种的总数达 41 268 个减数分裂细胞进行了观察，并拍摄了显微照片，计算了染色体各种构形的频率。制片按常规方法进行。样本来源见表 2-7。

1. 减数分裂中期 I 的染色体配对

在芍药 *P. lactiflora* 的山西交城崙岭山居群中，8513 个花粉母细胞（PMC）中的 1686 个（19.81%）至少含 2 个单价体；在河北赤城大海陀山居群中，3548 个花粉母细胞中有 662 个（18.66%）具单价体（图 2-33；表 2-8）。在川赤芍 *P. veitchii* 的太白山居群，1605 个花粉母细胞中有 376 个（23.43%）至少含 2 个单价体。

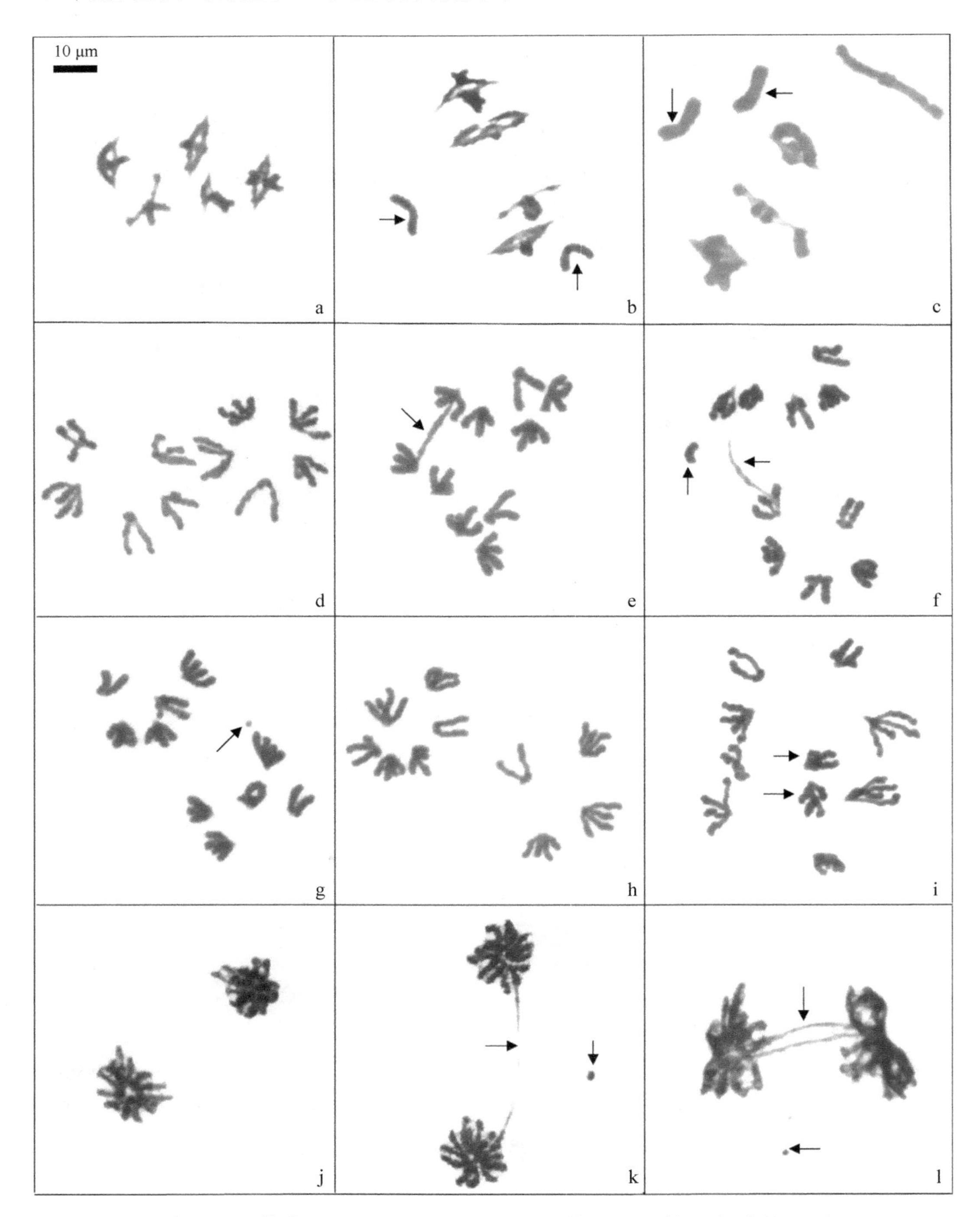

图 2-33　芍药 *Paeonia lactiflora* Pall.花粉母细胞第一次减数分裂

（引自 Hong，2021，略有修改）

a～c. 中期 I：a. 5 对正常的二价体；b，c. 4 对正常的二价体和两条单价染色体（箭头）。d～i. 后期 I：d. 正常的后期 I；e. 无断片的桥（箭头）；f. 单个桥，一个断片（箭头）；g. 断片（箭头），无桥；h. 不等分离，比例 6：4；i. 落后的染色体（箭头）。j～l. 末期 I：j. 正常的末期 I；k. 单个桥，一个断片（箭头）；l. 两个桥，一个断片（箭头）

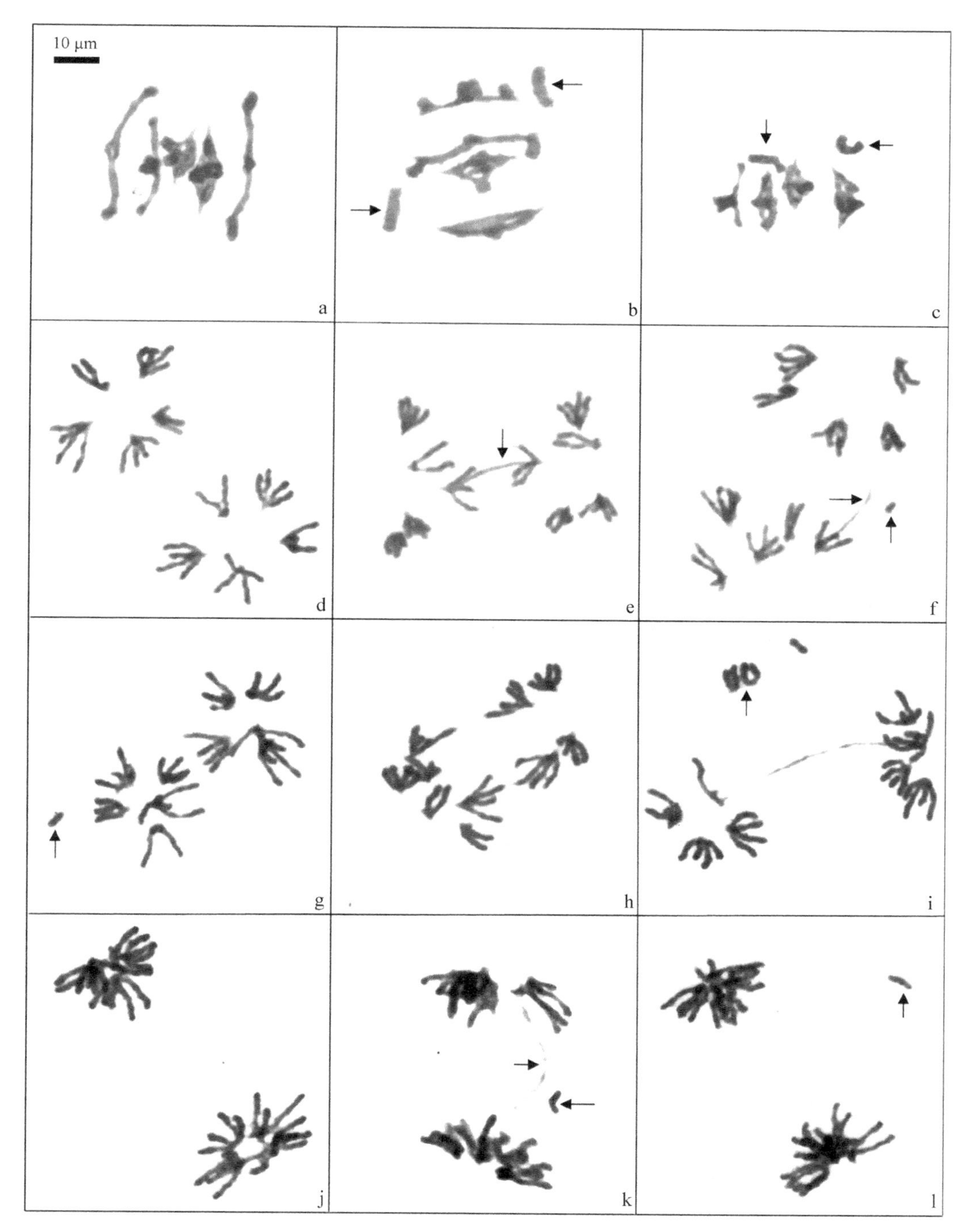

图 2-34　草芍药 *Paeonia obovata* Maxim.（二倍体）花粉母细胞第一次减数分裂
（引自 Hong，2021，略有修改）

a～c. 中期 I：a. 5 对正常二价体；b. 4 对正常二价体和两个单价体（箭头）；c. 4 对正常二价体和两个单价体（箭头）。d～i：后期 I：d. 正常后期 I；e. 桥（箭头）而无断片；f. 单个桥和一个断片（箭头）；g. 一个断片（箭头），无桥；h. 不等分离，比例 6∶4；i. 落后染色体（箭头）。j～l. 末期 I：j. 正常末期 I；k. 单个桥，有一个断片（箭头）；l. 单个断片（箭头），无桥

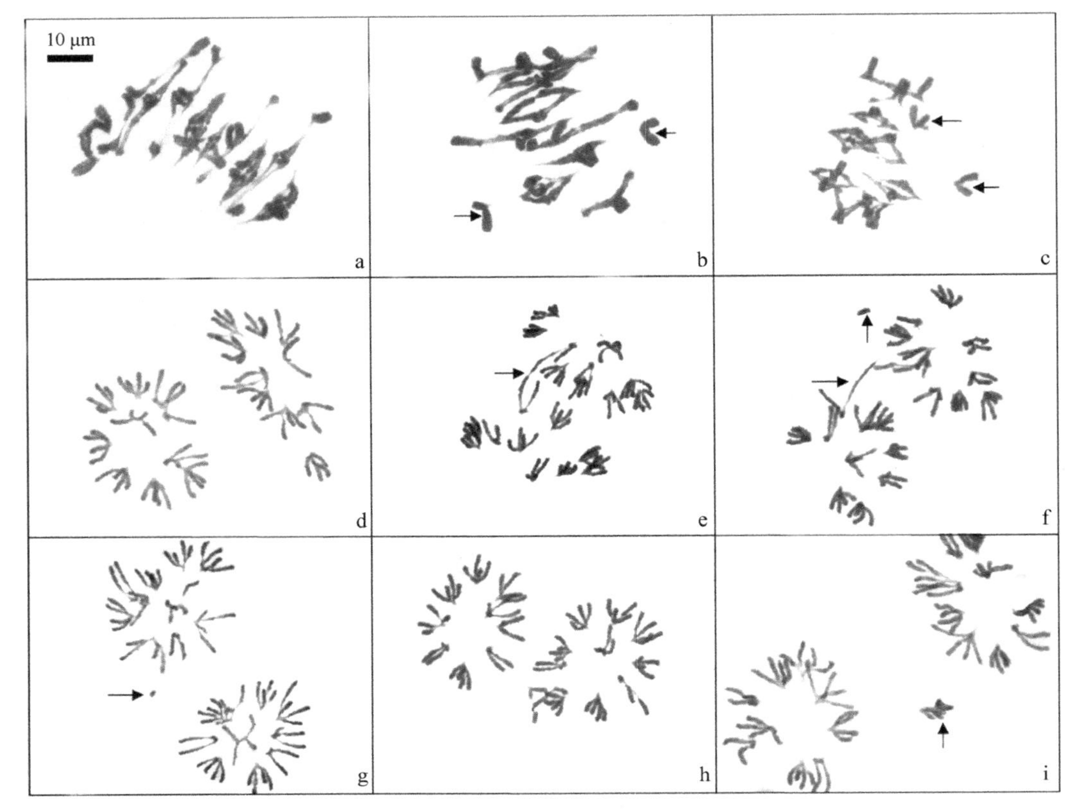

图 2-35　草芍药毛叶亚种 *Paeonia obovata* subsp. *willmottiae* (Stapf) D. Y. Hong et K. Y. Pan（四倍体）的花粉母细胞第一次减数分裂（引自 Hong，2021，略有修改）

取自湖北神农架龙门河。a～c. 中期 I：a. 10 个正常二价体；b. 9 对正常二价体和两个单价体（箭头）；c. 9 个正常二价体和两个单价体（箭头）。d～i. 后期 I：d. 正常后期 I；e. 桥（箭头），无断片；f. 单个桥，一个断片（箭头）；g. 断片（箭头）无桥；h. 不等分离，比例 11∶9；i. 落后染色体（箭头）

表 2-5　芍药属 8 个物种的花粉母细胞减数分裂中期 I 单价体出现的频率

物种	单价体频率（%）	文献
Paeonia emodi	18	Stebbins，1938
P. anomala	21～26	Stebbins，1938
P. triternata subsp. *mlokosewitschii*(=*P. daurica* subsp. *mlokosewitschii*)	22	Stebbins，1938
P. tenuifolia	29	Hicks and Stebbins，1934
P. japonica (= *P. obovata*)	32.4	Haga and Ogata，1956
P. rockii	32.6	于玲和何丽霞，2000
P. delavayi var. *lutea*(= *P. delavayi*)	33	Stebbins，1938
P. suffruticosa	40	Hicks and Stebbins，1934
P. suffruticosa	43	Sax，1937
P. mlokosewitschii(= *P. daurica* subsp. *mlokosewitschii*)	48	Hicks and Stebbins，1934
P. suffruticosa subsp. *spontanea*(= *P. jishanensis*)	54.2	张寿洲等，1997
P. smouthi (园中杂种)	57	Hicks and Stebbins，1934

注：表中 8 个物种按本书提出的分类系统计数。

表 2-6　芍药属中先前观察到的花粉减数分裂构形概要

物种	中期 I		后期和末期			花粉不育性（%）
	单价体（%）	配对指数（%）	断片（%）	桥（%）	异常分离 (%)	
牡丹亚属牡丹组 subg. *Moutan* (DC.) Ser. sect. *Moutan* DC.						
P. decomposita（居群 1）	9.75	77.03	5.94（AI）	6.31（AI）	1.17（AI）	6.08
			3.64（TI）	3.36（TI）	0.5（TI）	
P. decomposita（居群 2）	6.67	80.13	8（AI）	7.00（AI）	1（AI）	
			6.67（TI）	6.67（TI）	0.67（AI）	
P. decomposita	9.51	77.27	6.1(AI)	6.36（AI）	1.15（AI）	
平均值	‘M’73.03；‘D’23.16；‘E’3.82		3.88（TI）	3.61（TI）	0.51（TI）	
P. jishanensis	54.20					
	‘M’32.78；‘D’47.93；‘E’19.28					
P. ostii				2.43（AI）；5（AII）	7.32	
牡丹亚属滇牡丹组 subg. *Moutan* (DC) Ser. sect. *Delavayanae* (Stern) Halda						
P. delavayi	33		18		7.60	
牡丹亚属芍药组 subg. *Paeonia* sect. *Albiflorae* Salm-Dyck						
P. anomala（XJ012）	5.40	91.33	16.34（AI）	12.5（AI）	0.96（AI）	
P. anomala（XJ021）	19.50	86.05	4.3（AI）；3.61（AII）	3.5（AI）；4.13（AII）	0.64（AI）	12.70

注：AI. 后期 I，AII. 后期 II，TI. 末期 I，TII. 末期 II；异常分离：落后染色体和后期 I、后期 II 或末期 I、末期 II 中的不平衡分离。

表 2-7　对芍药属减数分裂染色体构形深入观察所用材料的来源

物种	居群地点	海拔（m）	生境
P. lactiflora	山西交城庙岭山	1710～1800	栎树林
P. lactiflora	河北赤城大海陀山	1240～1280	与栎树混生的灌丛
P. veitchii	陕西太白山	2300～2360	灌丛
P. obovata	湖北兴山龙门河	1680	树林
P. obovata	山西交城黄鸡塔	1900	山坡

表 2-8　芍药 *Paenia lactiflora* Pall.花粉母细胞减数分裂中期 I 染色体配对构形

居群	个体	观察的 PMC 数	含单价体		含二价体			配对指数
			PMC 数	每个 PMC	（棒状+环状）/PMC	棒状/PMC	环状/PMC	
庙岭山居群	Z1226	1115	206（18.48%）	0.38	4.81	2.19	2.62	74.36
	Z1228	746	165（22.18%）	0.44	4.78	1.80	2.98	77.59
	Z1229	1162	275（23.67%）	0.48	4.76	2.03	2.73	74.92
	Z1234	645	113（17.52%）	0.34	4.83	2.25	2.58	74.02
	Z1236	716	37（5.17%）	0.10	4.95	1.94	3.01	79.55
	Z1237	1007	67（6.65%）	0.14	4.93	2.03	2.90	78.32

续表

居群	个体	观察的PMC数	含单价体		含二价体			配对指数
			PMC数	每个PMC	(棒状+环状)/PMC	棒状/PMC	环状/PMC	
嵛岭山居群	Z1238	825	160(19.39%)	0.40	4.80	2.11	2.69	74.98
	Z1239	555	225(40.54%)	0.82	4.59	2.84	1.75	63.50
	Z1242	675	160(23.70%)	0.48	4.76	2.23	2.53	72.92
	Z1243	306	83(27.12%)	0.54	4.73	2.51	2.22	69.44
	Z1244	761	195(25.62%)	0.52	4.74	2.37	2.37	71.13
	平均值	774	153(19.81%)	0.42	4.79	2.21	2.58	73.70
大海陀山居群	Z1247	1013	75(7.40%)	0.14	4.93	2.12	2.81	77.35
	Z1248	303	47(15.51%)	0.30	4.85	2.64	2.21	70.53
	Z1252	296	71(25.68%)	0.44	4.78	2.14	2.62	73.78
	Z1253	377	133(35.28%)	0.72	4.64	2.48	2.16	68.12
	Z1257	378	132(34.92%)	0.70	4.65	2.13	2.52	71.75
	Z1260	283	26(9.19%)	0.18	4.91	2.31	2.60	75.09
	Z1261	322	122(37.89%)	0.76	4.62	2.23	2.39	70.12
	Z1263	576	56(9.72%)	0.18	4.91	2.28	2.63	75.28
	平均值	444	83(18.66%)	0.42	4.79	2.29	2.50	72.27
	总平均值	635	123.58(19.46%)	0.42	4.79	2.25	2.54	73.30

注：个体为成熟个体（取材时正开花）；PMC数指观察到有单价体的花粉母细胞数，括号内数据为占全部观察细胞的百分；每个PMC指单个花粉母细胞出现单价体的频率；配对指数={[棒状二价体+2(环状二价体)]/*n*}× 100%，*n*=受试植物染色体单价体数目，本章表同。

在草芍药 *P. obovata* 的山西交城黄鸡塔居群（二倍体），在2K16个体中有18.26%（86/471）花粉母细胞至少有2个单价体（图2-34，表2-9）。在草芍药毛叶亚种 *P. obovata* subsp. *willmottiae* 湖北兴山龙门河居群（四倍体，图2-35），在ZM016个体中有26.39%（57/216）的花粉母细胞至少含有2个单价体。

表2-9 草芍药 *Paeonia obovata* Maxim. 花粉母细胞减数分裂中期I染色体配对

居群	个体	观察的PMC数	含单价体		含二价体			配对指数
			PMC数	每个PMC	(棒状+环状)/PMC	棒状/PMC	环状/PMC	
黄鸡塔居群	2K16	471	86(18.26%)	0.36	4.82	2.48	2.34	71.6
龙门河居群	ZM016	216	57(26.39%)	0.55	9.73	4.64	5.08	74.05

2. 减数分裂后期I和末期I的染色体分离

这一研究的所有个体全都是染色体倒位杂合体，没有例外。在后期I和末期I之间，配对的同源染色体正在分离，并向两极移动，非正常的倒位和重排以相当高的频率出现，如染色体桥、断片、不等（非对称）分离以及落后染色体（图2-34，图2-35）。后期I出现的异常主要是无断片的桥（图2-33～图2-36）、有断片的桥（图2-33～图2-35）、无桥的断片（图2-33～图2-35）、不等（非对称）分离（图2-33～

图 2-35）以及落后染色体（图 2-33～图 2-35）。在末期 I，异常体主要包括有染色体桥而无断片（图 2-37j）、染色体有断片（图 2-33k，图 2-37k，图 2-34k）、双桥（图 2-33l）、三桥有断片（图 2-36f）以及有断片却无桥（图 2-34l，图 2-37l）。在芍药、草芍药的二倍体和四倍体居群以及川赤芍中，所有来自野生居群的个体都被观察到有倒位桥和断片，显示它们都是臂内倒位杂合体。虽然倒位频率在种间有差异，但总的来说，频率较高。例如，芍药在中后期 I，4.73%的花粉母细胞带倒位桥，4.68%有断片（表 2-10），而在末期 I，1.63%的花粉母细胞带倒位桥，5.28%有断片（表 2-11）；川赤芍中在末期 I，1.30%花粉母细胞带倒位桥，7.67%有断片。在草芍药的二倍体居群中带倒位桥的花粉母细胞比例达到 13.87%，而有断片的比例达到 16.27%。带倒位桥和（或）断片的花粉母细胞占比不仅在种级水平有差异，在居群水平，甚至在个体水平上都有不同。

在芍药、草芍药二倍体和草芍药毛叶亚种四倍体，以及川赤芍中都发现了不等分离，分离频率在种间很不相同。在芍药中，平均 0.59%的后期 I 花粉母细胞出现不等分离；在嵛岭山居群为 0.98%，在大海坨山居群为 0.17%。在后期 II，不等分离的频率明显下降，在芍药中降至平均 0.13%。在草芍药的二倍体居群中不等分离的频率是 0.8%，而在四倍体居群中，这一频率是 0.96%。在二倍体中，不等分离常在子细胞中的比例为 6∶4（图 2-33h，图 2-34h，图 2-37h），而在四倍体中，其比例是 11∶9（图 2-35h）。

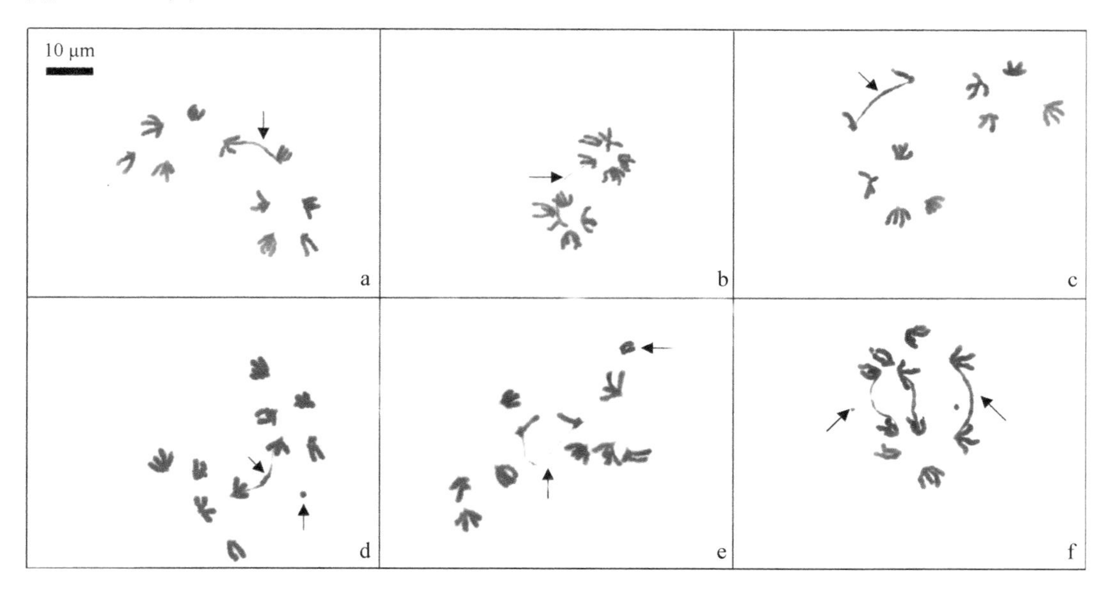

图 2-36　芍药 *Paeonia lactiflora* Pall. 花粉母细胞减数分裂后期 I 的桥和断片（引自 Hong，2021，略有修改）

示桥全在 M、D 和 E 染色体上，断片大小有差异。a. 桥（箭头），无断片，桥由一条 M 染色体形成；b. 桥（箭头），无断片，桥由一条 D 染色体形成；c. 桥（箭头），无断片，桥由一条 E 染色体形成；d. 单个桥，有一个断片（箭头），桥由一条 M 染色体形成；e. 单个桥，有一个断片（箭头），桥由一条 E 染色体形成；f. 三个桥，一个断片（箭头），桥由不同染色体对形成

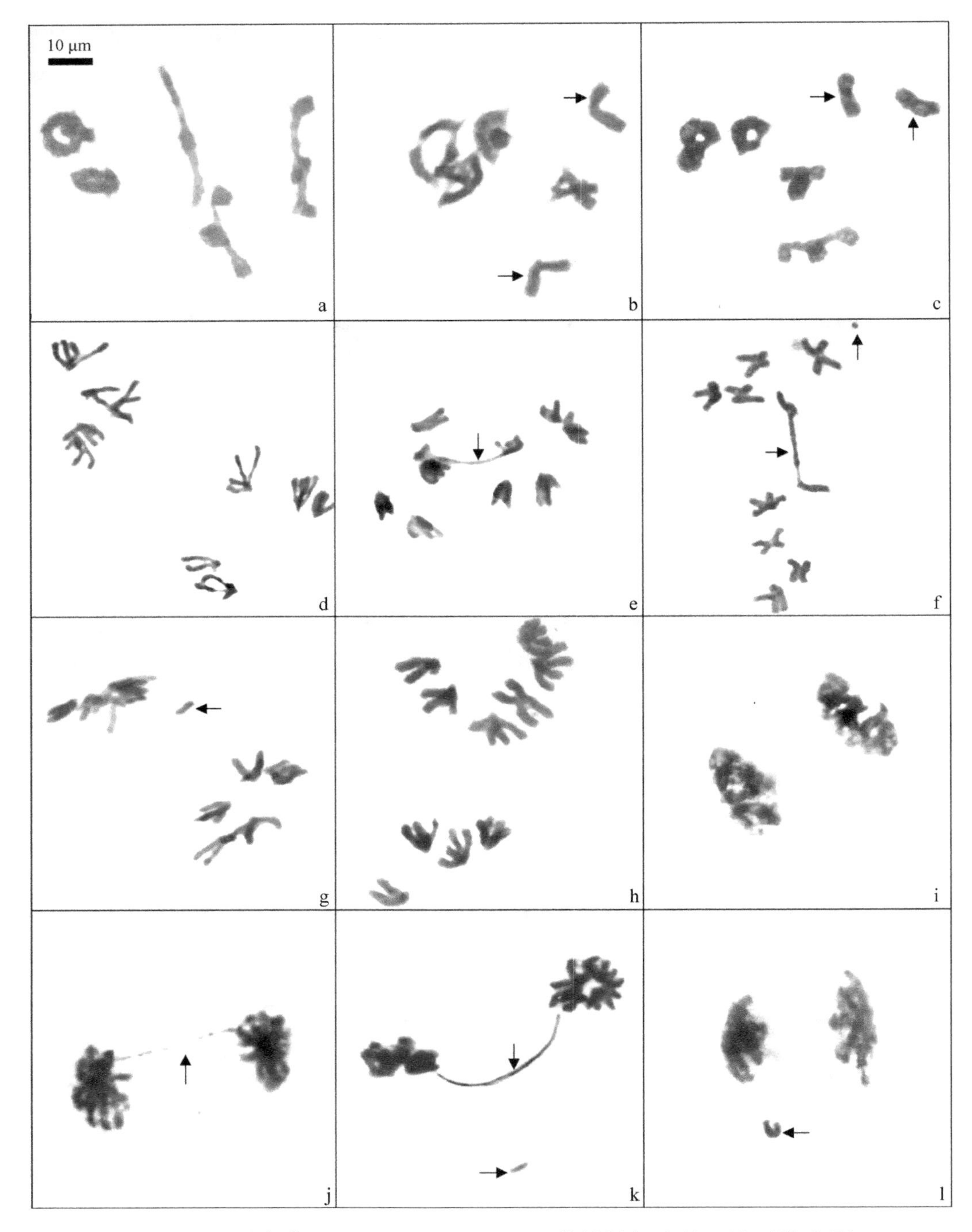

图 2-37　川赤芍 *Paeonia veitchii* Lynch 花粉母细胞第一次减数分裂

（引自 Hong，2021，略有修改）

取自陕西太白山。a～c. 中期 I：a. 5 个正常二价体；b. 4 个正常二价体和两条单价体（箭头）；c. 4 个正常二价体和两条单价体（箭头）。d～h. 后期 I：d. 正常后期 I；e. 桥（箭头），无断片；f. 单桥，有一个断片（箭头）；g. 断片（箭头），无桥；h. 不等分离，比例 6∶4。i～l. 末期 I：i. 正常末期 I；j. 桥（箭头），无断片；k. 单桥，有一个断片（箭头）；l. 断片（箭头），无桥

表 2-10　芍药 *Paeonia lactiflora* Pall. 花粉母细胞减数分裂后期 I 异常的频率

居群	个体	观察的 PMC 数	带落后染色体的 PMC 数	带桥的 PMC 数	断片			不等分离中的 PMC 数
					带断片的 PMC 数	带断片和桥的 PMC 数	带断片但无桥的 PMC 数	
榆嵛山居群	Z1227	347	1（0.29%）	13（3.75%）	16（4.61%）	8（2.31%）	8（2.31%）	1（0.29%）
	Z1228	390	3（0.77%）	27（6.92%）	24（6.15%）	15（3.85%）	9（2.31%）	2（0.51%）
	Z1229	360	1（0.28%）	31（8.61%）	32（8.89%）	27（7.50%）	5（1.39%）	1（0.28%）
	Z1234	308	0（0.00%）	16（5.19%）	8　（2.60%）	7（2.27%）	1（0.32%）	1（0.32%）
	Z1238	325	2（0.62%）	20（6.15%）	32（9.85%）	17（5.23%）	15（4.62%）	5（1.54%）
	Z1239	317	0（0.00%）	27（8.52%）	23（7.26%）	19（5.99%）	4（1.26%）	17（5.36%）
	Z1242	352	0（0.00%）	10（2.84%）	15（4.26%）	7（1.99%）	8（2.27%）	1（0.28%）
	Z1243	319	0（0.00%）	17（5.33%）	16（5.02%）	9（2.82%）	7（2.19%）	1（0.31%）
	Z1244	345	0（0.00%）	1（0.29）	15（4.35%）	5（1.45%）	10（2.90%）	1（0.29%）
	平均值	340.3	0.78（0.23%）	19.11（5.62%）	20.11（5.91%）	12.67（3.72%）	7.44（2.19%）	3.33（0.98%）
大海陀山居群	Z1247	316	0　（0.00%）	9（2.85%）	5（1.58%）	4（1.27%）	1（0.32%）	1（0.32%）
	Z1249	305	0　（0.00%）	6（1.97%）	8（2.62%）	3（0.98%）	5（1.64%）	0（0.00%）
	Z1252	287	0　（0.00%）	11（3.83%）	9（3.14%）	6（2.09%）	3（1.05%）	0（0.00%）
	Z1253	379	0　（0.00%）	24（6.33%）	26（6.86%）	17（4.49%）	9（2.37%）	2（0.53%）
	Z1256	315	0　（0.00%）	10（3.17%）	12（3.81%）	6（1.90%）	6（1.90%）	0（0.00%）
	Z1257	341	0　（0.00%）	8（2.35%）	10（2.93%）	2（0.59%）	8（2.35%）	0（0.00%）
	Z1260	320	0　（0.00%）	5（1.56%）	10（3.13%）	3（0.94%）	7（2.19%）	0（0.00%）
	Z1261	322	0　（0.00%）	21（6.52%）	9（2.80%）	5（1.55%）	4（1.24%）	2（0.62%）
	Z1263	313	0　（0.00%）	16（5.11%）	9（2.88%）	6（1.92%）	3（0.96%）	0（0.00%）
	平均值	322	0　（0.00%）	12.22（3.80%）	10.89（3.38%）	5.78（1.79%）	5.11（1.59%）	0.56（0.17%）
	总平均值	331.17	0.39（0.12%）	15.67（4.73%）	15.50（4.68%）	9.23（2.79%）	6.28（1.90%）	1.95（0.59%）

注：括号内的数据指占被观察的 PMC 的百分比，下表同。

表 2-11　芍药 *Paeonia lactiflora* Pall. 花粉母细胞减数分裂末期 I 异常的频率

居群	个体	观察的 PMC 数	带桥无断片的 PMC 数	带桥的 PMC 数	断片		
					带断片的 PMC 数	带断片和桥的 PMC 数	带断片却无桥的 PMC 数
嵛岭山居群	Z1227	304	1（0.33%）	3（0.99%）	12（3.95%）	2（0.66%）	10（3.29%）
	Z1229	305	3（0.98%）	8（2.62%）	10（3.28%）	5（1.64%）	5（1.64%）
	Z1234	391	1（0.26%）	3（0.77%）	18（4.60%）	2（0.51%）	16（4.09%）
	Z1236	750	3（0.40%）	15（2.00%）	41（5.47%）	12（1.60%）	29（3.87%）
	Z1238	401	0（0.00%）	0（0.00%）	24（5.99%）	0（0.00%）	24（5.99%）
	Z1239	485	5（1.03%）	15（3.09%）	28（5.77%）	10（2.06%）	18（3.71%）
	Z1242	343	0（0.00%）	3（0.87%）	35（10.20%）	3（0.87%）	32（9.33%）
	Z1243	330	2（0.61%）	9（2.73%）	20（6.06%）	7（2.12%）	13（3.94%）
	Z1244	361	0（0.00%）	2（0.55%）	36（9.97%）	2（0.55%）	34（9.42%）
	平均值	407.78	1.67（0.41%）	6.44（1.58%）	24.9（6.10%）	4.78（1.17%）	20.11（4.93%）
大海陀山居群	Z1247	389	0（0.00%）	2（0.51%）	13（3.34%）	2（0.51%）	11（2.83%）
	Z1249	311	4（1.29%）	7（2.25%）	9（2.89%）	3（0.96%）	6（1.93%）

续表

居群	个体	观察的PMC数	带桥无断片的PMC数	带桥的PMC数	断片		
					带断片的PMC数	带断片和桥的PMC数	带断片却无桥的PMC数
大海陀山居群	Z1252	338	3（0.89%）	5（1.48%）	16（4.73%）	2（0.59%）	14（4.14%）
	Z1253	379	5（1.32%）	10（2.64%）	15（3.96%）	5（1.32%）	10（2.64%）
	Z1256	306	1（0.33%）	9（2.94%）	13（4.25%）	8（2.61%）	5（1.63%）
	Z1257	330	2（0.61%）	7（2.12%）	16（4.85%）	5（1.52%）	11（3.33%）
	Z1260	353	2（0.57%）	3（0.85%）	9（2.55%）	1（0.28%）	8（2.27%）
	Z1261	309	1（0.32%）	5（1.62%）	11（3.56%）	4（1.29%）	7（2.27%）
	Z1263	312	2（0.64%）	3（0.96%）	13（4.17%）	1（0.32%）	12（3.85%）
	平均值	336.33	2.22（0.66%）	5.67（1.68%）	12.78（3.80%）	3.44（1.02%）	9.33（2.78%）
	总平均值	372.06	1.95（0.52%）	6.06（1.63%）	19.64（5.28%）	4.11（1.10%）	14.72（3.96%）

落后染色体偶尔被观察到。在芍药的后期I，仅有0.12%的花粉母细胞有落后染色体（图2-33i）。在草芍药的二倍体和四倍体中均发现类似结果（图2-34i，图2-35i）。

3. 倒位片段大小的变异

如果倒位断裂一致地出现在特定位点上，那么不管交换（cross-over）在倒位区何处，这种倒位都会使染色体断片有恒定大小。但是芍药属所有7个组的倒位片段大小都是可变的，这可能是该属的自然居群保留了异常多的不同倒位在杂合体中，或者可能是一个或多个机制在操纵倒位片段的大小变异，但这一问题尚未弄清楚。这里我们提供一个四川牡丹 *Paeonia decomposita* 的例子（表2-12），减数分裂材料取自四川西北部马尔康的野生居群。我们观察了多达3900个后期I和3900个末期I花粉母细胞，发现在6.10%后期I花粉母细胞和3.87%末期I花粉母细胞中，倒位片段长度在0.1 μm和10 μm之间变化。

表2-12 四川牡丹 *Paeonia decomposita* Hand.-Mazz. 花粉母细胞减数分裂后期I和末期I断片的长度范围

减数分裂期	观察的PMC数	不同长度倒位片段数量										观察到的断片总数	带断片的细胞数
		0.1～1.0 μm	1.1～2.0 μm	2.1～3.0 μm	3.1～4.0 μm	4.1～5.0 μm	5.1～6.0 μm	6.1～7.0 μm	7.1～8.0 μm	8.1～9.0 μm	9.1～10.0 μm		
后期 I	3900	2	28	54	50	45	34	31	13	21	8	286	238（6.10%）
末期 I	3900	0	2	27	41	34	21	17	24	6	5	177	151（3.87%）

4. 异常减数分裂构形

芍药属的奇特性不仅因为它在被子植物中的具体系统位置尚未确定（见第4章），还因为它异常的减数分裂构形。我们把对41 268个花粉母细胞进行观察所获得的信息以及从现有文献获得的数据归纳如下。

1）在芍药属所有研究过的物种中均发现有染色体结构重排。

2）在观察过的所有个体中染色体结构重排都是杂合的。

3）在牡丹亚属和芍药亚属的所有物种中都发现染色体倒位重排，但在芍药亚属北美芍药组中易位更常见。

4）染色体倒位是臂内的，并可能有在常规显微镜下观察不到的减数分裂桥或断片。

5）染色体重排的多样性很高；根据观察，染色体倒位变化相当大，不仅在于出现的频率，还在于在后期 I 和后期 II 出现的断片长度。这就表明，倒位彼此不同。

6）5 条染色体中每一条都发现有不配对的情况（表 2-8），频率在 M、D 和 E 3 条染色体中间有变化，这就导致了大量单价体的形成，以及明显低的配对指数。交叉形成的抑制是低配对指数和高频率单价体的一种解释。对第 5 条染色体（即 E 染色体）两臂的观察揭示出物理长度和遗传距离之间的显著偏差（Wang et al.，2008）。根据观察，在芍药属多数物种中，第 5 条染色体长臂的倒位频率大大高于短臂，这就表明，交叉的形成可能在短臂中受到抑制了。King（1993）和 White（1978）提出，杂合性染色体倒位抑制了交叉的形成和重组。

7）种内四倍体也是染色体倒位杂合体，存在于草芍药毛叶亚种 *P. obovata* subsp. *willmottiae* 的四倍体居群中，这可能源于两个异域或邻域分布而基因组分化程度较低的二倍体居群之间的杂交（Sang et al.，2004）。在四倍体中观察到的倒位桥和断片数目与二倍体中观察到的数目相近，这说明形成四倍体的基因组加倍并不使倒位区域增加纯合性（Stebbins，1938）。

2.7.3　讨论

在芍药属植物中观察到的杂合性倒位事件引出若干问题。例如，为什么倒位如此频繁地发生，而且又全都彼此不同？杂合性如何维持，如何扩散？如何防止遗传分离导致倒位重排杂合子产生纯合后代？杂合性倒位如此广泛地存在于种内，而且可能有悠久历史，那么它们在进化上的意义是什么，优越性在哪？

Walters（1942，1952）早就提出平衡致死倒位假说，Snow（1969）提出自交不亲和（self-incompatibility）来解释芍药属中的结构变异，然而这两种机制难于解释为什么倒位如此多样，又如此普遍。例如，Walters（1942，1952）的平衡致死假说不能解释为什么一个居群中的所有个体都携带不同的臂内倒位，又同时伴随着其他重排（臂间倒位、易位等）。自交不亲和难以解释染色体结构重排首先需要经过突变，扩散到整个居群才能形成个体之间的不亲和这一事实。自然发生的染色体结构突变非常频繁地被观察到，White（1978）认定，新的染色体重排在植物、动物等多种多样的生物中发生，其突变在 500 个个体中有一个。近年来，大规模的基因组测序以及对成千个物种进行遗传作图，为染色体倒位积累了海量信息，倒位长度范围从几个碱基对（bp）到若干兆个碱基对（Wellenreuther and Bernatchez，2018）。他们的报道以及 Hoffmann 和 Rieseberg（2008）记录了染色体倒位在动物和植物中发生和保留的现象，其中有一些倒位在植物中颇为常见。在这些现象中，平衡选择、依频率选择、拮抗多效性（antagonistic pleiotropy）、非选型交配（disassortative mating）以及空间和时间上的变异选择可能在芍药中已经发生。超显性（overdominance）是一种平衡选择，是一种相当强的力量，有力地解释了芍药中倒位的异常多样性是怎样保留和扩散的。

2.8 芍药属独有的生物学特性

根据我们的观察和研究，可以把芍药属在被子植物中独有的生物学特性归纳为以下 7 条。

1）独特的器官变化系列：从茎下部叶经由上部叶、总苞片、萼片至花瓣的连续、螺旋状排列且不定数（图 2-38）。

2）多态的花盘：有肉质或革质，有环状、齿状、杯状或囊状（图 2-39）。

图 2-38 芍药属从茎下部叶直到花瓣形成的一个连续而不定数的器官变化系列（引自 Hong，2021，略有修改）

a. 沙氏芍药 *P. saueri* D. Y. Hong, X. Q. Wang & D. M. Zhang 显示从茎下部叶至最上部萼片的连续变化系列（从左到右）[采自希腊卡瓦拉，D. Y. Hong et al. 标本号 H02227（A，CAS，K，MO，PE，UPA）]；b. 北美芍药 *P. brownii* Douglas ex Hook.花的背面[取自美国俄勒冈州 Wallowa，D. Y. Hong et al. 标本号 H05019（PE）]；c. 与 b 为同一朵花，展示从苞片（左上角）至花瓣（右下角）的变化

图 2-39　芍药属花盘的多样性（引自 Hong，2011b）

a. 大花黄牡丹 *P. ludlowii* (Stern & G. Taylor) D. Y. Hong[西藏东南部米林，D. Y. Hong et al. 标本号 H96005（A，K，MO，PE，US）]；b. 四川牡丹 *P. decomposita* Hand.-Mazz.；c. 矮牡丹 *P. jishanensis* T. Hong & W. Z. Zhao[取自山西永济，Y. L. Pei & D. Y. Hong 标本号 93011（PE）]；d. 北美芍药 *P. brownii* Douglas ex Hook.

3）无定数的心皮（图 2-40）。

图 2-40　芍药属不定数的分离心皮（引自 Hong，2021）

a～c. 草芍药 *P. obovata* Maxim. 心皮数为 1、2、4 和 5：a, b. 1990 年洪德元摄于日本四国爱媛县；c. 1998 年洪德元摄于中国辽宁清远。d～f. 巴利群岛芍药 *P. cambessedesii* (Willk.) Willk.心皮数为 4、7、10，2001 年 A. Fridlender 博士摄于西班牙 Malloca 岛 Pollenza

4）特有的化学成分：以芍药苷为代表的蒎烷型单萜烯苷类衍生物和以芍药内苷为代表的对薄荷烷型单萜类衍生物。

5）胚胎发生过程中有游离核原胚期。

6）小基数而特大的独特染色体组（unique chromosome complement）（图 2-41）。

7）超高频率且多样的染色体减数分裂异常现象。

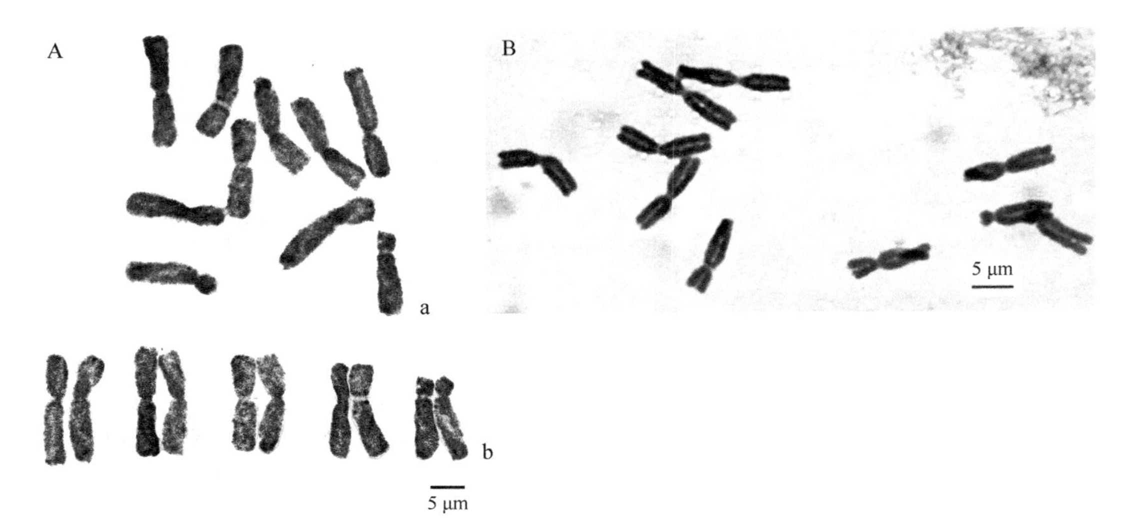

图 2-41 芍药属的染色体

A. 大花黄牡丹 *P. ludlowii* (Stern & G. Taylor) D. Y. Hong（种子由徐阿生 1997 年采自西藏米林）：a. 体细胞有丝分裂中期；b. 核型公式。B. 川赤芍 *P. veitchii* [洪德元等采自四川卧龙自然保护区，D. Y. Hong & X. Y. Zhu 标本号 PB85019（PE）]

第 3 章　精准的物种数据与物种划分

3.1　精准的物种数据是生物多样性保护的基石

物种划分和分类系统的构建是分类学的两大基本任务。芍药属原有的物种数据离精准甚远，难以满足野生植物资源的保护和合理利用的战略需求。

3.1.1　生物多样性保护依赖精准的物种数据

第 1 章中我们叙述了牡丹和芍药的重要价值，也提及了牡丹和芍药目前的境遇，大部分物种处于濒危和极危状态中，亟须重点保护，但有效保护的前提是精准确定保护对象，编写红皮书就是为了这一目的。

《中国植物红皮书》（傅立国，1991）收录了牡丹的 3 个保护单元，实际上包括了 4 个物种，即黄牡丹 *Paeonia delavayi* Franch. var. *lutea* (Franch.) Finet & Gagnep.、紫斑牡丹 *Paeonia suffruticosa* Andr. var. *papaveracea* (Andr.) Kerner、矮牡丹 *Paeonia suffruticosa* var. *spontanea* Rehder 和四川牡丹 *Paeonia szechuanica* W. P. Fang。然而，这 4 个保护单元的学名全是错的，不是物种错误鉴定，就是学名用错了。该书中黄牡丹是花色多变的滇牡丹 *Paeonia delavayi* Franch. 的一个黄花类型，这个类型在滇西北、川西南和藏东南较为常见，而且主要行营养繁殖，并不濒危，但是该书黄牡丹分布图还包括一个花黄色的濒危种——大花黄牡丹 *Paeonia ludlowii* (Stern & G. Taylor) D. Y. Hong，它仅分布于西藏的米林和隆子两县，目前只发现 7 个居群，据我们研究推测，导致大花黄牡丹濒危的主要原因很可能是民众把它当作黄牡丹进行毁灭性采挖以及铁路等工程建设的毁坏（图 1-1）。大花黄牡丹和滇牡丹的区别见本章 3.4.3。牡丹 *Paeonia* × *suffruticosa* Andrews 是 5 种野生牡丹（紫斑牡丹、中原牡丹、凤丹、卵叶牡丹和矮牡丹）杂交后经人工培育的栽培品种。经研究，紫斑牡丹的学名应该是 *P. rockii* (S. G. Haw & Lauener) T. Hong & J. J. Li ex D. Y. Hong，矮牡丹的学名应是 *Paeonia jishanensis* T. Hong & W. Z. Zhao，由此可知，《中国植物红皮书》将 2 个自然存在的种鉴定为一个栽培种的 2 个变种。四川牡丹是自然存在的物种，但该物种早在 1939 年就已被发现，命名为 *Paeonia decomposita* Hand.-Mazz.，《中国植物红皮书》中使用的 *Paeonia szechuanica* W. P. Fang 是其 1958 年发表的晚出异名。

牡丹的状况不是特例。物种数据如此不准确，怎么能适应物种保护的需求？我们必须对植物类群进行系统的分类修订，对物种进行科学的划分，给出精准的物种数据，以精准确定保护对象，从而为有效保护所有应该保护的物种做出不可替代的贡献！

3.1.2 芍药属缺科学的物种数据和物种名单

Schipczinsky（1937）在 *Flora USSR*（《苏联植物志》）中记载苏联产芍药属植物 15 种。英国园艺学家兼植物学家 Stern（1946）记载世界芍药属植物有 33 种 14 变种，对苏联的 15 种只认同其中 7 种，不到一半。方文培（1958）记录中国芍药属植物有 12 种（未记载西藏和新疆的芍药属植物），其中 3 个新种中一个是异名：*Paeonia szechuanica* W. P. Fang (1958) = *P. decomposita* Hand.-Mazz. (1939)，另两个新种的模式标本采自牡丹的品种栽培地，也是不成立的，还有 4 个种应该被归并，所以他记录的 12 个种中只有 5 个被后人接受。格鲁吉亚人 Kemularia-Nathadze（1961）记载了高加索地区芍药属植物 13 种，但只有 3 种与 Stern（1946）的名单一致。在 Halda（2004）的芍药属世界专著中记载了世界有芍药属植物 25 种 34 亚种 15 变种。令人惊讶的是，在 Stern（1946）和 Halda（2004）这二人的世界芍药属专著的物种名单中一致的仅有 15 个，甚至连北美西部的芍药属植物是一个种、一个种的两个变种或两个亚种，还是两个种，也存在争议。

芍药属植物在不同学者的研究结果之间差异如此悬殊，十分令人震惊。造成这种情况的原因无非有二：第一，学者们心中的物种概念迥异，甚至有的学者不曾考虑过物种概念问题；第二，研究的深度远远不够，性状分析肤浅，性状的分类价值凭主观判断，研究方法简单且陈旧。

上面的叙述给我们展示了一个现状：一方面，珍贵的牡丹和芍药的野生资源遭受毁灭性破坏；另一方面，拿不出精准的物种数据来确定需要保护的对象。正是这一现状鞭策我们对世界牡丹和芍药进行了长达 30 多年的研究。

3.2 性状分析与物种划分

3.2.1 性状分析是物种划分的关键步骤

分类学工作者依据形态性状（character 或 trait）进行深入分析，并根据分析做出分类处理。他们通过分析性状的变异性和稳定性评估性状的分类价值。具体地说，变异发生在同一个体的不同部位之间、居群内的个体之间、不同居群之间、不同生态系统之间、不同地区之间，还是更高阶层的类群之间，性状变异出现在越大的类群之间，则其稳定性也越高，它的分类价值也越大。动物学家 Mayr（1942）特别强调分析性状的变异，他认为分类学家应当把 90%的精力放在研究变异上。在物种划分问题上尤其应该强调性状分析，没有认真而科学的性状分析就不会有客观的物种划分。

3.2.2　形态性状变异的类型与性质

形态性状变异受多种因素影响，当然主要受基因控制，但也受个体发育和环境的影响，还会受基因和环境双重影响。下面举例说明各种因素造成形态性状的变异，例子不限于牡丹和芍药。

1. 同一基因型的形态变异

（1）同一个体不同部位的形态差异

我在编写 *Flora of Pan-Himalaya*（《泛喜马拉雅植物志》）冬青科时发现，刺叶冬青 *Ilex bioritsensis* Hayata 同一枝条不同部位的叶片边缘刺的数目有差异（图 3-1）。图 3-1c 叶的个体被 Loes.作为另一种发表——纤齿枸骨 *Ilex ciliospinosa* Loes., 1911，这个新种后来被 Comber 降为刺叶冬青的变种 *Ilex bioritsensis* var. *ciliospinosa* (Loes.) H. F. Comber。我把 Loes.的“种”和 Comber 的“变种”都做了异名处理（Hong，2015a）。

图 3-1　刺叶冬青 *Ilex bioritsensis* Hayata 同一枝条（不同部位）叶片刺数目变异

凭证标本：重庆金佛山，J. H. Xiang & Z. L. Zhou 90574（PE）

（2）不同发育阶段的形态差异

在植物发育的不同阶段，器官形态显现差异，这是很常见的现象，而花部器官往往被认为是很稳定的性状。然而，葛颂和洪德元（1994）在做沙参属泡沙参复合群（*Adenophora potaninii* Korsh. complex）栽培试验时发现，同一个体上不同花的花萼裂片长度随开花时间逐渐缩短（表 3-1）。

（3）环境导致的形态差异

Clausen、Keck 和 Hiesey 对菊科蓍属 *Achillea* 的栽培试验最能说明环境会导致

表 3-1 泡沙参 *Adenophora potaninii* Korsh.复合群单株花萼裂片长度发育可塑性观测值，示同一植株不同花朵的花萼裂片随生长发育期逐渐缩短（引自葛颂和洪德元，1994）

单株编号	日期	花萼裂片长（mm）	单株编号	日期	花萼裂片长（mm）	单株编号	日期	花萼裂片长（mm）
	7月29日	11.0		7月17日	4.0		6月16日	7.5
	8月12日	11.0		7月29日	4.0		6月25日	7.0
109	8月27日	8.0	507	8月6日	4.5	2004	7月4日	6.0
	9月6日	6.0		8月18日	3.0		7月19日	4.5
	9月15日	5.0		9月3日	4.0		7月30日	4.0
	8月2日	9.5		7月6日	5.5		7月6日	6.0
	8月13日	10.0		7月10日	4.5		7月21日	3.5
115	8月28日	8.5	508	7月25日	4.0	2007	7月29日	3.5
	9月6日	6.0		8月8日	3.5		8月6日	3.0
	9月12日	5.0		8月22日	2.5		8月18日	3.0
	7月30日	11.5		7月16日	5.0		7月2日	5.0
	8月12日	10.5		7月28日	4.0		7月16日	4.5
119	8月27日	7.0	510	8月7日	3.5	2009	7月27日	4.0
	9月6日	4.5		8月20日	2.5		8月5日	2.5
	9月14日	4.0		9月2日	2.5		8月15日	2.5
	8月7日	10.5		7月16日	6.5		7月22日	5.5
	8月20日	8.5		7月28日	6.5		8月4日	5.0
120	8月27日	8.0	511	8月8日	4.0	2010	8月11日	4.0
	9月1日	7.5		8月22日	3.0		8月26日	4.0
	9月10日	7.0		9月2日	3.0		9月6日	2.5
	8月1日	17.0		7月9日	6.5		7月12日	6.5
	8月12日	15.0		7月24日	4.5		7月26日	5.0
122	8月27日	9.0	514	8月5日	4.0	2015	8月7日	5.0
	9月6日	7.0		8月11日	3.5		8月16日	4.0
	9月10日	7.0		8月18日	4.5		8月29日	3.5

显著的形态差异，他们把一个植株的21个克隆分为三组，分别栽于加利福尼亚的斯坦福（Stanford，海拔30 m）、马瑟（Mather，海拔1508 m）和廷伯林（Timberline，海拔3048 m）。结果显示同一基因型在不同环境中呈现显著的表型饰变（phenotype modification）（图3-2）。

2. *居群内的变异——居群多态性*

（1）叶形的多态性

居群（population[①]）内的个体处于同一环境中，个体间距离也最短。因此居群内的基因突变、基因重组表现最为显著。居群内的个体差异大多是遗传造成的，其表现就是性状的多态性，即居群多态性（population polymorphism）。

① “population”一词除“人口”外常见的还有4种译法，“居群”首先由动物学家陈世骧院士提出，生态学用“种群”，遗传学用“群体”，台湾学者多用“族群”。就我所知，“population”并无严格定义，分类学上一般指种内生长在（居在）同一地区同一环境的一群生物，如同一山头的树林、灌丛或草地中同一物种的一群个体。生态学上指同一群落的一群生物。遗传学上则多强调基因的流动范围。因此，“population”的范围可大可小，如风媒的松树、杨树，其范围就会很大，而虫媒植物，其范围必然小得多，如芍药属植物，不同山头或不同山沟就可能是不同居群。

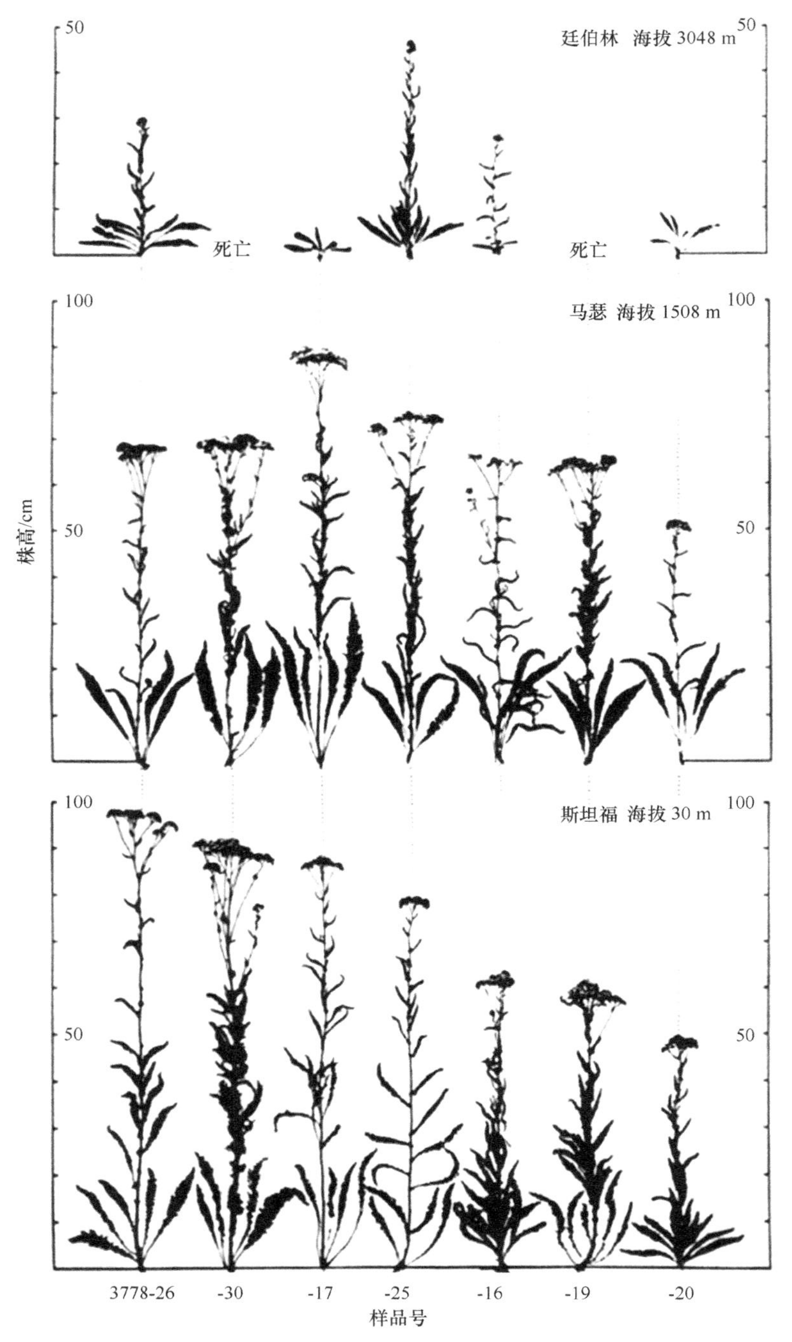

图 3-2　菊科蓍属的 *Achillea lanulosa* 同一基因型在不同环境（海拔差异）中的形态差异（引自 Clausen et al.，1940）

葛颂对泡沙参复合群的形态变异式样和机制做了很深入的研究。他对两个亚种的多个居群进行了随机取样，显示各个居群内叶形差异从条形连续到卵圆形，叶柄从无到具短柄或长柄。用野外取样的种子播种繁殖，结果显示具不同叶型的后代均显示出叶型的极端多样性，说明每个植株的后代都拥有众多的基因型（图 3-3）。这就是居群多态性。

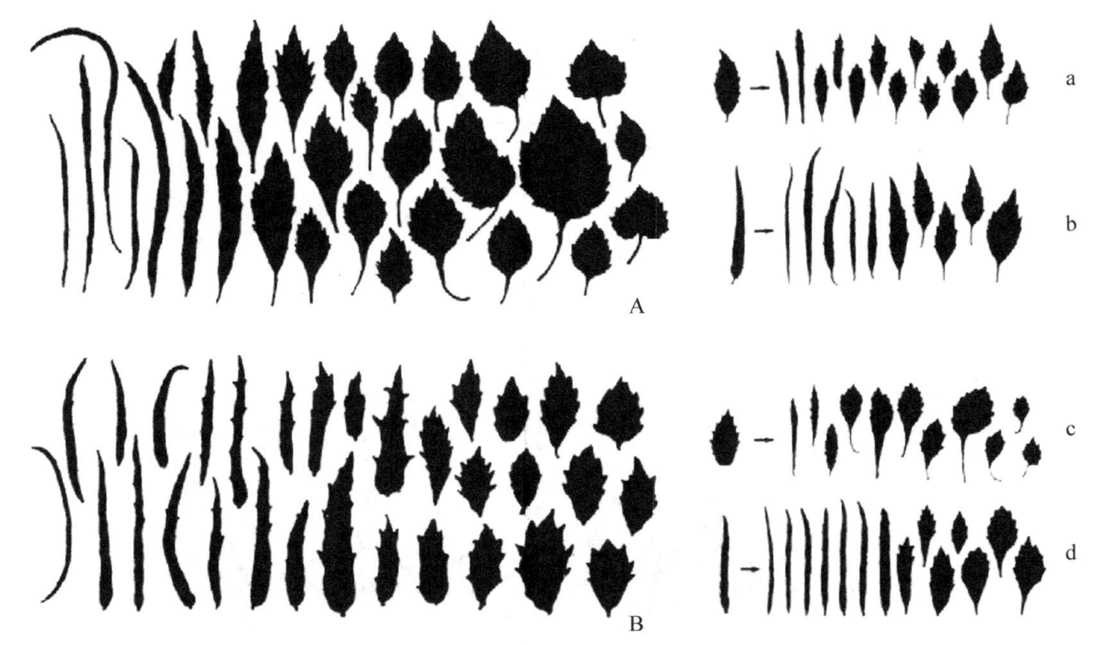

图 3-3　泡沙参 *Adenophora potaninii* Korsh.居群内叶形的多态性
（引自葛颂和洪德元，1995）

A. 原亚种 subsp. *potaninii*；B. 多歧沙参 subsp. *wawreana* (Zahlbr.) S. Ge & D. Y. Hong。A 和 B 分别表示一个居群的取样；a 和 b 与 c 和 d 分别表示一个居群两个个体的叶形及其后代的叶形

（2）花部器官的多态性

芍药属是异交生物，由于频繁的基因突变和重组，居群多态性现象很突出，尤其是花瓣颜色的变异。在高加索地区格鲁吉亚的 Lagodekhi 山，我们发现达乌里芍药彩花亚种 *Paeonia daurica* subsp. *mlokosewitschii* (Lomak.) D. Y. Hong 的一个居群，花瓣颜色多变，从红色直到白色，中间还有许多过渡颜色（图 3-4），这是一种典型的花色多态性。在滇牡丹复合群（*Paeonia delavayi* Franch. complex）中，这种多态性更为典型，如香格里拉哈那村有一个占地面积不到 500 m^2 的居群内竟然有 125 种不同花色（据中国农业科学院蔬菜园艺研究所研究员张秀新口述）。芍药属植物不仅花色有如此丰富的多态性，而且在心皮数目、被毛和颜色上也表现出多态性。下面举两个野生芍药 *Paeonia lactiflora* Pall.的例子：我们在内蒙古克什克腾旗黄岗梁发现一个相当大的居群，它在心皮数目、颜色和被毛，以及花盘颜色上都表现出多态性（图 3-5）；在河北赤城县大海陀山海拔 1300 m 有一个芍药居群，它在花瓣颜色、心皮数目和颜色上都显出多态性（图 3-6）。

3. *居群多态性是分类学最重要的原理之一*

居群多态性的大小可用一个遗传学公式（Grant，1963）表示：

$$g=\frac{r\left(r+1\right)^{n}}{2}$$

式中，g 为不同基因型数；r 为一个基因的等位基因数；n 为独立基因数。

图 3-4　高加索地区格鲁吉亚 Lagodekhi 山达乌里芍药彩花亚种 *Paeonia daurica* subsp. *mlokosewitschii* 的居群花色多态性

a. 花瓣黄白色；b. 花瓣黄白色，但有粉色条带；c. 花瓣白色，但边缘粉色；d. 花瓣红色；e. 花红、白个体生长于同一居群内；f. 展示典型的居群内花色多态性[D. Y. Hong & S. L. Zhou 标本号 H99035（A，CAS，K，MO，PE，US），1999 年 5 月洪德元摄]

图 3-5 内蒙古克什克腾旗黄岗梁的芍药 *Paeonia lactiflora* Pall.居群多态性
（2004 年 7 月洪德元摄）

心皮被毛从无毛至疏密不一，心皮颜色有红棕色和黑色

图 3-6　河北赤城县大海陀山的芍药 *Paeonia lactiflora* Pall.居群多态性
（2003 年 6 月洪德元摄）
a～d. 显示居群内花色多态性；e, f. 显示居群内心皮颜色、数目的多态性

如果每个基因的等位基因数是 10，独立基因数是 5，则不同基因型的数目就可能超过 5000 万。例如，红花三叶草 *s* 基因的 r =200；银杉 *Cathaya argyrophylla* Chun & Kuang 的多态位点为 32%。因此居群内的基因型之多可能是个天文数字。

虽然居群多态性多出现在异交生物中，而异交生物占整个生物界的绝大多数。因此，树立居群多态性普遍存在的居群概念对于理解生物变异、进化、物种形成和物种的性质极其重要。居群概念的树立会改变分类学工作者的思维方式和工作方法。在这里，我说一个小故事。2010 年，我带着我的博士研究生王强在西藏米拉山口考察党参属植物，那里沙参属植物也常见。不一会他就一手拿一株沙参属植物兴冲冲地跑来："洪老师，我给你采了两种沙参！"我看了，笑着对他说："你再看看！"半小时后，他跑回来："洪老师，我错了，不是两个种，是一个极其多变的种！"这个种就是川藏沙参 *Adenophora liliifolioides*。原来他采的两个植株中一株叶片卵圆形，有叶柄，植株密被柔毛；另一株叶片宽条形，无柄，无毛。看似两种，但这个种的叶片从卵圆形至条形以及植株密被柔毛至无毛之间均有无数过渡类型。这就是居群多态性，分类学工作者应有居群概念和相应的观察方法。

我不知道在植物分类历史上有多少"新种"是依据居群多态性中的一种"态"描述的，但可以肯定不在少数！在芍药属中仅依据花色的居群多态性变异就发表了

3 个“新种”，还有根据雄蕊的瓣化和叶片及心皮上的毛发表多个“新种”“新变种”，如 *P. jishanensis*②，*P. willmottiae*，*P. yui*、*P. yunnanensis*，*P. lactiflora* var. *trichocarpa* 等。

4. 生态型分化

那些比较常见、分布范围较广的物种，常有很多居群，它们会向周围的环境，如森林、草甸、湿地等扩散。随着时间的推移，它们在突变和自然选择的作用下发生适应性分化，随之出现形态性状的分化。Turesson（1922a，1922b）是实验分类学的先驱，以菊科山柳菊 *Hieracium umbellatum* L.为例，同地栽培实验结果显示，它们保持各自的形态特点。他把来自不同环境且形态有明显差异的类型称为生态型（ecotype）。生态型的特点是：①个体有独特的形态性状，但有过渡；②形态性状是遗传的；③占据独立的环境。1979～1981 年，我在瑞典做访问学者期间，观察过蝴蝶传粉的山柳菊的生态型分化现象，岩石上的植株匍匐或近匍匐，叶密集而短小；沙丘地段的茎上升（ascending），叶较疏而长；草甸上的茎直立，叶稀疏（图 3-7）。美国多位学者曾对物种分化，包括生态型的分化和特点做过广泛研究（Stebbins，1950；Grant，1963）。在中国，我至今尚未见到对生态型问题的深入研究。

图 3-7 山柳菊 *Hieracium umbellatum* L.在瑞典南部的 3 个不同生态型（洪德元 1980 年摄）

a. 岩石表面；b. 沙丘地面；c. 草甸

② 作者在发表 *Paeonia jishanensis* T. Hong & W. Z. Zhao (1992)时表明，这一产自山西稷山的植物无瓣化雄蕊，与采自延安的具瓣化雄蕊的 *P. suffruticosa* Andr. var. *spontanea* Rehd. (1920)不同。两年后，作者把 Rehder (1920)的变种提升为种——*P. spontanea* (Rehder) T. Hong & W. Z. Zhao (1994)，而把 *P. jishanensis* 作为其异名。虽然他们认识到雄蕊瓣化是居群内的变异，但把 *P. jishanensis* T. Hong & W. Z. Zhao 作异名是不符合命名法的。

牡丹和芍药大多数物种分布较窄，个体也不多，我们没有发现有明显的生态型分化现象。

5. 地理分化

由于分布较广、所处地理环境差异明显，居群大多会发生适应性分化。当然，因物种各有自身的特点和地理环境背景的不同，物种的地理分化会有不同的式样。下面我们提出 3 种式样，可以粗略地概括不同的分化。

（1）连续变异

植物出现在一个连续而呈梯度变化的地理环境中，其形态性状就可能呈现连续而无明显间断的变异式样，较为突出的例子有车前科细叶穗花婆婆纳 *Pseudolysimachion linariifolium* (Pall. ex Link) Holub（=*Veronica linariifolia* Pall. ex Linx）。这个种的分布从西伯利亚外贝加尔向南一直到我国云南、广西和广东，在山坡灌丛草地中很常见；在分布区最北部，其叶片呈条形，几乎全缘，向南逐渐变宽，在最南端为椭圆形，甚至卵圆形；另一种性状，在最北部，其叶片大多互生，向南逐渐变为对生，至最南部，几乎全部叶片对生。这种连续变异是典型的梯度变异（cline）。这种两端差异很明显，但其间却是连续的变异，即梯度变异，在任何地方切断，分为亚种或变种都是不适宜的。

（2）替代的地理分化

与上一种式样不同，这一式样的居群的分布不是完全连续的，而是替代的，形态性状有明显差异。对于这样的分布式样，通常把不同的区域的类群称为地理宗（geographical race）。芍药属中有两个种呈这样的变异式样，即紫斑牡丹 *Paeonia rockii* (S. G. Haw & Lauener) T. Hong & J. J. Li ex D. Y. Hong 和达乌里芍药 *P. daurica* Andrews。紫斑牡丹分化为两个与地理密切相关且形态差异明显的类群：一个叶裂片披针形至卵状披针形，全部或大多全缘，分布于秦岭的东部、西部和以南地区；另一个叶裂片卵形至卵圆形，全部或大多分裂，占据秦岭北坡及以北地区。在尚无分子证据的情况下，我把它们作为两个亚种处理（Hong，2010）；后经谱系基因组分析证明，将其作为两个亚种的处理非常正确（Hong，2010），两个宗在分子树上聚成一支，并没有分化到物种一级。达乌里芍药的 7 个亚种（Hong，2010）中有 3 个亚种是二倍体，其中原亚种 subsp. *daurica*（分布于克里米亚、巴尔干半岛东部和土耳其）和高加索亚种 subsp. *coriifolia*（分布于高加索低海拔地区）二者毗邻（Hong，2010）。我们的分子树也证实，二者是一个种的两个亚种（见第 4 章图 4-4 和图 4-5）。

（3）间断的地理分化

这种分化式样与上两种式样有明显区别。两个居群在地理上是间断的，但在形态性状上有相似之处，是近缘的类群。在芍药属中有 3 个呈这种分布式样的例子，对它们有过不同的分类处理，甚至争议。四川牡丹 *P. decomposita* Hand.-Mazz.和圆裂牡丹 *P. rotundiloba* (D. Y. Hong) D. Y. Hong 被邛崃山隔断，曾被处理为两个亚种

（Hong，2010），后经深入的形态分析和谱系基因组分析（phylogenomic analysis），验证它们是两个物种（Hong，2021）。窄叶芍药 *P. anomala* L.与川赤芍 *P. veitchii* Lynch 在地理分布上被戈壁沙漠阻隔，它们在分类上曾被处理为两个种，后来被归并为一个种，但作为两个亚种处理（Hong et al.，2001；Hong and Pan，2004），最后在分子树的启示下，经深入的形态性状分析，恢复为两个种的处理（Hong，2021）。最有争议的是对北美芍药 *P. brownii* Douglas ex Hook.和加州芍药 *P. californica* Nutt. ex Torr. & A. Gray 的分类处理，曾有 4 种处理：①作为两个种；②作为一个种；③作为一个种的两个变种；④作为一个种的两个亚种。我们的研究结果从形态性状分析和谱系基因组分析两方面看，它们都是很自然的两个种（Hong，2020）。

上述芍药属的 3 个例子是否能说明，凡地理上分割的两个居群系统都已分化至物种形成阶段，可分为两个物种。我认为不尽然，这取决于：①物种本身的生物学特性，如基因流的流动距离，即花粉、果实和种子的传播距离；②隔离的时间。Hedberg（1958）对东非地区被隔离的山地上的居群系统的变异式样做了分析，发现有两种式样，她把在两个或多个相对应形态性状上呈变异间断的作为种一级处理，而把变异未呈现间断的作为亚种处理。

从替代的地理分化到间断的地理分化极有可能导致基因流从存在到断裂，导致两个地理宗的独立进化和形态性状变异的不连续性，形成两个独立的种。

3.2.3 性状分析的方法

1. 栽培实验

栽培试验包括异地植物的同地栽培，同地植物的异地栽培。Turesson（1922a，1922b）在瑞典南部的开创性研究，开辟了实验分类学（experimental taxonomy）这一新领域。Clausen 等人组成的团队（Clausen，1951；Clausen et al.，1940，1941）在美国旧金山附近进行的更大规模的实验研究，对于理解环境与形态性状变异、植物的分化和物种形成具有深刻意义。我国葛颂等人对桔梗科泡沙参复合群（*Adenophora potaninii* Korsh. complex）的综合研究也具有重要的参考意义（葛颂和洪德元，1994，1995；Ge and Hong，2010），但由于芍药属本身的特点（个体少、生命周期长）和当时的条件所限，我们未能采用这一方法。

2. 野外考察

前文阐述了理解居群多态性以及认识多态性对于性状分析和物种划分的重要性。然而，要掌握这些知识，单凭标本馆的标本是不够的，必须进行野外观察，自然界是最好的实验室。在野外可以通过观察、记录和摄像，直接获取数据，还可以按研究要求进行取样，获取进一步研究所需的样本和材料。

在芍药属研究中，我们付出了巨大的努力。然而，由于安全因素，我们未能亲自考察阿尔及利亚 Kabylie 山区的阿尔及利亚芍药 *Paeonia algeriensis* Chabert；地中海东部的 *P. clusii* Stern，我们也只有 1980 年在希腊克里特岛（Crete）西部拍摄的照片，以及美国朋友 Nicholas Turland 提供的照片和 DNA 材料。对芍药属其他物种和居群，我们严格按照取样要求进行了考察和取样。相关考察的成果，将在本章 3.4 和 3.5 中有较为详细的展示。

3. 标本研究

对于分类学研究来说，标本馆工作是不可替代的。在本研究中，我观察和分析了自林奈起至 2017 年近 300 年间，采集、存放于 65 个标本馆的约 5000 份标本。经过多年研究，我深知标本分析和研究极其重要。研究形态性状变异的式样和性质，主要靠标本馆里的标本研究，虽然野外研究也十分重要，但毕竟时间有限，当然应力求两者结合。对标本馆标本进行研究要有科学的方法。首先，应把标本按地点分开，如不同山头、不同河谷、不同乡镇等，这可以分析居群多态性；其次，可把标本按生态环境（如森林、灌丛、草甸、湿地等）分堆，分析是否存在生态型分化；最后，把标本按地区分开，以分析地理分化的式样，是连续的、替代的，还是隔离的等。

物种划分有时依赖统计分析，而统计分析又离不开充足的数据，这些数据主要来源于标本馆。例如，分布于东亚地区的桔梗科党参属的羊乳复合群（*Codonopsis lanceolata* Hemsl. complex）一种处理被划分为两个种，即羊乳 *C. lanceolata* (Sieber & Zucc.) Trautv.和雀斑党参 *C. ussuriensis* (Rupr. & Maxim.) Hemsl.。两者之间差异明显，前者种子具翅，根呈胡萝卜状，叶片和花较大；而后者根呈块状，种子无翅，叶片和花较小。但是无根或无种子的标本如何鉴别，叶片和花的大小范围如何，这些问题导致标本馆的标本鉴定混乱。另一种处理是把后者定为前者的变种，两种不同的处理方式给实际应用者造成困扰。2015 年，我们访问俄罗斯 Komorov 标本馆（LE），发现此处有相当多的标本具根，于是我们把根形不同的两类标本分开，分别测量它们的叶片和花冠大小，并进行统计分析。结果显示，叶片和花大小是两个不连续变异的性状，并据此编制出可实际应用的分种检索表，仅用花和叶的标本也能鉴别这两个种，这不仅证实了这一复合群含两个物种，而且检索表很实用。这说明要实现物种划分科学化，确保划分的物种便于鉴别，统计分析不可或缺。在世界牡丹和芍药的研究中，我们对多个复合群进行了统计分析，如果没有来自标本馆的大量数据，统计分析就不可能实现。

4. 数量性状与统计学分析

形态性状分为两类，即质量性状和数量性状。前者指花红色或白色，灌木或草本，叶片是否被毛等；后者指植株高矮、叶片宽窄等。应当说，质量性状和数量性状都受遗传和环境影响，都有变异性和适应性进化，因而应同等看待。统计学分析可以客观地判断某一数量性状在两个类群之间的差异是连续的还是间断的，这是判断性状性质和分类价值的重要标准。在本研究中，我们应用统计学分析解决了至少

4 个复合群的物种划分问题，具体实例可参见本章 3.4 和第 7 章。

尽管统计学分析在物种划分中有至关重要的地位，但令人遗憾的是，目前我国还只有极少数植物分类学工作者采用这一分析方法。经过数十年的分类学研究，我愈发深刻地认识到，没有数学的引入，任何科学都无法达到精准的程度。

3.3 物种划分的形态学原则

1972 年，我开始分类学工作，任务是编写《中国高等植物图鉴》，先是玄参科（马先蒿属除外），接着是鸭跖草科。我自定的目标不仅是完成图鉴的编写任务，还要完成分类修订。我着手的第一个类群是车前科婆婆纳属 *Veronica* L.。开始，我按导师钟补求教授的指导进行工作，在观察和分析标本的基础上把它们分成堆，经研究后再定名。那时，我已精读了 3 本英文专著，还读了许多其他有关进化、物种分化和物种形成等书籍，也读过哲学书籍，深知物种是生物学的基本单元，是客观存在的实体。分类修订的关键是划分出客观的物种，编制出实用的检索表。但是如何实现这一目标？在工作的同时，我也在思考如何利用标本实现这一目标。什么样的差异、多少个性状的差异可以作为不同的物种处理，为了寻找答案，我向分类学家们求索物种划分的启示，两篇文献对我颇有影响。一篇是 1957 年 van Steenis 在 *Flora Malesiana* Ser. 1, Vol. 5（3）中的《植物分类学工作的规则和辅则》，共 70 条（见洪德元译，中国植物志编辑委员会编“关于种的划分问题”：《中国植物志》参考资料 1，1974 年 7 月）。他关于分类学的论点对我颇有影响：①遗传学、实验分类学和细胞遗传学对于理解种间亲缘关系和种内结构有很大贡献；②生物结构有各种不同程度的不连续性，种间既有亲缘又有间断的关系；③认真分析种下性状变异：地理替代、生态型差异、居群内差异，以此给予不同的分类等级；④在植物志和分类修订中宁可少划些种，也不要在证据不足的条件下描述新种。他还以草海桐科草海桐属 *Scaevola* § *Evatiophyllum* 群的分类变迁警示人们，因为这个类群曾被划分为 14 个种，后经深入研究被归并为一个种。另一篇是 Hedberg (1958)对东非山地的地理替代类群所做的分类处理，她把在两个或更多个相对应的形态性状变异呈现间断的类群划分为不同种，而把呈连续变异的划分为亚种。

我在婆婆纳属和鸭跖草科分类修订中就利用全部可利用的标本，分析形态性状的变异式样，发现变异是连续的或是间断的，以及与地理分布、生态环境及海拔有关系的等，利用两个或多个形态性状的间断划分物种，编制检索表。与其他分类学工作者不同的是，我不仅利用质量性状，而且也考虑数量性状。这两种性状都受遗传控制，也受环境影响。统计学分析是评估数量性状的分类学价值的有力手段。或许我是国内最早在分类中应用统计分析的学者之一（洪德元，1978），同期在国际上，各种形态学物种概念中都还尚未涉及数量性状和统计学分析。我这两项研究均获得了国际专科学者的肯定，美国学者 R. Faden 肯定了我对鸭跖草科的分类修订，奥地利科学院院士

F. Ehrendofer 赞扬了我关于婆婆纳属的研究，他们都表达了与我合作的意愿。我的这些做法和观点体现在我的一个学术报告中[③]，报告中我提出两至多个性状上同时表现差异，并强调差异中也可以包括量的性状，但只有这些性状间断或至少在统计上间断时，才可作为分种的依据。当然这算不上是一个清晰且明确的形态学原则，但其中强调了三点："两至多个性状""间断"以及对"量的性状"运用统计学方法。

在这一阶段，我还思考另一个问题，上述划分物种的形态学原则与从微观角度提出的各种物种概念之间是否有关系？如果存在，它们之间是什么关系？这些概念强调生殖隔离（生物学物种概念）、基因流断裂（遗传学物种概念）、独立进化（进化物种概念）或独立的谱系（lineage）（谱系发生物种概念）。我想，这其中基因流断裂（当然包括生殖隔离）应该是关键，它引发了一系列进化事件的发生，很可能也导致了形态性状变异的间断和独立进化。这两者之间应有密切关系，是从不同角度探察同一事物。我带着这种想法和原则对世界牡丹和芍药进行了深入的研究。

3.4　物种划分的实例

在这一研究中被我废除或降级的种名多达 27 个（表 3-2），包括种内变异而被归并的，地理分化而被降级的，还有重复描述的物种名称。

表 3-2　芍药属中被洪德元团队废除或降级的种名

被废除种名	模式产地	修订后种名	废除理由
P. abchasica Miscz. ex Grossh. (1930)	高加索：Abchasia	= *P. daurica* subsp. *wittmanniana* (Hartwiss ex Lindl.) D. Y. Hong (2003)	观察大量标本和活植株发现，它们在该亚种变异范围内
P. altaica K. M. Dai & T. H. Ying (1990)	中国新疆：阿尔泰山	= *P. anomala* L.	居群内的多花类型（居群多态性）
P. baokangensis Z. L. Dai & T. Hong (1997)	中国湖北：保康	= *P. rockii* × *P. qiui*	庭院中的自然杂交个体
P. biebersteiniana Rupr. (1869)	俄罗斯：Stavropol	= *P. tenuifolia* L.	考察过模式产地，也见了模式标本：一地区只有 *P. tenuifolia*
P. carthalinica Ketsk. (1959)	高加索：Kartli	= *P. tenuifolia* L.	居群多态性中的一个基因型
P. caucasica (Schipcz.) Schipcz. (1937)	高加索	= *P. daurica* subsp. *coriifolia* (Rupr.) D. Y. Hong (2003)	性状在 subsp. *coriifolia* 变异范围内
P. japonica (Makino) Miyabe & Takeda (1910)	日本	= *P. obovata* Maxim.	居群内花色多态性的一种颜色类型
P. lagodechiana Kem. -Nath. (1961)	高加索：Lagodekhi	= *P. daurica* Andrews subsp. *mlokosewitschii* (Lomakin) D. Y. Hong (2003)	居群内花色多态性的一种颜色类型
P. linvanshanii (S. G. Haw & Lauener) B. A. Shen (2001)	中国甘肃：文县	= *P. rockii* subsp. *rockii*	基名为不合格名称
P. lithophila Kotov. (1956)	克里米亚	= *P. tenuifolia* L.	所用性状均在 *P. tenuifolia* 变异范围之内

③ 1984 年，中国植物学会在武汉举办了关于分类学的学术会议。我的报告收录在中国植物学会的油印材料（三）"植物分类学原理"讲义中（洪德元，1984 年 10 月）。

续表

被废除种名	模式产地	修订后种名	废除理由
P. lutea Delavay ex Franch. (1886)	中国云南：洱源	= *P. delavayi* Franch.,	居群内花色多态性的一个颜色类型
P. macrophylla (Albov) Lomakin (1897)	高加索：Adjaria	= *A. daurica* subsp. *macrophylla* (Albov) D. Y. Hong (2003)	一个广布种的地理宗
P. mlokosewitschii Lomakin (1897)	高加索：Lagodekhi	= *A. daurica* subsp. *mlokosewitschii* (Lomakin) D. Y. Hong (2003)	一个广布种的地理宗
P. morisii Cesca, Bernardo & Passalaqua (2001)	意大利：撒丁岛	= *P. corsica* Sieber & Tausch (1828)	科西嘉岛和撒丁岛仅有一个种，就是 *P. corsica*，*P. morisii* 是其异名
P. potaninii Kom. (1921)	中国四川：康定	= *P. delavayi* Franch.	以裂叶数目和宽度发表的新种，但统计分析显示有关性状变异的连续性
P. ridleyi Z. L. Dai & T. Hong (1997)	中国湖北：保康	= *P. qiui* Y. L. Pei & D. Y. Hong (1995)	同一种的异名
P. ruprechtiana Kem. Nath. (1961)	高加索：Igoeti	= *P. daurica* subsp. *coriifolia* (Rupr.) D. Y. Hong (2003)	在此亚种变异范围内，共享 $2n$=10
P. sinjiangensis K. Y. Pan (1979)	中国新疆：哈巴河	= *P. anomala* L.	当时未见 *P. anomala* 模式，误认为不是 *P. anomala*
P. spontanea (Rehder) T. Hong & W. Z. Zhao (1994)	中国陕西：延安	= *P. jishanensis* T. Hong & W. Z. Zhao (1992)	人为强调雄蕊是否瓣化，将 *P. spontanea* 与 *P. jishanensis* 分开，但雄蕊瓣化是突变
P. steveniana Kem. -Nath. (1961)	高加索：Meskheti	= *P. daurica* subsp. *macrophylla* (Albov) D. Y. Hong (2003)	Meskheti 只有这一实体，异名
P. szechuanica W. P. Fang (1958)	中国四川：马尔康	= *P. decomposita* Hand.- Mazz. (1939)	Fang 不知 Handel-Mazzetti 已描述了这个种
P. turcica P. H. Davis & Cullen (1965)	土耳其：Denizli, Mt. Boz Dağ	= *P. kesrouanensis* (Thiebaut) Thiebaut (1936)	依据花柱长度描述新种，但经分析发现，花柱长度呈连续变异，长度差异作新种理由不成立
P. wittmanniana Hartwiss ex Lindl. (1848)	高加索（西北部）	= *P. daurica* Andrews (1807) subsp. *Wittmanniana* (Hartwiss ex Lindl.) D. Y. Hong (2003)	一个广布种的地理宗
P. yananensis T. Hong & M. R. Li (1992)	中国陕西：延安	= *P. rockii* × *P. jishanensis*	栽培园地两物种杂交产生的个体
P. yinpingmudan (D. Y. Hong) B. A. Shen (2001)	—	= *P. ostii* T. Hong & J. X. Zhang (1992)	一个栽培物种的野生个体
P. yui W. P. Fang (1958)	中国云南：维西（栽培地）	= *P. lactiflora* Pall. (1776)	芍药栽培地里的变异类型
P. yunnanensis W. P. Fang (1958)	中国云南：丽江（栽培地）	= *P.* × *suffruticosa* Andrews (1804)	牡丹栽培地里的变异类型

3.4.1 被归并的“物种”

重点介绍两个例子。

1. 滇牡丹复合群（*Paeonia delavayi* Franch. complex）的例子

按照 Stern（1946）与 Stern 和 Taylor（1951），此复合群含 3 个种 3 个变种；

按方文培（1958），此复合群含 3 个种 2 个变种，而按潘开玉（1979）的《中国植物志》，此复合群有 1 个种 3 个变种（表 3-3）。这里暂不讨论表 3-3 中 *P. lutea* var. *ludlowii*，它涉及另一个问题，放在 3.4.3 中处理。这 3 个分类处理的不同是，按 Stern（1946）与 Stern 和 Taylor（1951）以及方文培（1958）的处理，有 4 个分类群，但按《中国植物志》则只有 3 个分类群。但它们有两个共同点，都认为黄牡丹 *P. lutea* Delavay ex Franch.是一个分类群，与滇牡丹 *P. delavayi* Franch.的区别在于其花黄色，而狭叶牡丹 *P. potaninii* Kom.或 *P. delavayi* var. *angustiloba* Rehd. & E. H. Wilson 则是另一个分类群，与滇牡丹的区别是叶裂片多而狭窄。下面我们分别讨论这两个分类群。

表 3-3　滇牡丹复合群中的分类群

Stern（1946），Stern 和 Taylor（1951）与 Komarov（1921）等	方文培（1958）	潘开玉（1979）
P. delavayi Franch. (1886) 云南（丽江等）	*P. delavayi*	*P. delavayi*
P. lutea Delavay ex Franch. (1886) 云南和西藏东南部	*P. lutea*	var. *delavayi*
P. potaninii Kom. (1921)	*P. potaninii*	var. *lutea*
var. *potaninii* 四川西部和云南（永宁）	var. *potaninii*	var. *angustiloba* Rehder & E. H. Wilson (1913)
var. *trollioides* (= *P. trollioidess* Stapf ex Stern, 1931) 云南（德钦、香格里拉）和西藏东南部	var. *trollioides*	
……	……	……
P. lutea var. *ludlowii* Stern & G. Taylor (1951) 西藏东南部	未提及	未提及

（1）黄牡丹 *Paeonia lutea* Delavay ex Franch.（= *P. delavayi* var. *lutea*）的性质

我们曾两次在花期考察这个复合群，1996 年考察了西藏林芝、波密和米林，1997 年走遍了云南中部和西北部：昆明的西山和呈贡、大理苍山、丽江、中甸（现香格里拉）、德钦和永宁。我们在昆明西山看到的花多数是黄中带绿，在呈贡的花则是纯黄色，在大理苍山，红、黄都有，以及黄色而基部带深棕色斑块的，在丽江干海子，花色从黄到紫，还有带斑块的几乎都有（图 3-8）；在香格里拉城西北不远的哈那村旁的一个面积小于足球场的小山丘上，就像一个色彩斑斓的花色展览馆（图 3-9）；在香格里拉翁水，一个绵延不小于 10 km 的大居群中，我们不仅看到了花色展览馆，还增添了白色的花（图 3-10）。在这些花色展览馆中，我们没有计数花色的总数，后来中国农业科学院蔬菜园艺研究所张秀新研究员数了哈那村那个小丘上花色有 125 种（会议报告）。

这一现象印证了前面提到的那个遗传学公式。我们能否抓住无数基因型中的一个表现型作新种或新变种发表呢？回答是否定的。我们自然将它归并了。当然，滇牡丹的花色多态性是宝贵的遗传资源，园艺学家可以利用这些资源培育出无数花卉品种。

图 3-8 滇牡丹 *Paeonia delavayi* Franch.云南丽江干海子居群内的花色多态性
（引自洪德元，2016，重新组合）

图 3-9 滇牡丹 *Paeonia delavayi* Franch.云南香格里拉哈那村居群内极其多变的花色
（引自洪德元，2016，重新组合）

图 3-10　滇牡丹 *Paeonia delavayi* Franch.云南香格里拉翁水乡居群内花色的多态性（引自洪德元，2016）

（2）狭叶牡丹 *Paeonia potaninii* Kom. (= *P. delavayi* var. *angustiloba* Rehder & E. H. Wilson)的归属

这一类型的牡丹有两个分类学名，先以 *P. delavayi* var. *angustiloba* Rehder & E. H. Wilson (1913)发表，8 年后 Komarov（1921）将其作为新种发表，命名为 *P. potaninii*。有关学者都认为该种与 *P. delavayi* 的差异在于它的叶裂片多而狭窄，宽度 5～10 mm。为了查明这种差异的性质，我们对这一复合群的 11 个居群做了统计分析。由图 3-11 可知，H97110 和 H95063 两个居群的叶裂片最窄，但它们也没有和其他居群出现间断；叶裂片最宽的 H97103 和 H96024 也没有和其他居群出现间断。总的来说，这一复合群的叶裂片宽度的变异范围很大，从小于 0.5 cm 到远超 2.5 cm。因此，只能说 *P. potaninii*（所谓的“狭叶牡丹”）是在滇牡丹复合群中叶裂片宽度大范围连续变异中的较窄类型，没有独立性。于是我们把它处理为滇牡丹 *P. delavayi* Franch.的异名。

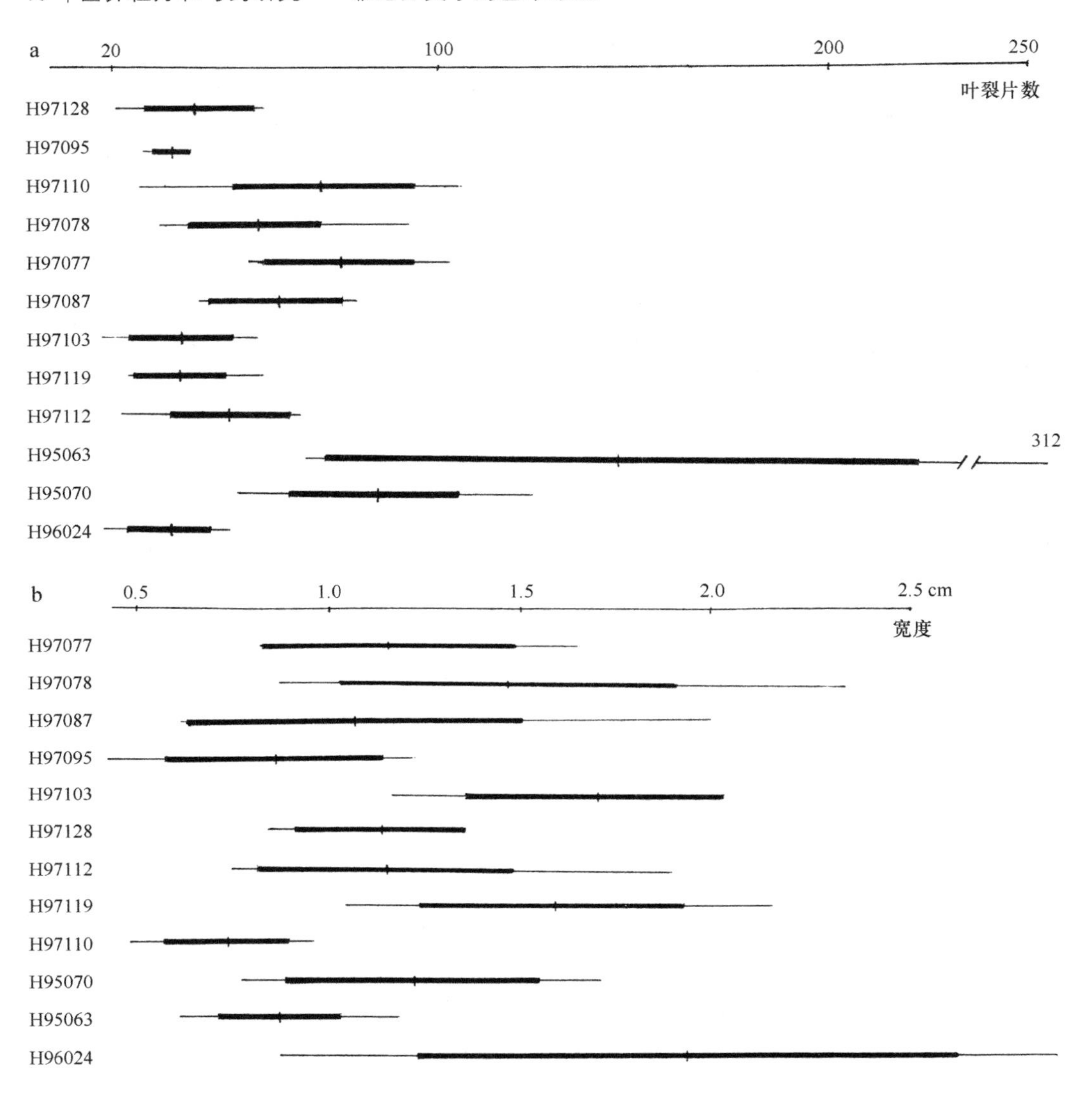

图 3-11　滇牡丹叶裂片性状的标准差分析（引自 Hong et al.，1998）

a. 叶裂片数；b. 叶裂片宽度

这样，我们在滇牡丹复合群中归并了 *P. lutea* Delavay ex Franch. 和 *P. potaninii* Kom. (= *P. delavayi* var. *angustiloba* Rehder & E. H. Wilson)，只剩下滇牡丹 *P. delavayi* Franch.一个物种，连一个种下分类单位也没留（Hong et al.，1998）。对于这样的处理，英国园艺学家兼植物学家 Haw（2001a）评论说，许多园艺工作者和植物学家很难接受这一事实，从前认同的几个物种如今都归并到单个物种 *P. delavayi* 中了，连种下分类群也不分。但是，Hong 等（1998）的认真研究提供了这样做的理由，即以前用来划分分类群的性状，如花的颜色、显著的总苞、叶裂片宽度等全都是非常多变的，且彼此间没有显示相关性，与地理分布也不相关，因此，这些性状不能看作是有分类学价值的，只能认为是一个多变的物种。

2. 归并 *Paeonia turcica* P. H. Davis & Cullen

Paeonia turcica P. H. Davis & Cullen (1965)被描述为新种——土耳其芍药，仅是依据它的花柱和柱头比西亚芍药 *Paeonia kesrouanensis* (Thiébaut) Thiébaut 的短，且在基部弯曲，而不是如西亚芍药那样在顶端弯曲。为了查明是否存在描述中的这些差异，我们考察了土耳其的 4 个居群（总共 7 个居群），包括模式标本来源的居群。图 3-12 是依据实物画的花柱和柱头的真实形态，可以看出，这一群芍药的花柱与柱头的长度和弯曲处甚至在居群内都有变异。我们看不出来自 4 个居群的 16 个个体之间能分出两个分明有别的类群。可以说，以花柱长度与柱头的弯曲位置不同作为新种（*P. turcica* P. H. Davis & Cullen）发表的依据是不成立的。

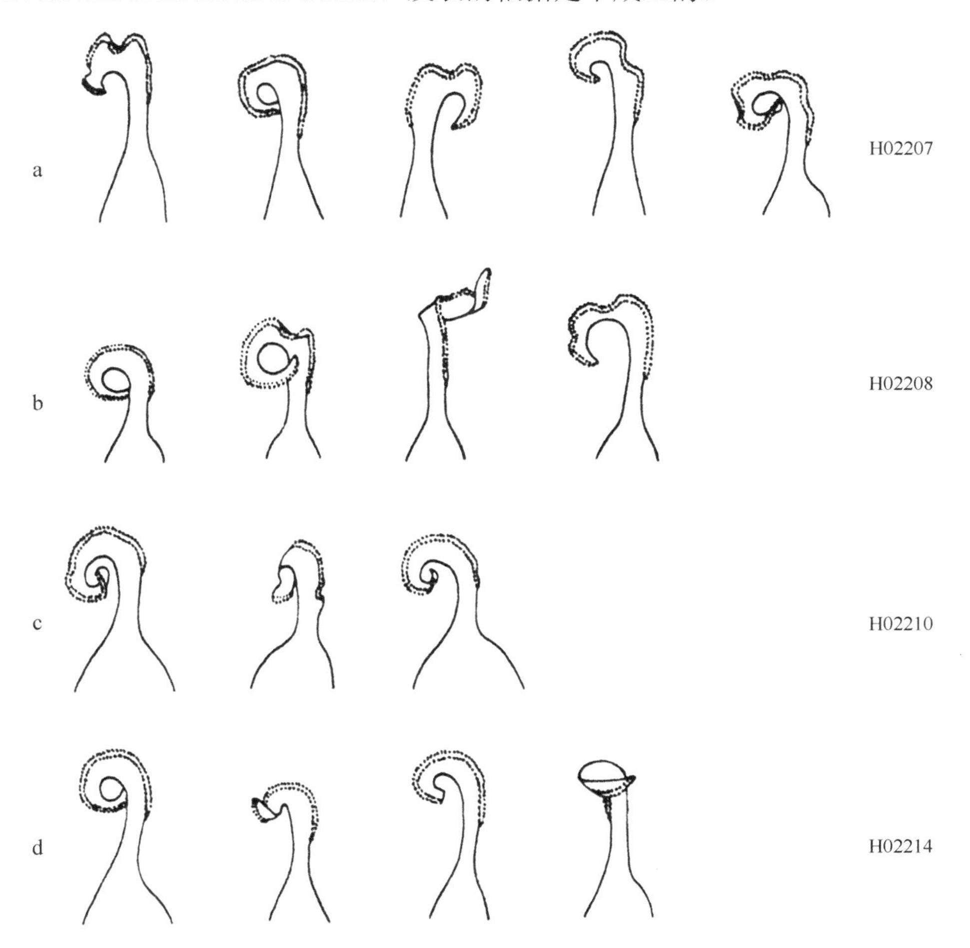

图 3-12　西亚芍药 *Paeonia kesrouanensis* (Thiébaut) Thiébaut（包括 *P. turcica* P. H. Davis & Cullen）的花柱长度和弯曲位置在居群内和居群间的变化（Hong et al.，2005）

3.4.2　被恢复的种名

在这一研究中，被恢复的种名有 5 个。它们是欧亚芍药 *Paeonia arietina* G. Anderson、

加州芍药 *P. californica* Nutt. ex Torr. & A. Gray、阿尔及利亚芍药 *P. algeriensis* Chabert、科西嘉芍药 *P. corsica* Sieber & Tausch 以及四川牡丹 *P. decomposita* Hand.-Mazz.。现举两个例子说明为什么要恢复它们作为种的地位。

1. 欧亚芍药 *Paeonia arietina* G. Anderson 的例子

欧亚芍药早在1818年就被描述为新种，并得到后来大多数学者的承认，产于从土耳其至意大利的广大地区。但后来它被 Huth（1891）并入巴尔干芍药 *Paeonia peregrina* Mill.；Cullen 和 Heywood（1964）又把它并入地中海芍药 *P. mascula* (L.) Mill.，作为其的亚种处理，成为 *P. mascula* subsp. *arietina* (G. Anderson) Cullen & Heywood，并收入 *Flora Europaea*（《欧洲植物志》）第一版（Cullen and Heywood，1964）和第二版（Akeroyd，1993）以及 *Flora of Turkey*（《土耳其植物志》）（Davis and Cullen，1965）。欧洲的分类学权威们都把它降为亚种，看来已成定局。为此我们在土耳其、希腊、意大利和法国进行了范围广泛的野外调查和深入研究（Hong et al.，2008），发现地中海芍药 *P. mascula* 的根是胡萝卜状的，而欧亚芍药的根则是主根不发达，侧根呈纺锤状，两者截然不同（图3-13）。用扫描电镜观察这两个分类群的茎

图3-13　欧亚芍药与地中海芍药根的差异（引自 Hong et al.，2008，略有修改）
a. D. Y. Hong et al. 标本号 H02204；b. D. Y. Hong et al. 标本号 H02226；c. D. Y. Hong et al. 标本号 H02202

和叶表面，结果发现前者的茎和叶表面都无毛，而后者的这两个部位都被长柔毛（图 3-14）。桑涛等利用核基因 ITS 序列对 27 种芍药进行谱系分析（Sang et al.，1995），并利用叶绿体 *matK* 基因序列对全属 32 个种进行谱系分析（Sang et al.，1997）。两个结果均得出同样结论：欧亚芍药 *P. arietina* 和地中海芍药 *P. mascula* 不仅不聚在一起，而且它们的谱系是独立的（图 3-15）。

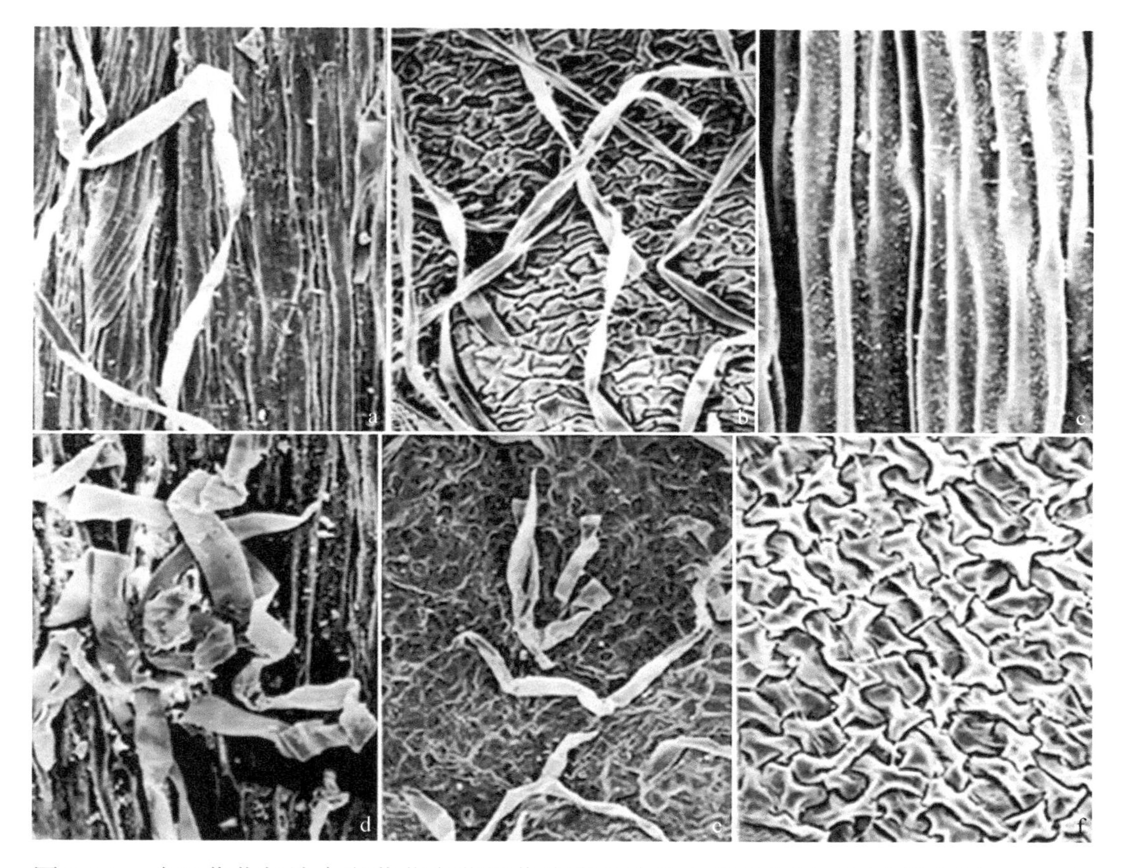

图 3-14　欧亚芍药与地中海芍药在茎和萼片背面被毛上分明有别（引自洪德元，2016）

欧亚芍药 *P. arietina* 在茎（a 和 c）和萼片背面（b 和 d）均被柔毛（两居群均取自土耳其，D. Y. Hong et al. 标本号 H02216 和 H02217），而地中海芍药 *P. mascula* 在茎（e）和萼片背面（f）均无毛（取自法国，D. Y. Hong et al. 标本号 H01004）

从这一例子可以看出，在划分物种时必须观察、分析所有的形态性状。归并 *P. arietina* 的学者忽视了 *P. arietina* 和 *P. mascula* 两者分明有别的地下部分（根的形态），以及茎和叶片上的被毛情况。

2. 加州芍药 *Paeonia californica* Nutt. ex Torr. & A. Gray 的例子

北美西部的加州芍药自 1838 年作为新种发表以后，其分类地位一直存在争议。Brever 和 Watson（1876）、Jepson（1909）以及 Munz（1935）都不承认这个物种，把它并入北美芍药 *P. brownii* Douglas ex Hook. (1829)；Lynch（1890）把它作为 *P.*

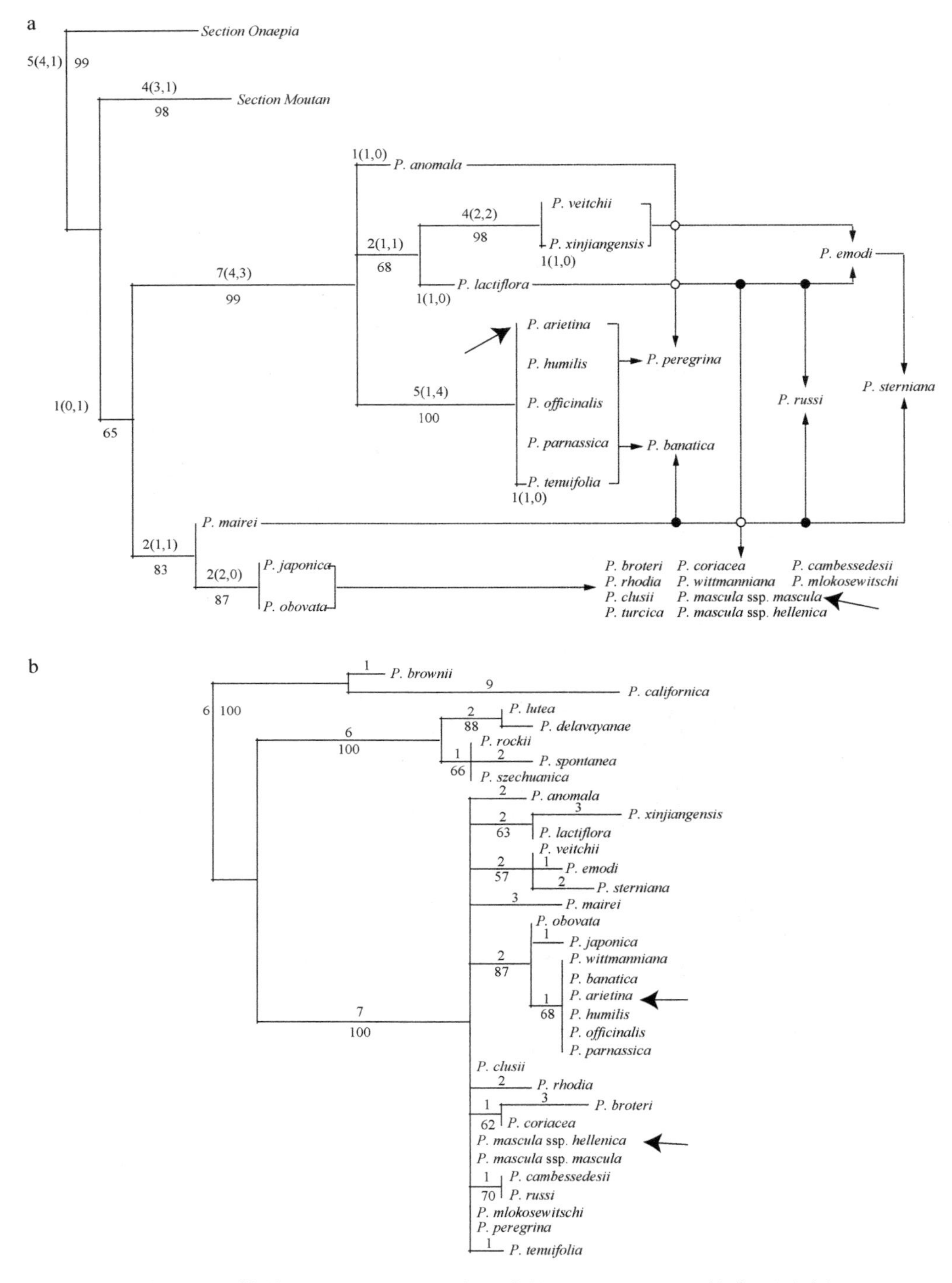

图 3-15 核基因 ITS（a）和叶绿体基因 *matK*（b）的序列分析

（引自 Sang et al.，1995，1997，略有修改）

示欧亚芍药和地中海芍药在不同的谱系分支上

brownii 的变种处理——*P. brownii* Douglas ex Hook. var. *californica* (Nutt. ex Torr. & A.

Gray) Lynch；Halda（1997，2004）两次把它作为 *P. brownii* 的亚种处理。因此，*P. californica* 是一个独立的种，还是 *P. brownii* 的一个变种或亚种，还是一个纯粹的异名，至今未达成共识。这是对北美西部北美芍药复合群如何进行科学分类的问题。

我们对这两个分类群进行野外调查，对形态性状进行了深入分析，包括统计学分析。图 3-16 所绘的是两个种的形态，*P. brownii* 的茎下部叶为二回三出复叶，心皮 5，而 *P. californica* 的茎下部叶为三出复叶，心皮 3。图 3-17 显示，两个种在茎

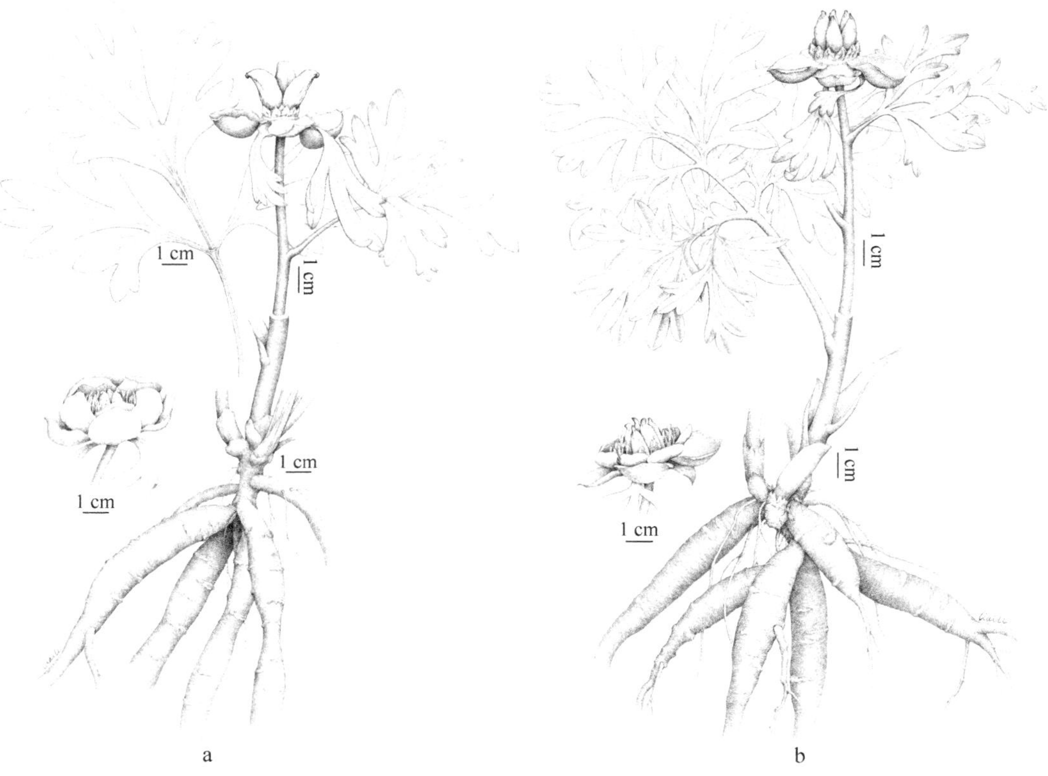

图 3-16　加州芍药 *P. californica*（a）和北美芍药 *P. brownii*（b）的墨线图（李爱莉绘，引自 Hong，2010）

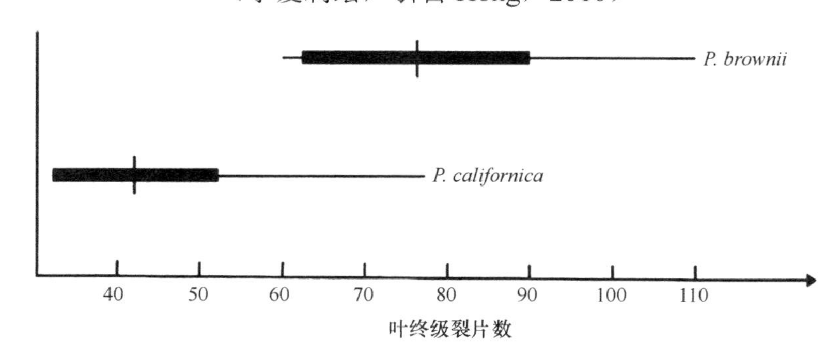

图 3-17　对加州芍药 *P. californica* 与北美芍药 *P. brownii* 的茎下部叶终级裂片数的标准差分析（引自 Hong，2010）

下部叶片的终极裂片数上呈现变异的间断。图 3-18 显示，两个种的心皮数显著不同。聚类分析也表明，它们分而不混（图 3-19）。我们利用转录组方法获取了 25 个单拷贝核基因，进而利用两个种的序列进行谱系分析，结果显示，它们分成两支，支持率达 100%（图 3-20）。两个种的地理分布也是隔而不连的（图 3-21）。从以上一系列分析结果得出：加州芍药 *Paeonia californica* Nutt. ex Torr. & A. Gray 是一个独立的种，其种名必须予以恢复。

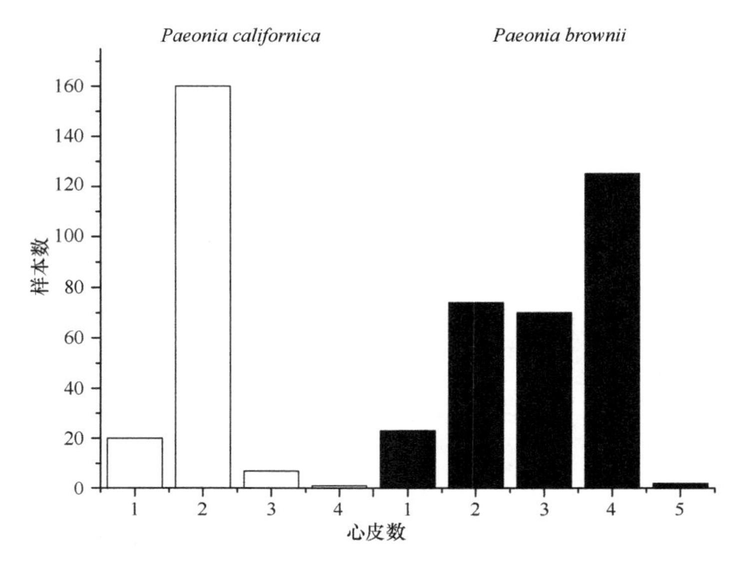

图 3-18　加州芍药 *P. californica* 与北美芍药 *P. brownii* 心皮数的标准差分析（引自 Hong，2020）

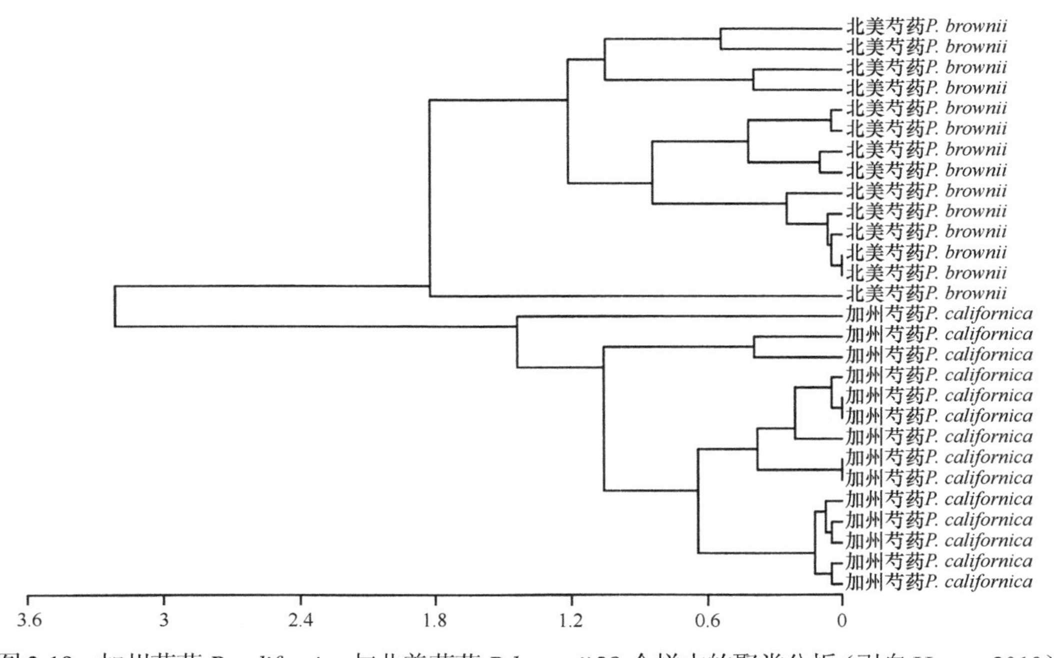

图 3-19　加州芍药 *P. californica* 与北美芍药 *P. brownii* 28 个样本的聚类分析（引自 Hong，2010）

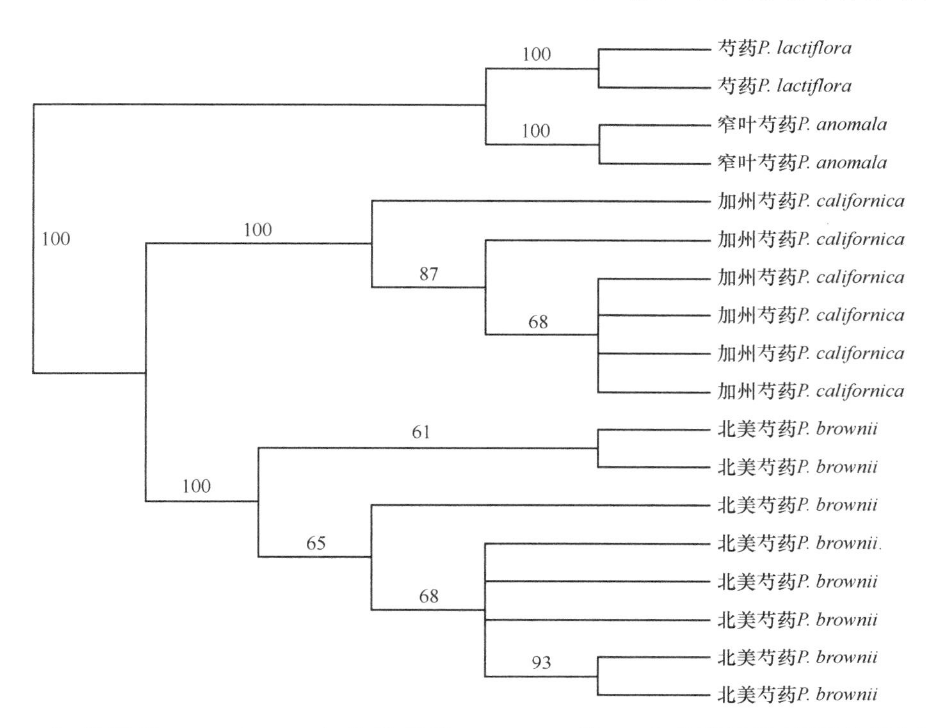

图 3-20　加州芍药 *P. californica* 与北美芍药 *P. brownii* 的 25 个单拷贝核基因序列分析结果（引自 Hong，2020）

3.4.3　发表新种的依据

我们团队共发表 5 个新种。它们是大花黄牡丹 *P. ludlowii*、卵叶牡丹 *P. qiui*、圆裂牡丹 *P. rotundiloba*、中原牡丹 *P. cathayana* 和沙氏芍药 *P. saueri*。现以其中两个种为例，说明我们发表新种的依据。

1. 大花黄牡丹 *Paeonia ludlowii* (Stern & G. Taylor) D. Y. Hong

这一类群植物产于西藏米林和隆子，花黄色，英国人把它与黄牡丹 *P. lutea* Delavay ex Franch. (= *P. delavayi* var. *lutea*)相混了，把它归在黄牡丹 *P. lutea* 范围内。《中国植物红皮书》的作者虽然不知道 *P. lutea* var. *ludlowii* 这一学名，但显然看到了它的标本，把它的分布地点也纳入了黄牡丹这一“保护单元”的分布范围之内（傅立国，1991）。由于黄牡丹实际颇为广布，当地人没有把它当作濒危植物，致使米林的大花黄牡丹遭受毁灭性采挖（图 1-1）。我们于 1996 年、2006 年和 2017 年在林芝和隆子进行了 3 次考察，发现米林和隆子的大花黄牡丹与滇牡丹 *P. delavayi*（也包括黄牡丹）在至少 5 个形态性状上截然不同。前者的根像一般灌木，后者的根像白薯一样加粗；前者无根状茎（图 3-22）；前者的茎丛生，后者的茎散生（图 3-23）；前者的心皮绝大多数单一，后者的心皮绝大多数为 2 或 3，极少单一（图 3-24）；果实的大小也截然不同（图 3-25）。很显然，大花黄牡丹与滇牡丹是两个分明有别的物种。我把大花黄牡丹 *P. ludlowii* 提升为种的文章（Hong，1997a）发表 4 年后得到 Haw（2001b）的高度赞扬，他认为此举十分令人信服。后来，我们团队又用 25 个单拷贝核基因对牡丹亚属进行了谱系基因组分析。结果显示，大花黄牡丹 *P. ludlowii* 和滇牡丹 *P. delavayi*（包括黄牡丹）分为两支，而且支持率为 100%（Zhou et al.，2014；Hong，2021）。本书第 4 章的图 4-4 清晰地显示了二者在谱系发生上的独立性。

2. 沙氏芍药 *Paeonia saueri* D. Y. Hong, X. Q. Wang & D. M. Zhang

1992 年，我的德国朋友 W. Sauer 教授送给我一号他们夫妇俩从希腊东北部卡瓦拉（Kavala）采来的芍药属标本，有两份，且有花、有根。我观察后发现它可能是

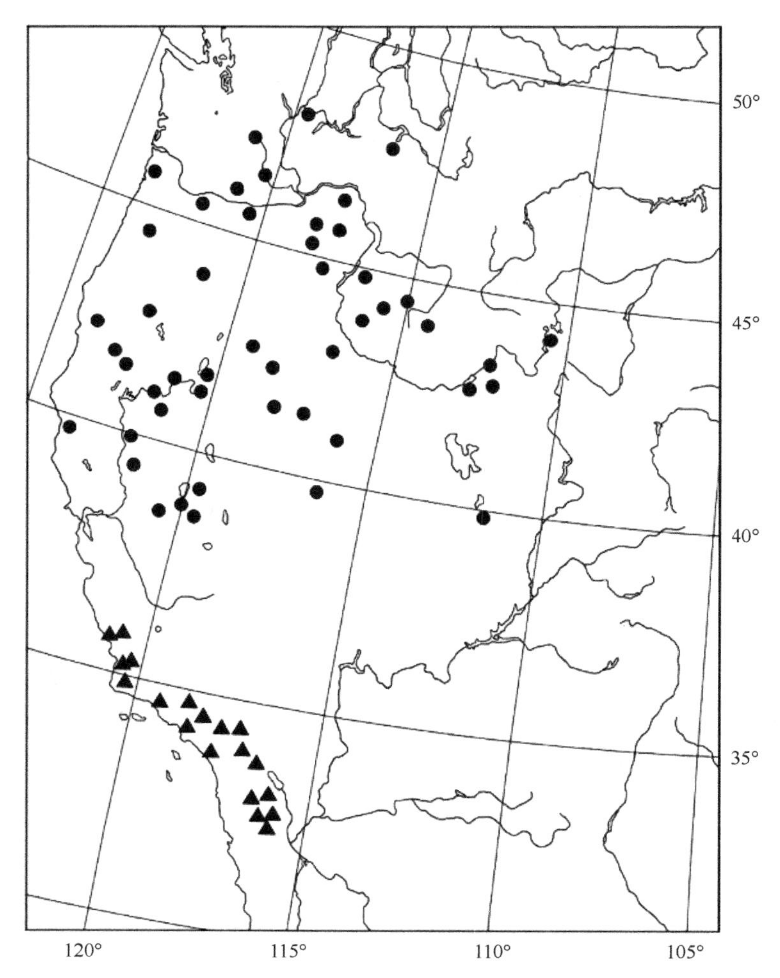

图 3-21　北美西部两种芍药的地理分布（引自 Hong，2020）

●北美芍药 *P. brownii*；▲加州芍药 *P. californica*

加州芍药独立分布于美国加利福尼亚南部和墨西哥西北端

图 3-22　大花黄牡丹 *P. ludlowii*（a）与滇牡丹 *P. delavayi*（b 和 c）地下部分形态的区别（引自洪德元，2016）

图 3-23　大花黄牡丹 *P. ludlowii*（a）与滇牡丹 *P. delavayi*（b）习性完全不同（引自洪德元，2016）

图 3-24　大花黄牡丹 *P. ludlowii*（a）与滇牡丹 *P. delavayi*（b）心皮数的区别（引自洪德元，2016）

洪德元 1996 年摄于西藏米林（a）和波密（b）

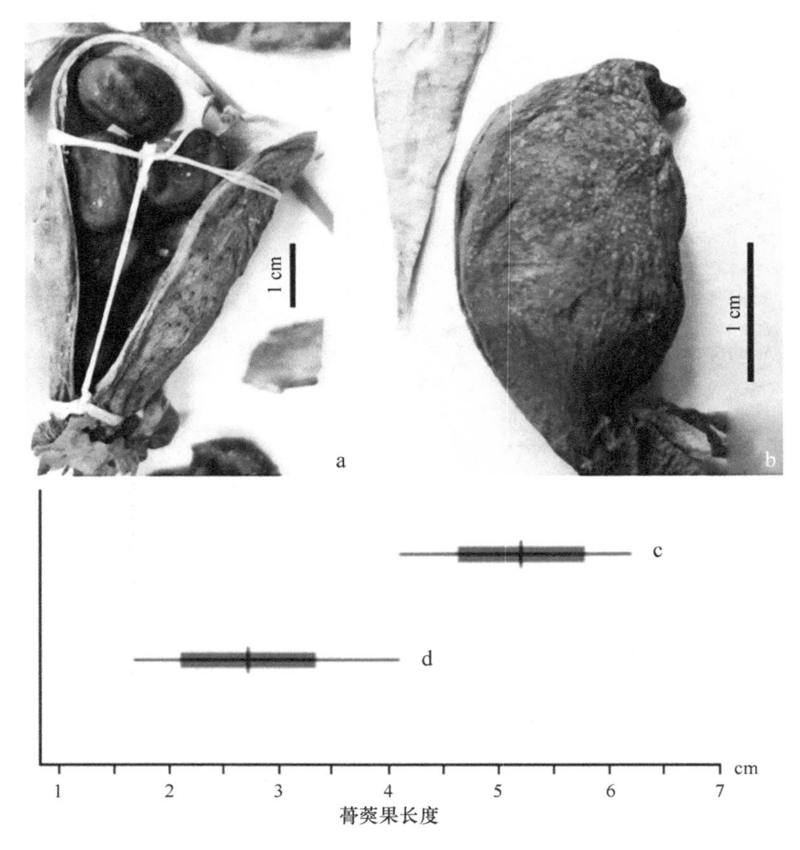

图 3-25 大花黄牡丹 *P. ludlowii*（a 和 c）与滇牡丹 *P. delavayi*（b 和 d）成熟蓇葖果长度的不连续变异（引自洪德元，2016）

a 和 b. 长度为 6 cm 与 3 cm 之差；c 和 d. 标准差分析

个新种。2002 年，我与我们团队的汪小全和张大明两位研究员考察了卡瓦拉地区，对标本所在的居群进行了认真观察，还采集了之后研究所需的材料。我们根据染色体 $2n=20$ 的信息（图 3-26）、纺锤状的根以及地上部分一些特征，确定它与药用芍药 *Paeonia officinalis* L.、巴尔干芍药 *P. peregrina* Mill.、欧亚芍药 *P. arietina* G. Anderson 和帕那斯芍药 *P. parnassica* Tzanoud.近缘。于是我们对它与这 4 个种的关系作了深入分析，包括统计学分析，发现我们所研究的标本在叶片被毛上和小叶宽度上与 *P. arietina* 和 *P. parnassica* 分明有别（表 3-4）；在叶片被毛和小叶全缘或具齿方面与 *P. peregrina* 分明有别（表 3-4，图 3-27）；在茎、叶和萼片被毛（表 3-4）上与 *P. officinalis* 差异显著（图 3-28）。聚类分析和主成分分析表明（图 3-29），沙氏芍药完全独立。经上述观察和分析得出肯定的结论：沙氏芍药 *Paeonia saueri* D. Y. Hong, X. Q. Wang & D. M. Zhang (2004)是一个独立的种，至今只知道希腊卡瓦拉地区有 3 个分布点和阿尔巴尼亚南部莱斯科维克有一个分布点（图 3-30）。

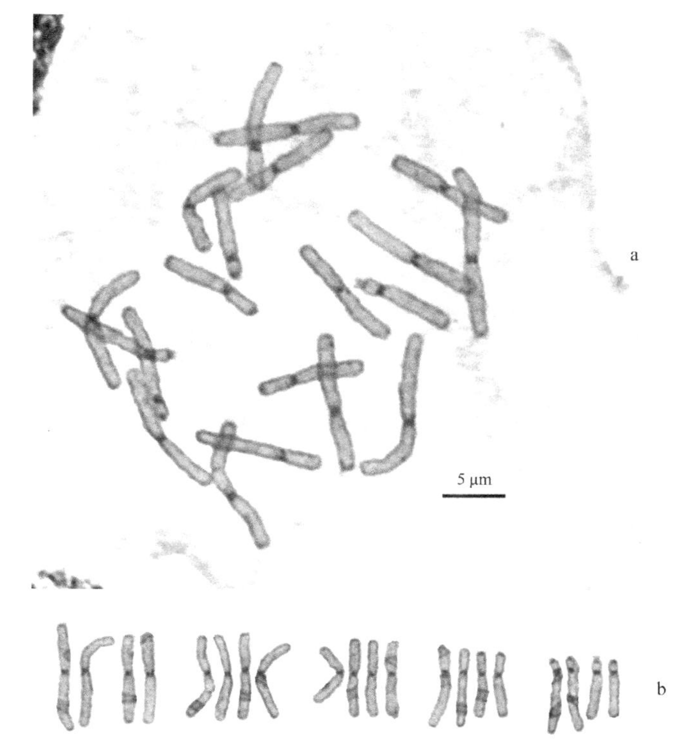

图 3-26　沙氏芍药 *Paeonia saueri* 的染色体（2*n*=20）（引自 Hong et al.，2004）

a. 体细胞有丝分裂中期；b. 核型公式

取自希腊卡瓦拉地区 Pangeon 山，D. Y. Hong, D. M. Zhang & X. Q. Wang　标本号 H02227（A，BM，CAS，K，MO，PE，UPA）

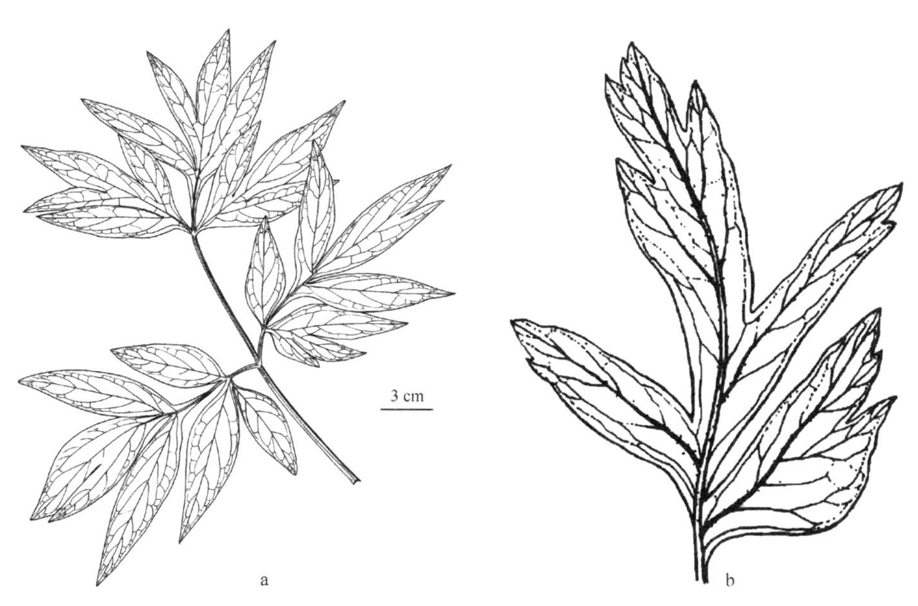

图 3-27　沙氏芍药 *P. saueri*（a）与近缘种巴尔干芍药 *P. peregrina*（b）小叶裂片的鲜明差异

表 3-4 沙氏芍药 *Paeonia saueri* 与近缘种之间性状差异分析（引自 Hong et al.，2004）

分类群和居群	小叶数±标准差	小叶宽度±标准差（cm）	齿状裂片数（长≤1cm）	上表面的毛被		下表面的毛被	
				类型	密度分级	类型	密度分级
P. arietina							
H02204	17.9±3.3(9)		0(11)	柔毛	0(8)，1(3)	柔毛	1(1)，2(2)，3(8)
H02216	21.4±7.2(9)	4.2±0.8(11)	0(8)，1(1)	柔毛	0(1)，1(8)	柔毛	3(4)，4(5)
H02217	17.1±5.1(10)		0(9)，2(1)	柔毛	1(10)	柔毛	3(7)，4(3)
P. parnassica							
H02224	12.4±3.5(16)	4.4±1.2(16)	0(13)，1(2)，2(1)	柔毛	0(15)，1(1)	柔毛	3(10)，4(6)
P. peregrina							
H02201	66.6±12.7(10)	2.1±0.3(10)	28.9±8.9(10)	无毛	0(10)	无毛	0(10)
H02223	101.7±15.3(6)	2.7±0.6(6)	49.3±15.1(6)	刺毛	0(4)，1(2)	无毛	0(6)
P. officinalis							
H01029	25.7±5.6(12)	2.3±0.6(12)	0(10)，1(2)	无毛	0(12)	柔毛	2(1)，3(9)，4(2)
H01009	45.7±11.2(12)	2.0±0.4(16)	2.1±1.9(13)	柔毛	0(10)，1(3)	柔毛	3(1)，4(8)，5(4)
P. saueri							
H02227	32.6±8.7(14)	2.9±0.6(14)	0(10)，1(3)，2(1)	刺毛	2(13)，3(1)	短硬毛	0(1)，1(11)，2(2)

分类群和居群	茎和叶柄上毛被		萼片上毛被		蓇葖果	
	类型	密度分级	类型	密度分级	形状	长/宽的平均值
P. arietina						
H02204	柔毛	2(3)，3(8)	柔毛	2(2)，3(3)，4(3)		
H02216	柔毛	4(9)	柔毛	3(1)，4(5)	椭圆状	2.5(4)
H02217	柔毛	4(10)	柔毛	4(5)，5(1)		
P. parnassica						
H02224	柔毛	2(1)，3(9)，4(6)	柔毛	3(4)，4(2)		
P. peregrina						
H02201	无毛	0(10)	无毛	0(6)	椭圆状	2.0(3)
H02223	无毛	0(6)	无毛	0(6)		
P. officinalis						
H01029	柔毛	1(10)，2(2)	柔毛	4(5)，5(2)	椭圆状	2.2(6)
H01009	柔毛	3(5)，4(8)	柔毛	4(7)		
P. saueri						
H02227	无毛	0(14)	无毛	0(8)	卵状	1.53(8)

注：毛被密度分五级，用阿拉伯数字 0、1、2、3、4 表示；括号中数据为观察个体数。

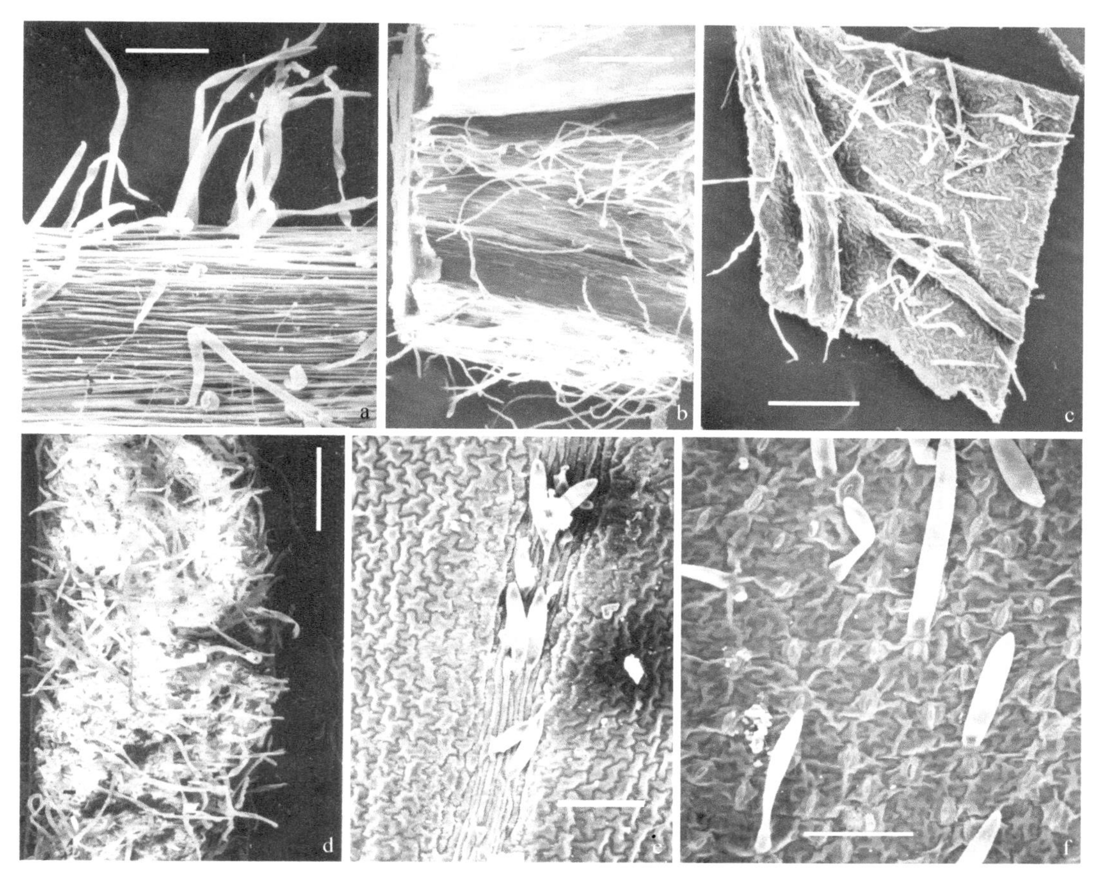

图 3-28　沙氏芍药 *Paeonia saueri*（e 和 f）与近缘种药用芍药 *P. officinalis*（a～d）的叶脉和叶表面被毛分明有别（引自 Hong et al.，2004）

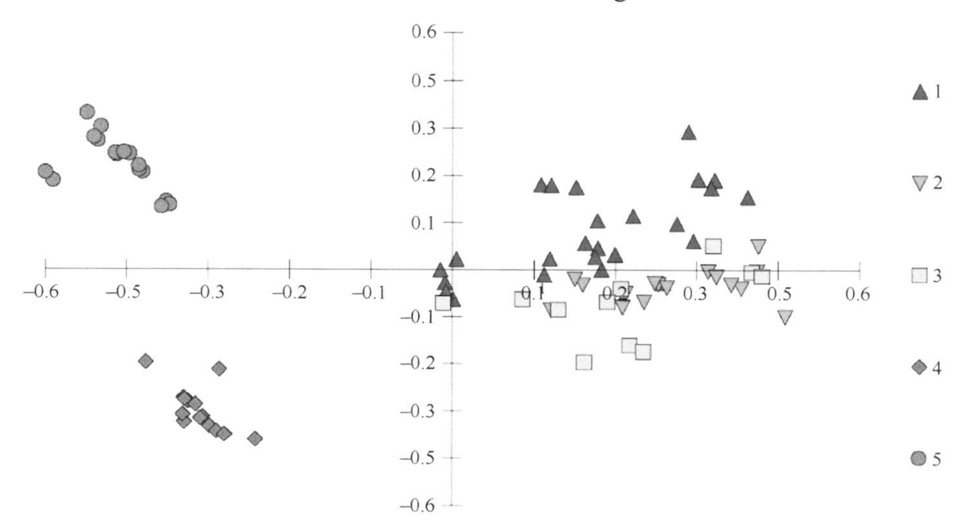

图 3-29　沙氏芍药 *Paeonia saueri* 与 4 个近缘种主成分分析（引自 Hong et al.，2004）

1. 药用芍药 *P. officinalis*；2. 帕那斯芍药 *P. parnassica*；3. 欧亚芍药 *P. arietina*；4. 沙氏芍药 *P. saueri*；5. 巴尔干芍药 *P. peregrina*

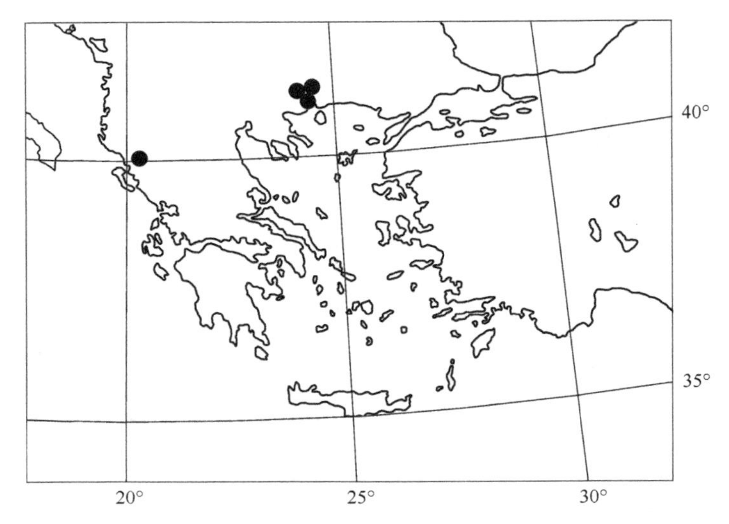

图 3-30 沙氏芍药 *Paeonia saueri* 的分布（引自 Hong et al.，2004）

3 个分布点位于希腊卡瓦拉地区，1 个分布点位于阿尔巴尼亚南部的莱斯科维克

3.5 种名的澄清

前文重点研究了物种的划分问题，考察原有的种名是否反映客观存在，本节我们主要澄清芍药属内物种名称混乱的问题。我们首先依据野外考察、标本研究和文献分析，确定所研究地区的物种数目，其次考证文献，核对模式标本，确认物种的合法种名。本节主要强调，在研究物种问题的过程中认真研究文献与核对模式标本是两个必要的步骤。

3.5.1 地中海科西嘉岛和撒丁岛两岛上的芍药合法种名

科西嘉岛和撒丁岛相邻，位于地中海西部，北邻法国，东邻意大利。我们预先的文献研究发现，这两个小岛居然有 26 个有学名的芍药属植物。*Flora Europaea*（《欧洲植物志》）也曾错把 *Paeonia mascula* subsp. *russoi* 用于这两个岛上的芍药属植物。2001 年，意大利人又发表一个产自撒丁岛的新种——*Paeonia morisii* Cesca，Bernardo & Passalacqua。同年，我们请法国 Fridlender 博士做向导，在这两个难见农田、处处荆棘的岛上进行了艰苦而深入的考察和采集。通过各项分析研究，确认这两个岛上只有一个物种，其合法学名是 *Paeonia corsica* Sieber ex Tausch (1828)，模式标本采自科西嘉岛，存于法国国家自然历史博物馆和英国皇家植物园邱园标本馆，原始描述虽未指定模式，但清楚地指出，它生长于科西嘉岛的 Cagna 山。我们也考察了此山，并采集了标本。经核实，这份标本的产地就是 *Paeonia corsica* 模式标本的原产地。关于这两个岛的芍药属植物的更多信息，可参见我们的文章（Hong and Wang，2006）。经分析，我们认为这两个岛上的芍药属植物分类如此混乱的原因是，原先的研究者均未对这两个岛的芍药属植物做深入的调查和研究，没有认真核对模式标本，也没有对它和地中海西部的另外 3 个种，即 *P.cambessedesii* (Willk.) Willk. (1880)、*P. coriacea* Boiss. (1838)和 *P. mascula* (L.) Mill. (1768)，进行认真的比较研究。其实，这两个岛上的 *P. corsica* 与这 3 个种区别分明（见附录 2），可惜前人并未追究 *P. corsica* 的独立性和其种名的合法性，而是各自把它归为 3 个种中的某一种，甚至定为新种。

3.5.2 中亚地区芍药属植物的种名问题

本书所指的中亚地区包括我国新疆（阿尔泰山和天山）、俄罗斯西伯利亚西南部和中亚五国。中亚地区涉及名称问题的芍药属植物有 5 个种：窄叶芍药 *Paeonia anomala* L. (1771)、*P. hybrida* Pall. (1788)、块根芍药 *P. intermedia* C. A. Mey. (1830)、*P. sinjiangensis* K. Y. Pan (1979)和 *P. altaica* K. M. Dai & T. H. Ying (1990)。因为在 *P. altaica* 的原始记载中描述了它的茎多花，不同于 *P. anomala*（其实后者也有多花的），由此推断这一种名是因不了解居群多态性的情况下发表的。1937 年，Shipczinsky 在 *Flora USSR*（《苏联植物志》）中记载了两个种：*P. anomala* L.和 *P. hybrida* Pall.，把 *P. intermedia* C. A. Mey.作为 *P. hybrida* Pall.的异名；记载了 *P. anomala* 的根为块状或纺锤状，生于林缘和砍伐迹地，没有指出茎上是单花还是多花；还把 *P. hybrida* 描述为根粗而大，不具柄，茎单花，生于草地或多石山坡。《中国高等植物图鉴》记载了新疆一种芍药，名为块根芍药 *P. hybrida* Pall.。潘开玉（1979）在编写《中国植物志》第二十七卷时未能见到上述几个种名的模式，而 *Flora USSR* 中描写的中亚两个种都是根块状，所以把产自新疆阿尔泰山的非块根标本当作新种发表了——*P. sinjiangensis* K. Y. Pan；记载的另两个分类群是 *P. anomala* L.和 *P. anomala* var. *intermedia* (C. A. Mey.) O. & B. Fedtsch.（表 3-5）。1993 年，受复旦学友、新疆石河子大学李学禹教授的邀请和安排，我们考察了新疆天山和阿尔泰山等地的芍药属植物。根据形态和生境研究，我们报道了新疆有两种芍药（也只有两种）：*P. sinjiangensis* K. Y. Pan 和 *P. anomala* L.，（洪德元等，1994），认为前者的根胡萝卜状，萼片顶端尾状，而后者的根块状，萼片顶端圆钝（图 3-31）。但我们怀疑 *Flora USSR* 中对 *P. anomala* 的形态描述与生境的记载与我们的不相符。带着对上述名称的怀疑态度，我于 2003 年访问了英国自然历史博物馆(BM)和英国皇家植物园邱园标本馆(K)，有机会查阅了 *P. anomala* L.、*P. hybrida* Pall. 和 *P. intermedia* C. A. Mey.的模式[*P. anomala* L.的模式存于伦敦林奈植物标本馆（LINN），只能通过英国自然历史博物馆借到]。图 3-32 下部 A 为 *P. anomala* L.的模式，它的萼片有长尾，*P. sinjiangensis* K. Y. Pan 与之相符，应是 *P. anomala* L.的异名。*Flora USSR* 中描述的 *P. anomala* L.与模式不符；用于中亚地区芍药属的 *P. hybrida* Pall. (1788)应是 *P. tenuifolia* L. (1753)的异名，而该书中 *P. hybrida* 下描述的植物应是 *P. intermedia* C. A. Mey. (1830)。由此看来，*Flora USSR*

（Schipzinsky，1937）和我们（洪德元等，1994）用于中亚和新疆的芍药属植物的种名全错了，正确的应该是：根胡萝卜状，萼片有长尾，生于林中或林缘的是窄叶芍药 *P. anomala* L.；根块状、萼片顶端无尾，生于灌丛或草坡的是块根芍药 *P. intermedia* C. A. Mey.（Hong and Pan，2004）（图 3-33）。

表 3-5　不同作者对中亚地区芍药属植物种名的处理和作者的修订

不同作者的处理	种名
此前用学名	*P. anomala* L. (1771)（Schipzinsky，1937）
	P. hybrida Pall. (1788)（Schipzinsky，1937）
	P. anomala L. [*P. anomala* var. *nudicarpa* Huth (1891)]
	P. intermedia C. A. Mey. (1830)
	P. anomala var. *intermedia* (C. A. Mey.) O. & B. Fedtsch. (1905)
	P. sinjiangensis K. Y. Pan (1979)
	P. altaica K. M. Dai & T. H. Ying (1990)
	P. anomala L. var. *hybrida* Halda (2004)
作者修订	***P. anomala*** L. (1771)（Hong and Pan, 2004）
	[异名：*P. altaica* K. M. Dai & T. H. Ying (1990);
	P. sinjiangensis K. Y. Pan (1979)]
	P. intermedia C. A. Mey. (1830)（Hong, 2010）
	[异名：*P. hybrida* Schipz. 1937, non Pall. (1788);
	P. anomala var. *hybrida* Halda (2004);
	P. anomala var. *intermedia* (C. A. Mey.) O. & B. Fedtsch. (1905)

图 3-31　新疆芍药属两种类型的根

a. 块状；b. 胡萝卜状，拿着植株的是新疆石河子大学李学禹教授（洪德元 1993 年摄）

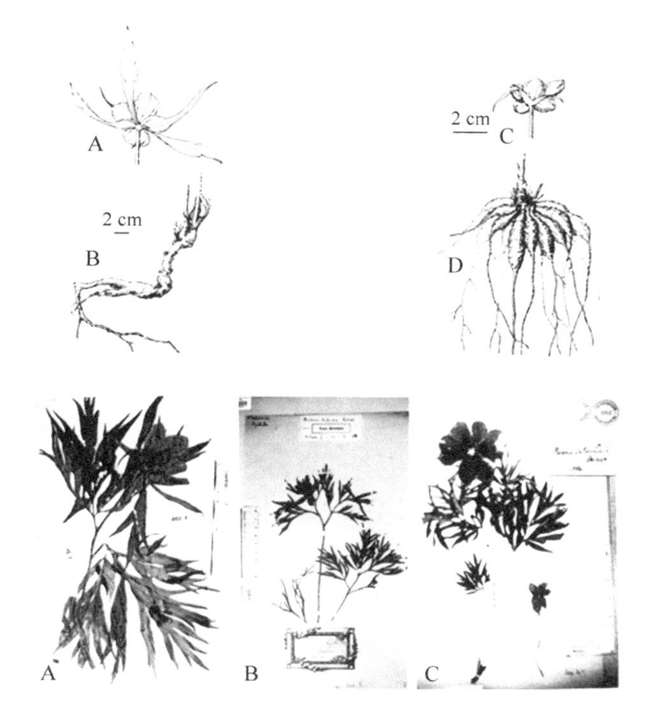

[1993年调查结果: 植物分类学报, 33(4), 1994]
A, B. *Paeonia sinjiangensis* K. Y. Pan
C, D. *Paeonia anomala* L.

新疆、中亚地区有关3个分类群的模式照片
A. *P. anomala* L.
B. *P. hybrida* Pall.
C. *P. intermedia* C. A. Mey.

图 3-32　中亚地区芍药属植物的错误鉴定（引自 Hong and Pan，2004）

上部. 按 1993 年考察采集的标本画的植物线条图和分类处理；下部. 中亚（包括新疆）芍药属 3 个分类群的模式标本照片和它们的名称

图 3-33　窄叶芍药 *Paeonia anomala* L.（a）和块根芍药 *P. intermedia* C. A. Mey.（b）的生态分化

前者仅见于沟谷林下或林缘；后者常见于较干旱的山坡灌丛、草甸，稀见于疏林林缘（1993 年洪德元摄）

由图 3-32 上下两部分对照可知，中亚地区原有的分类和种名全是错的。正确的分类和名称应是：图上部的 A 和 B 与下部的 A 相对应，种名是窄叶芍药 *P. anomala* L.；图上部的 C 和 D 与下部的 C 相对应，种名是块根芍药 *P. intermedia* C. A. Mey.；

图下部中的 B 是 *P. hybrida* Pall. (1788)的模式标本照片，它是 *P. tenuifolia* L. (1753)的异名，这个种不在中亚。

造成上述物种名称混乱、名实不符的原因主要在于参与中亚地区芍药属分类研究的学者们都未见到这些物种的模式标本。可见，模式标本对于厘清一个地区的物种名称问题何等重要，但是必须划清重视和核对模式标本与模式概念之间的界线。核对模式标本能保证物种名称的正确运用，而固持模式概念难免不乱造新种。模式标本只是种内众多个体的一员，它不能代表种的全部特征。

3.6 种内分类等级

种内的分类等级是对种内分化的分类处理。它与种间分化和物种的划分的根本区别是：种间分化是有关类群间基因流停止，其间不再发生基因重组，有 2 个或多个相对应的形态性状呈现变异不连续（间断），而种内分化则是有关类群之间还存在基因流，其间基因重组还在发生，形态性状的变异还呈现连续性。本节重点讨论如何对种内分化做出客观的分类处理。本章 3.2 已经讨论了形态性状随生态和地理环境变异的各种式样和特点，它们可以作为种下分类处理的依据。这里粗略地将地理分化分为三种式样：①间断的；②替代的；③梯度变异（cline）。对于间断的地理分化，多数呈形态性状变异的间断，被处理为物种一级。梯度变异在理论上不应作任何分类处理。这里要讨论的是第二种式样——替代的地理分化，也是最常见的。

3.6.1 地理和海拔分化与亚种划分

对于替代的地理分化，*Flora USSR*（《苏联植物志》）通常作为种级处理，把随地理区域有所分化但仍是一个连续变异的实体，即地理宗（geographical races）切成 2 个至多个种。这种强调地理分化的观点和分类处理是苏联学者 Komarov 提出的，故称科马洛夫学派或苏联学派。多数分类学家把这种式样形成的地理宗作为亚种处理。但是如何划分亚种，现在还没有明确的标准，将来也不太可能有。我本人把这样的类群，在不看标本地区记录的前提下，按形态差异分开，然后看它们的地理来源。如果大多数标本的形态差异与它们不同的地理区域和海拔来源相契合，即可划分为不同的亚种。对标本数量的“大多数”和“非大多数”，我没有画线，整个植物分类学界截至目前也没有明确界定；但动物分类学好像有一条不成文的线：＞75%，即多于 75%的标本能被划在不同区域。

在芍药属中，有记载的按种内地理分化划分的物种共有 6 个：*Paeonia daurica*、*P. officinalis*、*P. mascula*、*P. clusii*、*P. obovata* 和 *P. rockii*。其中，*P. daurica* 含 7 个亚种，*P. officinalis* 含 5 个亚种，*P. mascula* 含 4 个亚种，其他 3 个各含 2 个亚种。

3.6.2 生态型分化与变种划分

生态型分化已在本章 3.2.2 中做了介绍。这种生态型的分化研究对于理解物种形成和适应性分化很有意义，对于生态型分化导致的形态差异可以作为变种划分的基础。但是在欧洲和北美的许多志书中很难见到变种等级，因为那里的分类学工作者认为区分生境类型并不容易。在中国，我认为识别生态型分化更加困难，描述实实在在的变种更不容易，因为我们很难有机会像 Turesson 那样对类群做那么深入的研究。然而，近三四十年，在我国有许多新“变种”涌现，其中真正的变种有几个不好评说。在我国达到能鉴别生态型的考察和研究少之又少，标本记录鲜有对生态环境，如植被类型、基岩和土壤等的记录，因而发表真正变种的条件还很不成熟。我认为，现今我国分类学的发展阶段，大量发表新变种是不正常的，也说明一些学者对分类学原理尚未有足够认识。

我们在芍药属中未记载变种，原因是：①觉得发表变种的条件尚不成熟，我们未发现显著的生态型分化；②发现许多文献中的变种（var.）也与生态型分化的性质不符。

3.6.3 居群多态性与“变型”

按本章 3.2 中描述的种内变异除地理分化，即地理宗（geographical race）和生态型（ecotype）分化外，还有居群多态性。居群多态性呈现的是基因型的差异。地理宗可处理为亚种，生态型可作为变种处理，居群多态性只能用于变型，变型可反映基因型的差异。前文已经介绍，对于异交生物来说，居群内的基因型可能是无数的，那么一个居群就可能有无数变型（forma），所以现今国际上的主流植物志和分类学杂志中已不见“变型”这一分类等级了，虽然在命名法中还保留“forma”这一等级。

第 4 章　芍药科的系统位置和谱系发生关系

4.1　芍药科（属）在被子植物中的系统位置

本书第 2 章 2.8 已经指出，芍药科（属）至少有 7 个被子植物独有的生物学特性，很是孤立，其在被子植物分类系统中的位置也是长期争论的问题。

4.1.1　芍药属在植物分类系统等级地位的大变更

植物分类系统主要等级从低到高，由种、属、族、科、目、纲、门组成，如果需要，还可以加次要等级，如变种、亚种、亚属、亚科、亚目、亚纲等级别。芍药属于1753年由林奈建立；1824年，de Candolle把芍药属置于毛茛科；1862年，Bentham和 Hooker 把它升至毛茛科 5 个族中的一个族，但芍药属在 1815 年就已被 Rafinesque确立为科——芍药科 Paeoniaceae。Worsdell（1908），Hutchinson（1959，1969，1973）、Stebbins（1974）、Thorne（1976）、Dahlgren（1977）和 Cronquist（1981）等学者均认同科的等级。1927 年，Heintze 把芍药属从科提升到目——芍药目 Paeoniales；1986年，Takhtajan 把它提升到超目——芍药超目 Paeonianae；2002 年，吴征镒等又把它提升到亚纲等级——芍药亚纲 Paeoniidae。芍药属在分类系统中的位置一再提升是因为它独有的生物学特性，因此学者们都认同它在被子植物中的孤立地位。

4.1.2　芍药科在被子植物中的系统位置

自 1859 年达尔文的划时代著作 *The Origin of Species*（《物种起源》）问世起，生物学家都按生物类群的谱系发生（phylogeny）排列它们的位置。因此，要想确认芍药科的系统位置，必须确认芍药科的亲缘关系，以及它在被子植物中的系统位置。

1. *历史回顾*

芍药科的亲缘关系和系统位置问题极具争议，1998 年之前一直未停止争论。Hutchinson（1959）觉得芍药属一直像个谜。我们可以把争论的历史划分为 3 个时期：①从 Bentham 和 Hooker 到 Corner（1946）的毛茛观时期；②从 Corner（1946）到 Chase 等（1993）的毛茛观与第伦桃观相争时期；③从 Chase 等（1993）开始的分子系统学时期。

（1）毛茛观时期

这一时期，Bentham 和 Hooker 于 1862 年把芍药属作为毛茛科 5 个族中的一个——Paeonieae，另外 4 个族是 Clematideae、Anemoneae、Ranunculeae 和 Helleboreae。Worsdell（1908）依据叶的解剖确认它为科的地位。Diels（1936）赞同 Bentham 和 Hooker 的处理，把毛茛科分为 5 个族，即 Paeonieae、Ranunculeae、Hydrastideae、Helleboreae 和 Anemoneae。

（2）毛茛观与第伦桃观相争时期

这一时期，Corner（1946）研究了第伦桃科 Dilleniaceae 的抱节木属 *Wormia* Vahl（=*Dillenia* L.）、锡叶藤属 *Tetracera* L. 和红木科 Bixaceae（*Bixa* L.），并列举了 13 个雄蕊离心发育的科，包括芍药科、第伦桃科和茶科 Theaceae 等，同时，另列了 11 个雄蕊向心发育的科，包括木兰科 Magnoliaceae、睡莲科 Nymphaeaceae、毛茛科 Ranunculaceae 和蔷薇科 Rosaceae 等。Corner（1946）分出了以第伦桃科为代表的雄蕊离心发育群和以毛茛科为代表的雄蕊向心发育群。

从此，关于芍药科在被子植物分类系统中位置的研究分成了两派。Hutchinson（1959）把芍药科归入毛茛目；Takhtajan 和 Thorne 曾在两派观点之间摇摆过。Takhtajan（1966，1969，1980）把芍药目安排在第伦桃超目 Dillenianae，但其不久又改变了主意（Takhtajan，1986），把芍药超目 Paeonianae 和毛茛超目 Ranunculanae 一起置于毛茛亚纲 Ranunculidae。Thorne（1976）先把芍药科和第伦桃科一起放在第伦桃亚目中，7 年后又把芍药科和白根葵科 Glaucidiaceae 一起排在芍药目中，紧邻小檗目 Berberidales，而小檗目包括毛茛科。吴征镒团队把芍药属提升为芍药亚纲 Paeoniidae，并把毛茛亚纲作为它的姐妹亚纲，所以他们是支持毛茛观的最后团队（吴征镒等，2002）。第一位支持 Corner 观点的学者是 Melchior（1964），他在第伦桃亚目 Dilleniineae 安排了 6 个科，包括芍药科 Paeoniaceae 和第伦桃科 Dilleniaceae，而且他把第伦桃亚目放在远离毛茛目的藤黄目 Guttiferales 中。Stebbins（1974）把第伦桃目放在第伦桃亚纲中，该目包含 3 个科，即 Dilleniaceae，Paeoniaceae 和 Crossosomataceae。Dahlgren（1977，1980）把 Paeoniaceae 和 Dilleniaceae 一起放在第伦桃超目 Dillenianae 中，远离毛茛科。Mabberley（1997）把芍药科和第伦桃科一起安排在第伦桃目中。这大概是把芍药科作为第伦桃科近亲的最后安排，因为他 3 年后接受了基于分子系统学的 APG 系统（Mabberley，2000）。

（3）分子系统学时期（APG 系统时期）

Chase 等（1993）里程碑式的工作结束了芍药属系统位置的争论。基于叶绿体基因组中 Rubisco 大亚基基因（*rbcL*）序列构建的被子植物谱系发生系统显示，芍药属既不接近 Ranunculaceae/Glaucidiaceae，也不靠近 Dilleniaceae/Crossosomataceae。它出人意料地先与草本和灌木的一些属，如景天科 Crassulaceae 的青锁龙属 *Crassula*、景天属 *Sedum*、仙女杯属 *Dudleya* 和伽蓝菜属 *Kalanchoe*，茶藨子科 Grossulariaceae 的鼠刺属 *Itea*、岩溲疏属 *Pterostemon*、茶藨子属 *Ribes* 和四心木属 *Tetracarpaea*，虎耳草科 Saxifragaceae 的虎耳草属 *Saxifraga*、扯根菜属 *Penthorum*、矾根属 *Heuchera* 和八幡草属 *Boykinia*，以及小二仙草科 Haloragaceae 的狐尾藻属 *Myriophyllum* 构成一支，还与金缕梅科 Hamamelidaceae 红花荷属 *Rhodoleia* 的灌木或小乔木构成一支。这一支与连香树科 Cercidiphyllaceae 的连香树属 *Cercidiphyllum*、金缕梅科的金缕梅属 *Hamamelis*、蕈树科 Altingiaceae 的枫香树属 *Liquidambar* 以及交让木科 Daphniphyllaceae 的虎皮楠属 *Daphniphyllum* 中一些大乔木属构成一大支。这一大支的成员，按 Cronquist（1981）的系统，来自 3 个亚纲中的 5 个目：蔷薇亚纲的蔷薇目和小二仙草目、第伦桃亚纲的第伦桃目、金缕梅亚纲的金缕梅目和交让木目 Daphniphyllales；按 Takhtajan（1987）的系统，这一大支也来自 3 个亚纲的 5 个目，不过组成不完全相同，分别为：毛茛亚纲的芍药目、金缕梅亚纲的金缕梅目 Hamamelidales、连香树目 Cercidiphyllales 和交让木目 Daphniphyllales，以及蔷薇亚纲的虎耳草目 Saxifragales。

Soltis 等（1997）用核基因组中编码 rRNA 的 18S DNA 序列构建了被子植物的谱系发生系统。他们的分子系统树由四大支组成：单沟粉群（Monosulcate Grade）、基部真双子叶植物群（Lower Eudicots Grade）、蔷薇群（Rosidae Grade）和广义的菊群（Asteridae Grade）。第伦桃科 Dilleniaceae 在最原始的单沟粉群，毛茛类在基部真双子叶群，而芍药属在蔷薇群虎耳草类（Saxifragoids）。芍药属与第伦桃科和毛茛科都远离。Soltis 的 Saxifragoid 分支组成与 Chase 等（1993）的 Saxifragoid 分支组成一致，只是少了金缕梅属 *Hamamelis* 和红花荷属 *Rhodoleia*。

Soltis DE 和 Soltis PS（1997）用 18S DNA 序列和 *rbcL* 序列分析了虎耳草目的谱系发生关系，发现其由 7 个分支组成：①虎耳草科 Saxifragaceae s. str.，②芍药科 Paeoniaceae，③小二仙草科 Haloragaceae 和扯根菜科 Penthoraceae，④枫香树属 *Liquidambar*、蕈树属 *Altingia*、虎皮楠属 *Daphniphyllum* 和连香树属 *Cercidiphyllum* 4 个木本属组成一支，⑤景天科 Crassulaceae，⑥鼠刺科 Iteaceae（鼠刺属 *Itea* 和岩溲疏属 *Pterostemon*），⑦一个单属科茶藨子科 Grossulariaceae: 茶藨子属 *Ribes*。综上，①芍药属还是虎耳草目的成员；②这一分支的范围与 Chase 等（1993）和 Soltis 等（1997）的范围高度一致。APG（1998）的被子植物谱系发生树上虎耳草目含 13 个科：虎耳草科 Saxifragaceae、芍药科 Paeoniaceae、蕈树科 Altingiaceae、连香树科 Cercidiphyllaceae、景天科 Crassulaceae、虎皮楠科 Daphniphyllaceae、茶藨子科 Grossulariaceae、小二仙草科 Haloragaceae、金缕梅科 Hamamelidaceae、鼠刺科 Iteaceae、扯根菜科 Penthoraceae、岩溲疏科 Pterostemonaceae 及四心木科 Tetracarpaeaceae。上述分类本质上得到后来研究的支持，直到 APG IV（2016）。Savolainen 等（2000）在虎耳草目增加了两个类群，它们是隐瓣藤属 *Aphanopetalum*（隐瓣藤科 Aphanopetalaceae）和围盘树科 Peridiscaceae。APG IV（2016）保留了虎耳草目 15 个科，在它的被子植物谱系发生树的大分支蔷薇超目 Superrosids 上，虎耳草目与蔷薇分支（Rosids）形成姐妹支。

至此，芍药科作为虎耳草目中的一员已得到学界认同，虎耳草目在被子植物谱系中的位置也已被确定。所有分子系统学研究都显示，芍药科在被子植物谱系发生关系上远离毛茛类群，也不接近第伦桃类群，因此关于芍药科的亲缘关系以及它在被子植物中的系统位置也不再是两派激烈争论的问题。同时，芍药科在虎耳草目中与哪个科关系最近成为一个新的研究热点。虎耳草目的成员来源多个目，甚至多个亚纲，具有很高的多样性，Chase 等（1993）、Soltis 等（1997）、Soltis DE 和 Soltis PS（1997）、APG（1998）、Hoot 等（1999）、Savolainen 等（2000）和 Soltis 等（2000）的研究都没有很大的进展，芍药属 *Paeonia*、茶藨子属 *Ribes*、虎皮楠属 *Daphniphyllum* 和连香树属 *Cercidiphyllum* 都是孤立的，它们中没有任何两个关联在一起，也进一步证实，虎耳草目是一个单系类群。

Fishbein 等（2001）利用 3 个叶绿体基因 *atpB*、*matK* 和 *rbcL*，以及核基因 18S rDNA 和 26S rDNA 序列，采用加权的最大简约法（maximum parsimony，MP）、最大似然法（maximum likelihood，ML）等阐明了虎耳草目大谱系之间的关系。结果显示，虎耳草目中谱系关系的分辨率很低，原因主要是起源之初快速分化造成的。Wikström 等（2001）建立了被子植物科间关系树，并用非参数速率平滑法（non-Parametric rate smoothing，NPRS）推算了一些主要类群的分化时间。虎耳草目与其外类群分化始于白垩纪中期，约 1.2 亿年前；第一次分化发生在 1.1 亿年前，分出金缕梅科和其他类群；第二次分出蕈树科和其他类群，发生在约 1.07 亿年前；第三次是芍药科和虎皮楠科 Daphniphyllaceae 与其他类群在 1.02 亿年前分开；第四次是连香树属 *Cercidiphyllum* 与所有草本科和灌木科分开，发生在 9800 万年前；芍药科与虎皮楠科分道扬镳是在 9000 万年前。因此，从虎耳草目诞生到草、灌木的出现只间隔了 2000 万年；芍药科与其他所有类群早在 9000 万年就已分开了。

Soltis 等（2007a）在专注于研究围盘树科 Peridiscaceae 的单系性和系统位置的同时注意到虎耳草目内的谱系关系，通过最大简约法分析发现：①虎耳草目是单系群；②虎耳草目经历过起初的快速辐射；③芍药科与围盘树科——一个产于南美和非洲南部的乔木科，构成姐妹群，但贝叶斯分析（Bayesian analysis，BI）却显示，芍药科与草本和灌木的科构成姐妹群。

Jian 等（2008）对虎耳草目的研究相当深入，针对虎耳草目成员间奇妙的关系，构建了 3 套新的数据集：①用了 16 个基因，28 个分类群，21 460 bp；②完全倒位的重复叶绿体基因组，17 个分类群，26 625 bp；③17 个和 28 个分类群组合成的“全面证据”数据集，50 845 bp。同时他们采用 3 种方法：贝叶斯分析、最大似然法和最大简约法分析这些数据。对来自 28 个分类群的“全面证据”数据集进行分析产生的贝叶斯一致树（consensus tree）与最大似然法产生的树系图是一致的，都显示虎耳草目是单系群；早期快速辐射产生 5 个分支：围盘树科支、虎耳草科及其近亲支（茶藨子科、鼠刺科和岩溲疏科）、景天科和小二仙草科支、芍药科支及由乔木科组成的支。在树系图上，芍药科与乔木科组成姐妹支，所有分支都得到强有力支持（pp=1，BS=100%）。但是，最大简约法分析显示芍药属 *Paeonia* 与围盘树属 *Peridiscus* 成姐妹支，虎耳草目内的关系依然不清，5 个分支不能形成得到支持的更大分支，通过进一步研究不同叶绿体数据集对最大简约法树系图的影响发现，当用慢速进化的基因时，芍药属与所有乔木的科形成一支；当用中速进化的基因时，乔木的科不形成单系群，而芍药属仅和枫香树属 *Liquidambar* 和红花荷属 *Rhodoleia* 这两个乔木属聚为一支，而用快速进化的基因时，芍药科又首先和草本的科相聚（Jian et al.，2008）。

Soltis 等（2011）用 17 个基因，采用最大似然法分析了被子植物的谱系发生，发现被子植物绝大多数的大分支都得了高度支持。这里我们只讨论与虎耳草目谱系发生有关的内容。这 17 个基因的分子树上，围盘树科与虎耳草目的所有其他成员构成姐妹群，且后一个支的支持率颇高（BS=98%），并形成两大分支：①微弱支持的大分支（BS=59%），由芍药科分支和乔木的科分支组成（BS=100%）；②由草本和灌木的科组成的虎耳草目核心类群分支（BS=100%）。按照 Soltis 等人构建的这一虎耳草目谱系发生树，乔木的科、草本和灌木的科以及围盘树科各自形成单系群，并得到BS=100%支持，然而芍药科却依然孤立，与其他 3 个类群中任何一个的关系都不清晰。

综上所述，可以引出以下几点结论。①对被子植物开展的所有分子谱系发生分析都得出同一结论：芍药科肯定是虎耳草目的成员。②虎耳草目在早期分化时经历了快速辐射。③虎耳草目由 5 个高度支持的分支组成：芍药科、围盘树科、虎耳草科及其亲族、小二仙草科+景天科及乔木群（Jian et al.，2008；Soltis et al.，2011），但是 5 个分支之间的谱系发生关系不清楚。④芍药科与其他类群的谱系发生关系不确定。按 Fishbein 等（2001）的观点，芍药科的最近的亲族是草本或灌木；Jian 等（2008）认为它的亲族变成了围盘树科，而 Soltis 等（2011）的研究表明，它的亲族又变成了乔木类群，但芍药科+乔木类群组成的分支支持率较低（BS=59%）。

2. 芍药科近亲问题的探索

（1）解决近亲问题的难点

芍药科的系统位置在虎耳草目，但它在该目的系统位置仍然不确定。这可能与地球上发生过 5 次大灭绝，扫去了原来地球上的大部分物种，造成一些分类群失去近亲有关。最后一次大灭绝，即白垩纪—古新世灭绝事件，发生在大约 6550 万年前，这次事件造成了现存植物之间在形态上和遗传上的间断（Copper，1998；Nichols and Johnson，2008；Renne et al.，2013）。结果，一些科，如芍药科、连香树科、杜仲科、云叶科、睡莲科、昆栏树科等在现存被子植物中找不到与它们相似的近亲，只有依靠分子标记来确定它们准确的系统位置。近些年，我们看到了谱系基因组学（phylogenomics）在谱系发生重建研究中的作用，其中不乏一些早期成功的例子：菖蒲科 Acoraceae（Goremykin et al.，2005）、无油樟科 Amborellaceae（Goremykin et al.，2013）、黄杨科 Buxaceae（Hansen et al.，2007）、莲香树科 Cercidiphyllaceae（Moore et al.，2010）、莲科 Nelumbonaceae（Xue et al.，2012a，2012b）和睡莲科 Nymphaeaceae（Goremykin et al.，2004），但现有数据难以确定芍药科在虎耳草目中的系统位置（Jian et al.，2008）。为此，我们团队对虎耳草目采取了密集取样，并利用叶绿体基因组整体分析，以期破解这一难题。

（2）叶绿体基因组整体分析

我们在这一研究中选取了 19 个分类群，代表虎耳草目 15 科中的 13 个类群和一个外类群（葡萄科 Vitaceae），未取隐瓣藤科 Aphanopetalaceae 和四心木科 Tetracarpaeaceae 是因为它们被认为是小二仙草科 Haloragaceae 的成员，而且也因为取材困难，寄生的锁阳科 Cynomoriaceae 也未包括在内，因为它的叶绿体基因组中仅有少数几个基因。

我们用 Sanger 测序法和第二代测序法（Dong et al.，2018）对整个叶绿体基因组进行了测序。所有基因组的序列都经两次核实后组装成基因组，从 19 个叶绿体基因组中抽取 83 个编码蛋白质区域，经过独立排列和手工调整，由 83 个基因组成的数据集被连成一个串联的数据集，采用最大简约法、最大似然法和贝叶斯分析 3 种分析方法进行分析。

除寄生的锁阳科 Cynomoriaceae 外，虎耳草目的所有科都包括在分析中，获得的谱系发生树显示虎耳草目由 5 个科群组成，其中芍药科独立成群，看起来与科群 C 和科群 D 较近，但支持率不高（图 4-1～图 4-3）。科群 A 包含乔木的科：蕈树科

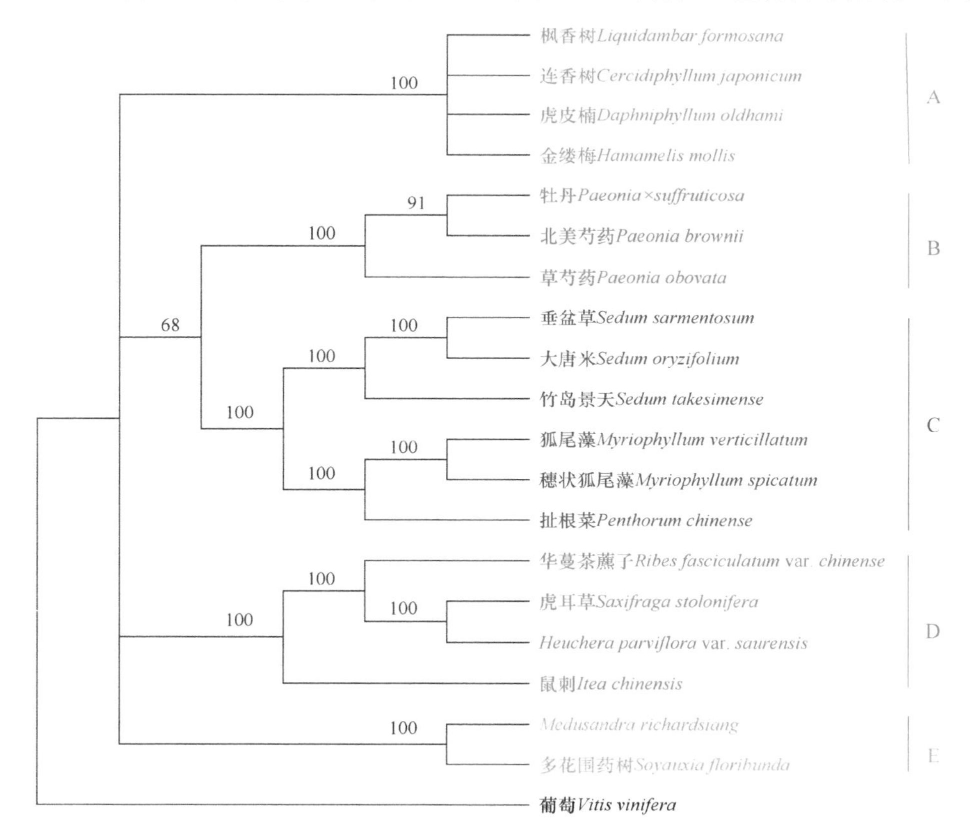

图 4-1　最大简约法（MP）分析得出的虎耳草目 19 个分类群的谱系发生关系

（引自 Dong et al.，2018）

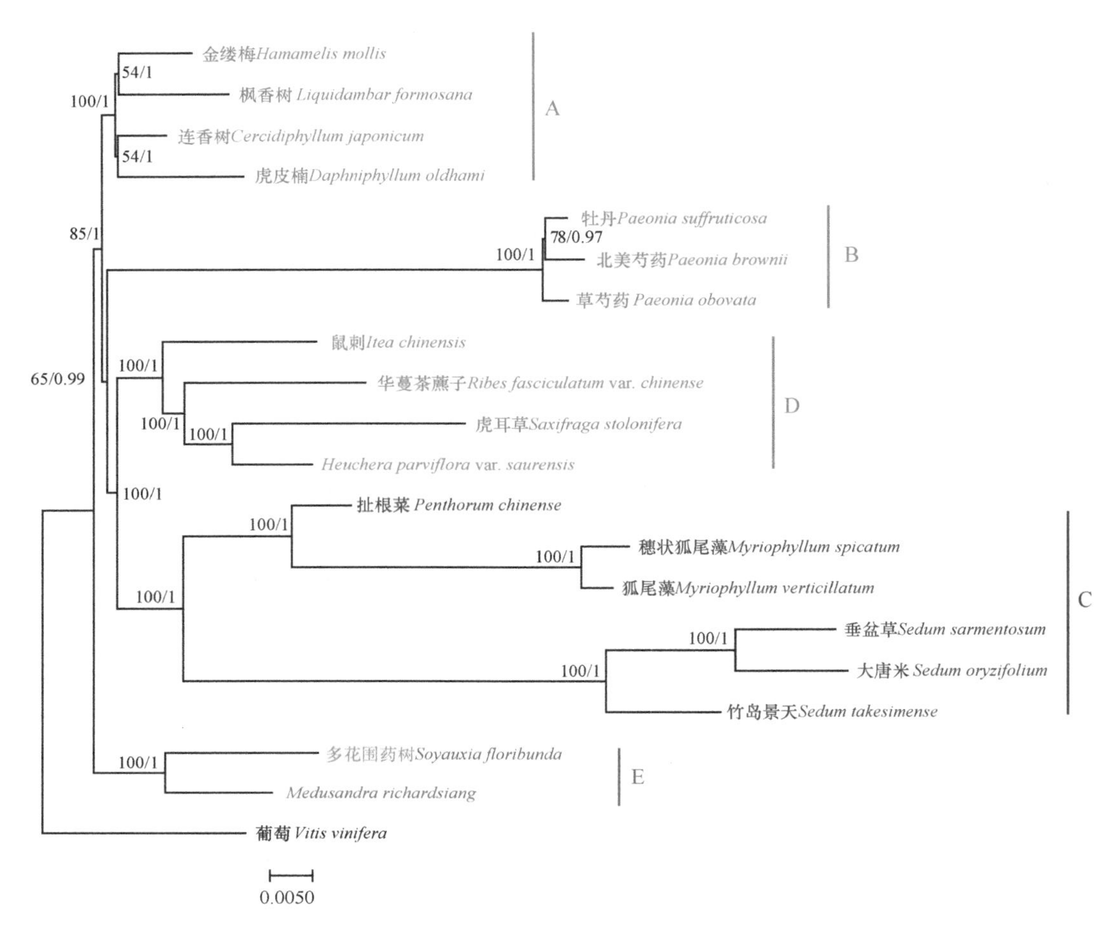

图 4-2　贝叶斯分析（BI）得出的虎耳草目 19 个分类群的谱系发生关系
（引自 Dong et al.，2018）

Altingiaceae、连香树科 Cercidiphyllaceae、虎皮楠科 Daphniphyllaceae 和金缕梅科 Hamamelidaceae；科群 B 只有芍药科 Paeoniaceae；科群 C 包含草本的科：景天科 Crassulaceae、小二仙草科 Haloragaceae（包括隐瓣藤科 Aphanopetalaceae 和四心木科 Tetracarpaeaceae）和扯根菜科 Penthoraceae；科群 D 包含广义的虎耳草科 Saxifragaceae 成员有茶藨子科 Grossulariaceae、鼠刺科 Iteaceae（包括岩溲疏科 Pterostemonaceae）和狭义的虎耳草科 Saxifragaceae；科群 E 仅有围盘树科 Peridiscaceae。由 BI 和 ML 分析得到的谱系发生树（图 4-2；图 4-3）本质上一致，但由 MP 分析得出的谱系发生树（图 4-1）与前两者不同，它的基部节点有 4 个，散而不聚，分支很短，且支持率低。

虎耳草目的 5 个科群可能来源于分化初期的快速辐射（Fishbein et al.，2001；Fishbein and Soltis，2004），导向 5 个分支都很短，而且它们的祖先节点支持率低，芍药科没有近亲，尽管树系图结构表明它与草本的科比其他科较近一些（图 4-2，图 4-3）。叶绿体数据对 5 个科群的分辨率不高也可能是由于不完全谱系分选（incomplete lineage sorting），这是快速辐射产生的类群中的一种常见现象。

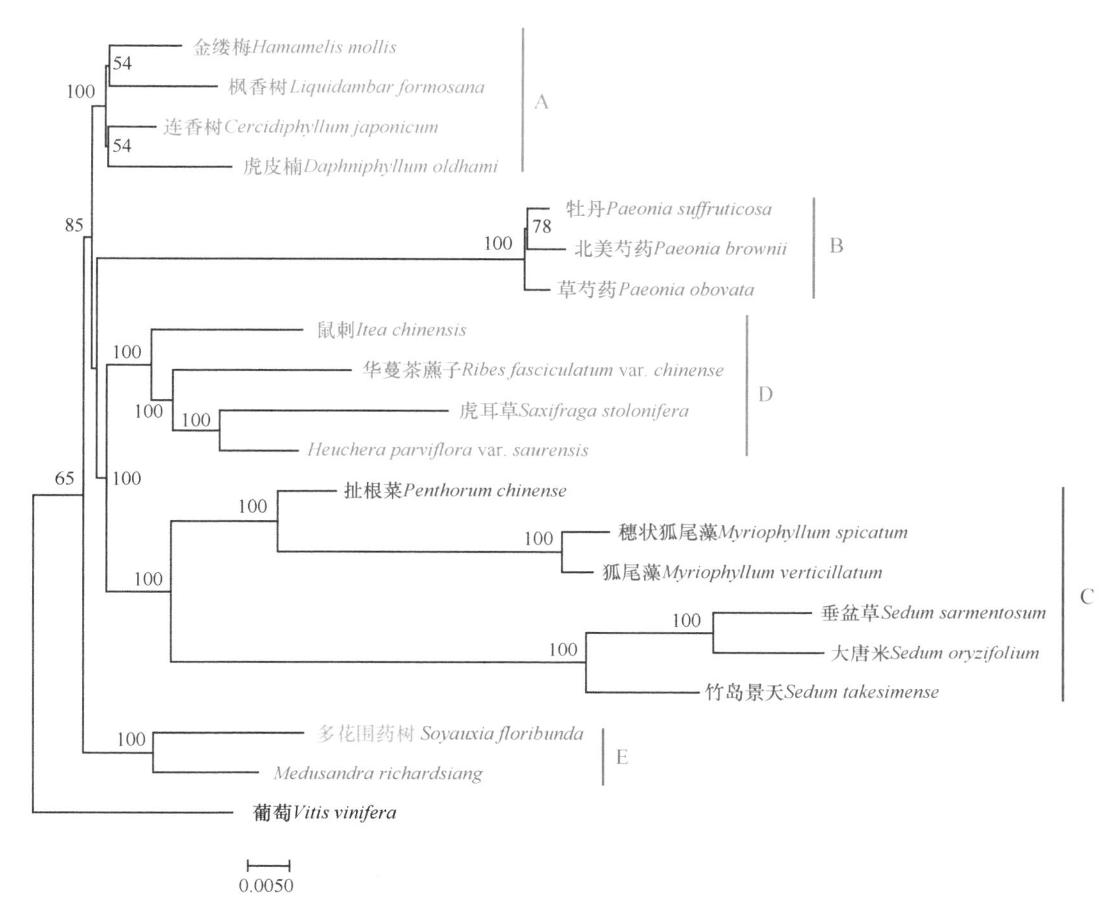

图 4-3　最大似然法（ML）分析得出的虎耳草目 19 个分类群的谱系发生关系

（引自 Dong et al.，2018）

综上所述，我们可以判定：①芍药科单独成虎耳草目中的 5 个科群之一；②芍药科没有近亲。

4.2　芍药属的谱系发生关系和分类系统

4.2.1　原有分类系统之间的巨大分歧

从 1753 年林奈建立芍药属至 2004 年已有 11 位学者提出 8 个分类系统（表 4-1），属内次级划分从两个类群到 8 个类群，分类阶元从亚属（subgenus，subg.）、组（section，sect.）、亚组（subsection，subsect.）到系（series），还有非法定等级群（group），共 5 级；其中，有的作者用组、亚组和群 3 级（Stern，1943，1946）；有的用亚属、组和亚组（Halda，2004）；还有的用组和系两级（Kemularia-Nathadze，1961）等。

由表 4-1 可知，这 8 个分类系统之间的分歧极大，其中，Stern（1946）的分类系统是最流行的，而 Halda（2004）的分类系统是最新的。对两者进行比较可以发现，Stern（1946）把草本芍药分为 2 个组，即欧亚的 sect. *Paeonia* 和北美西部的 sect. *Onaepia*，而 Halda（2004）把草本芍药分为 3 个亚属，再把欧亚的 subg. *Paeonia* 亚属分为 4 个组。1998 年，Halda 建立的新亚属 subg. *Albiflora* (Salm-Dyck)和他认同 Kemularia-Nathadze（1961）的 sect. *Flavonia* Kem.-Nath.都是不自然的。例如，Halda 把 *Paeonia daurica* 这个种按不同花色分在两个组中，把具红色花的 *P. daurica* subsp. *daurica* 和 *P. daurica* subsp. *lagodechiana* 放在 sect. *Paeonia* subsect. *Paeonia* 中，把具白色花的 *P. daurica* subsp. *mlokosewitschii* 和 *P. daurica* subsp. *wittmanniana* 置于 sect. *Flavonia* 中。造成这种巨大分歧的原因为：①没有对形态性状进行科学的深入分析；②所有分类系统都只是依据单个形态性状，没有采用综合的分析方法，也没有应用分子系统学的方法分析或吸纳这方面的成果。如第 3 章所写，高加索格鲁吉亚地区的达乌里芍药彩花亚种 *Paeonia daurica* subsp. *mlokosewitschii* 的花色在一个居群内就有红色、白色及多种过渡的花色。这种把同一居群内不同花色的基因型分在不同组的分类系统是不科学的。

表 4-1　芍药属不同的分类系统（引自 Hong，2021，略有修改）

分类系统	发表人及年份	分类系统内容
两群系统	Seringe，1849 Baker，1884	subg. *Moutan* 和 subg. *Paeonia*
	Huth，1891 Schipczinsky，1921	sect. *Palaearcticae* 和 sect. *Nearcticae*
三群系统	Lynch，1890 Stebbins，1939 Halda，1997	subg. *Moutan*，subg. *Onaepia*，subg. *Paeonia*
	Stern，1943，1946	sect. *Moutan*（含两亚组），sect. *Onaepia*，sect. *Paeonia*（含两亚组）
四群系统	Halda，2004	subg. *Paeonia*（分 5 组 5 亚组），subg. *Albiflora*，subg. *Onaepia*，subg. *Moutan*（分两组）
五群系统	Kemularia-Nathadze，1961	sect. *Flavonia*（分 4 系），sect. *Moutan*，sect. *Onaepia*，sect. *Paeonia*（分 7 系），sect. *Sternia*（分 5 系）
	Uspenskaya，1987	sect. *Moutan*（分两亚组），sect. *Albiflorae*, sect. *Onaepia*，sect. *Palaearcticae*（分 3 亚组 4 系），sect. *Paeonia*（分 3 系）
八群系统	Salm-Dyck，1834	sect. *Suffruticosae*，sect. *Albiflorae*，sect. *Corallinae*，sect. *Macrocarpae*，sect. *Microcarpae*，sect. *Compactae*，sect. *Lobatae*，sect. *Laciniatae*

4.2.2　谱系发生树的构建与形态分析

针对上述的各分类系统之间的明显分歧和分类系统建立方法上的陈旧，我们采用了构建高分辨率的分子树和深入分析形态性状相结合的方法。为了揭开芍药属 *Paeonia* L.内的谱系发生关系，我们必须首先构建高分辨率的谱系发生树（phylogenetic tree）。为此我们花了 16 年时间从 14 个国家 90 个居群获取了 187 个植株的样品（表 4-2）（Zhou et al.，2020）。这些样品代表了芍药属的所有物种，覆盖了从西班牙经欧亚大陆至北美西部的整个分布区。对物种丰富的国家进行了较密集取样：中国（38 个居群）、土耳其（13 个居群）、希腊（9 个居群）、西班牙（6 个居群）。

表 4-2　芍药属谱系基因组分析的材料来源（引自 Hong，2021，略有修改）

物种	采集号	采集地
P. cathayana	H97010	中国：河南，嵩县，木植街
P. decomposita	KD090520	中国：四川，康定，大河沟
P. decomposita	MEK486	中国：四川，马尔康，松岗
P. delavayi	SW14	中国：四川，木里，沙湾
P. delavayi	H06016-2	中国：西藏，波密，松宗
P. delavayi	WH01	中国：云南，昆明，西山
P. jishanensis	HY449	中国：陕西，华阴市，华山
P. jishanensis	JS022	中国：山西，稷山，马家沟
P. ludlowii	H03072	中国：西藏，米林县
P. ludlowii	H03079	中国：西藏，米林县
P. ostii	BZCV072	中国：安徽，亳州市，十九里
P. ostii	s. n.	中国：湖北，神农架
P. qiui	H06027	中国：湖北，保康，后坪镇
P. qiui	H04041-1	中国：湖北，神农架，松柏镇
P. rockii	WY06446	中国：甘肃，天水市
P. rockii	Z203	中国：河南，内乡县，下关
P. rockii	LY923	中国：陕西，略阳县，白水江
P. rockii	TB228	中国：陕西，太白县，太白山
P. rotundiloba	DB01	中国：甘肃，迭部县
P. rotundiloba	LX522	中国：四川，理县，坡头
P. brownii	H05016-3	美国：俄勒冈，尤尼恩县
P. brownii	H05019-1	美国：华盛顿，瓦隆瓦县
P. brownii	H05019-2	美国：华盛顿，瓦隆瓦县
P. californica	H05012-8	美国：加利福尼亚，洛杉矶，国家森林公园
P. californica	H05011-5	美国：加利福尼亚，圣贝纳迪诺国家森林公园
P. californica	H05011-6	美国：加利福尼亚，圣贝纳迪诺国家森林公园
P. algeriensis	H909031	阿尔及利亚：卡比利亚
P. anomala	XJ019	中国：新疆，阿尔泰山
P. anomala	XJ004	中国：新疆，阿尔泰山
P. anomala	124	俄罗斯：阿尔汉，皮涅加
P. arietina	H02204-2	土耳其：巴勒克埃西尔
P. arietina	H02216-1	土耳其：锡瓦斯
P. arietina	H02217-3	土耳其：锡瓦斯
P. broteri	H03015-2	西班牙：阿维拉
P. broteri	H03015-6	西班牙：阿维拉
P. broteri	H03019-4	西班牙：格拉纳达
P. cambessedesii	H01002	西班牙：马略卡岛
P. cambessedesii	H01025	西班牙：马略卡岛
P. clusii subsp. *clusii*	XL03	希腊：卡尔帕索斯
P. clusii subsp. *clusii*	1689	希腊：克里特岛

续表

物种	采集号	采集地
P. clusii subsp. *rhodia*	XL01	希腊：罗得岛
P. coriacea	H03018-1	西班牙：格拉纳达，阿尔法卡山脉
P. coriacea	H03018-3	西班牙：格拉纳达，阿尔法卡山脉
P. corsica	H01013	法国：科西嘉岛
P. corsica	H01015	法国：科西嘉岛
P. corsica	H01018	意大利：撒丁岛
P. daurica subsp. *daurica*	H02222-2	土耳其：阿马西亚
P. daurica subsp. *daurica*	H02211-2	土耳其：哈塔伊
P. daurica subsp. *daurica*	H02215-1	土耳其：哈塔伊
P. daurica subsp. *coriifolia*	H99069	格鲁吉亚：第比利斯，第比利斯植物园
P. daurica subsp. *mlokosewitschii*		格鲁吉亚：第比利斯
P. daurica subsp. *macrophylla*	H99060	格鲁吉亚：博尔若米，Barkuriani 植物园
P. daurica subsp. *wittmanniana*	H99063	格鲁吉亚：博尔若米，Barkuriani 植物园
P. emodi	H01031	中国：西藏，吉隆县，江村
P. emodi	1627	巴基斯坦：伊斯兰堡
P. intermedia	XJ044	中国：新疆，阿尔泰山
P. intermedia	XJ039	中国：新疆
P. kesrouanensis	H02208-1	土耳其：安塔利亚
P. kesrouanensis	H02207-1	土耳其：代尼兹利
P. kesrouanensis	H02214-2	土耳其：哈塔伊
P. lactiflora	100712	中国：黑龙江
P. lactiflora	H04040-2	中国：内蒙古，克什克腾旗，黄冈梁
P. lactiflora	H04037-1	中国：内蒙古，呼和浩特，大青山
P. mairei	H06005-1	中国：四川，茂县
P. mairei	H04031-2	中国：云南，东川
P. mascula subsp. *mascula*	H02225-1	希腊：埃托利亚
P. mascula subsp. *bodurii*	H02203-1	土耳其：恰纳卡莱
P. mascula subsp. *bodurii*	H02203-3	土耳其：恰纳卡莱
P. mascula subsp. *hellenica*	H02226-3	希腊：埃维亚岛
P. mascula subsp. *russoi*	H01020	意大利：西西里岛，卡博纳拉山
P. obovata	s. n.	日本：爱媛县
P. obovata	J2	日本：北海道
P. obovata	908241	中国：黑龙江，帽儿山
P. obovata	WC041810	中国：陕西，华阴市，华山
P. obovata	4811	中国：重庆，开县
P. officinalis subsp. *officinalis*	H01029	瑞士：卢加诺
P. officinalis subsp. *banatica*	H03020-2	塞尔维亚：巴纳特
P. officinalis subsp. *huthii*	H01009	法国：尼斯
P. officinalis subsp. *microcarpa*	H03016-3	西班牙：阿维拉
P. parnassica	H02224-1	希腊：帕尔纳索斯

续表

物种	采集号	采集地
P. parnassica	H02224-3	希腊：帕尔纳索斯
P. peregrina	H02201-2	土耳其：安卡拉
P. peregrina	H02223-1	土耳其：卡斯塔莫努
P. saueri	H02227-3	希腊：卡瓦拉
P. saueri	H02227-1	希腊：卡瓦拉
P. sterniana	H03021	中国：西藏，波密，松宗
P. sterniana	H06017-1	中国：西藏，波密，松宗
P. tenuifolia	H99028	格鲁吉亚：第比利斯
P. tenuifolia	H99052	俄罗斯：皮亚季戈尔斯克
P. veitchii	SHL0056	中国：青海
P. veitchii	090915F	中国：甘肃，榆中县
P. veitchii	H04032-1	中国：云南，巧家县

注：表中列出 86 个居群的 92 个个体，包括物种丰富国家中密集取样的 66 个居群，凭证标本在 PE。

首先我们构建了所有 25 个野生二倍体种的谱系发生树（图 4-4，图 4-5），用了 20 个单拷贝核基因位点 25 个区段，连接成的数据集达到 12 337 个位点，它的分辨率足以区分紧密亲缘的物种（Wortley et al.，2005）。

由图 4-4 可知，芍药属首先分化为两大支：木本大支和草本大支，自展支持率非常高，分别为木本大支 100/0.99 和草本大支 100/0.73。木本大支再分为两支，*P. ludlowii* 和 *P. delavayi* 组成的一支和以 *P. decomposita* 和 *P. ostii* 等 7 个种组成的一支，支持率都为 100/1。草本大支比较复杂，它本身的枝长较短。这意味着它诞生后就发生快速分化，它不是形成两支，而是形成三支，其中两支的支持率为 100/1，另一支的支持率不很高，只有 52/0.93，而且枝长相当短。为了叙述方便，我们把草本大支标出 5 支。可以看出，图 4-4 中 I 和 II+III 成为很自然的两支，支持率都为 100/1。分支 II 的支持率很高，达 100/0.94。但是，分支 III 的支持率颇低，只有＜50/0.88。分支 IV 和 V 都是很自然的，支持率都为 100/1。

为了进一步分析草本大支的分化状况，我们以两个木本种为外类群再分析草本大支（图 4-5），结果显示，除首次分支从 3 支变为两支外，没有大的变化。鉴于此，从上到下依次命名为 Sect. *Onaepia*、Sect. *Albiflorae*、Sect. *Paeonia*、Sect. *Obovatae* 和 Sect. *Corallinae*。

各分支都有独自的形态性状。图 4-4 中木本大支的下部一支（暂称 *Delavayanae* 支）的茎多花，形成聚伞花序，花盘肉质，很短，环状；另一分支——*Moutan* 支，茎单花，花盘半革质或草质，半包至全包心皮。草本大支的 *Onaepia* 支（I）的花瓣与萼片近于等长，与其他所有分支都不同，茎多花（少见单花）；*Paeonia* 支（II）的根块状或纺锤状加粗，与其他所有分支都不同；*Albiflorae* 支（III）与 *Onaepia* 支（I）的茎都是多花，但前者花冠远高于花萼；*Obovatae* 支（IV）的叶二回三出，小叶 9，小叶和裂片数多达 14～17，心皮 2 或 3，极少为 1、4 或 5，仅有两种，分布

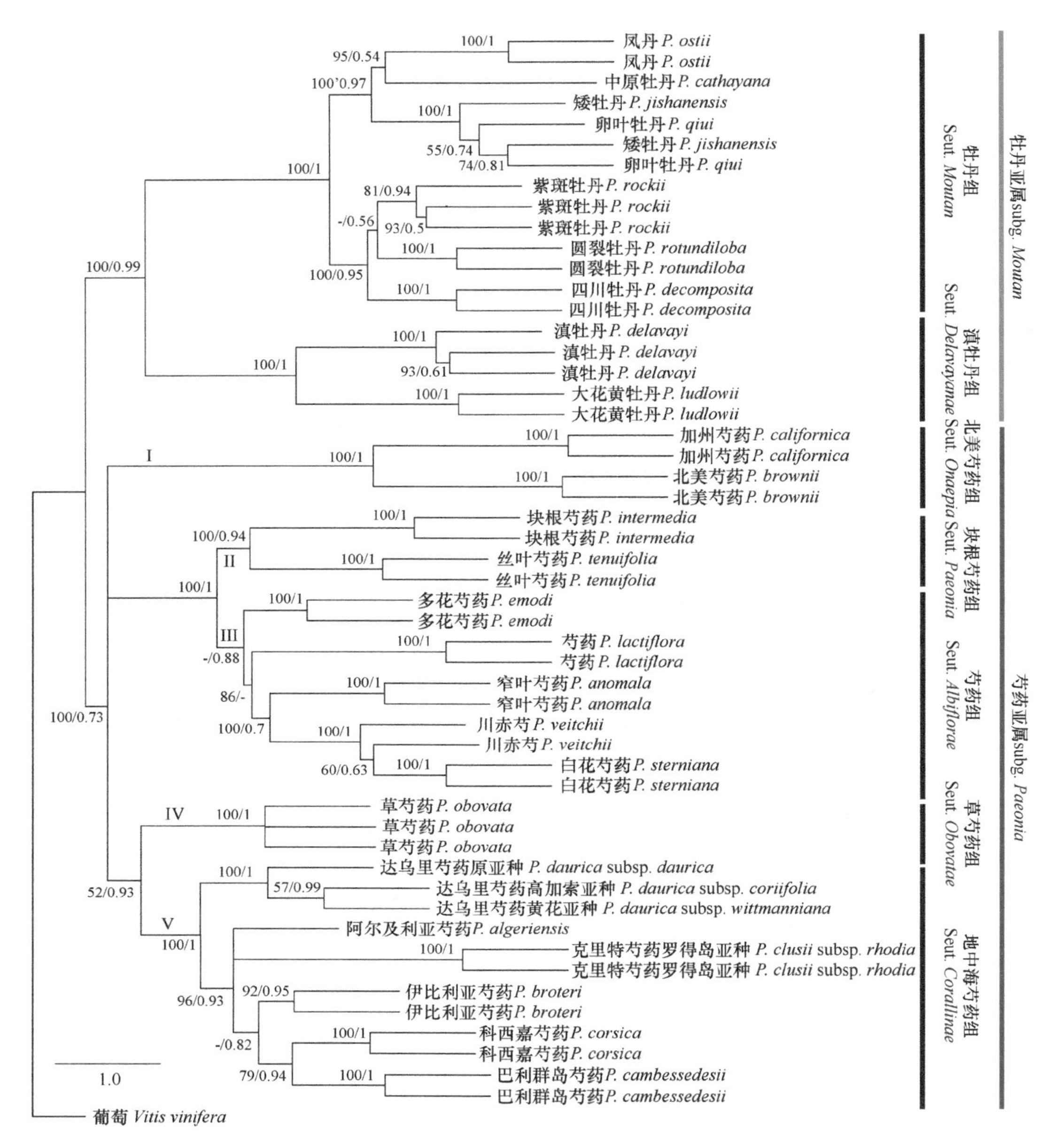

图 4-4　基于芍药属所有野生种 51 个个体的 20 个单拷贝核基因位点 25 个区段构建的谱系发生树（引自 Hong，2021，略有修改）

用 PAUP 谱系发生软件连接的序列，以葡萄科的 *Vitis vinifera* 为外类群；分支上的数字表示最大似然法/贝叶斯分析得出的支持率（bootstrap/后验概率），支持率低于 50%用短横线表示。

于东亚；*Corallinae* 支（V）形态上近似于 *Obovatae* 支，但小叶加裂片数多为 10 以上，个别具 9，心皮数目多样，2 或 3 的为少数物种，分布于地中海地区，仅 *P. daurica* 一种也分布于西亚。

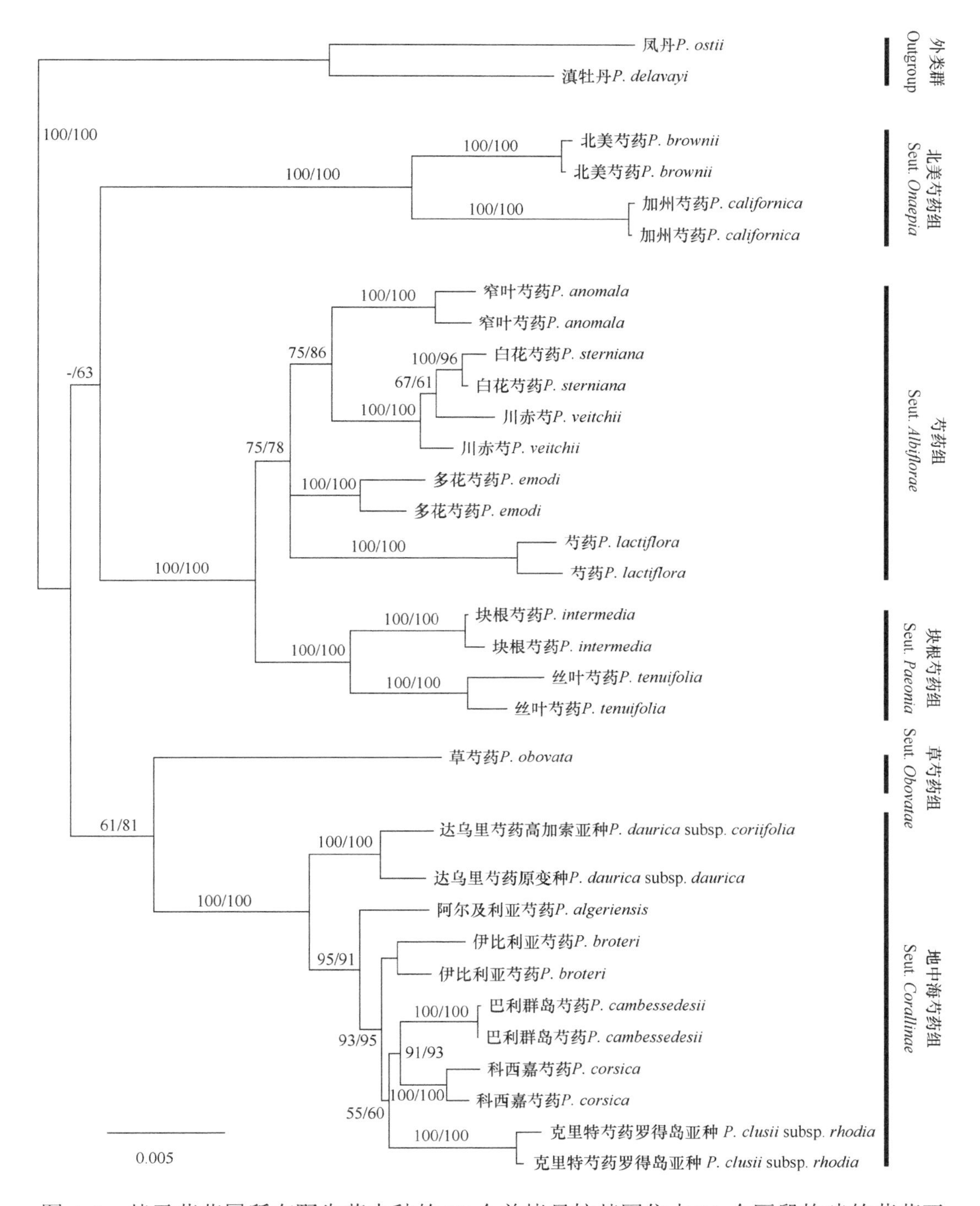

图 4-5 基于芍药属所有野生草本种的 20 个单拷贝核基因位点 25 个区段构建的芍药亚属谱系发生树（引自 Hong，2021，略有修改）

用 PAUP 谱系发生软件连接的序列，以牡丹亚属的两个种为外类群；分支上的数字表示用最大简约法/最大似然法分析的支持率，支持率低于 50%的用短横线表示

4.2.3 芍药属的新分类系统

形态性状的分化与分子树上的分支很是契合。因此，按分子树上的分支作为属下分类的基础，把两个大支作为两个亚属，把 7 个分支作为组处理。芍药属的分类系统如下。

芍药属 *Paeonia* L. (1753)

1. 牡丹亚属 subg. *Moutan* (DC.) Ser. (1849)

灌木。

1a. 滇牡丹组 sect. *Delavayanae* (Stern) Halda (1997)

花多朵，形成聚伞花序；花盘肉质，环状，仅包心皮基部。分布于东喜马拉雅和横断山地区。含 2 个种。

1. 大花黄牡丹 *Paeonia ludlowii* (Stern & G. Taylor) D. Y. Hong
2. 滇牡丹 *Paeonia delavayi* Franch.

1b. 牡丹组 sect. *Moutan* DC. (1824)

花单朵顶生；花盘革质或半革质，全包或半包心皮。分布于东喜马拉雅至中国东部。含 7 个种。

3. 四川牡丹 *Paeonia decomposita* Hand.-Mazz.
4. 圆裂牡丹 *Paeonia rotundiloba* (D. Y. Hong) D. Y. Hong
5. 紫斑牡丹 *Paeonia rockii* (S. G. Haw & Lauener) T. Hong & J. J. Li ex D. Y. Hong

5-1. 紫斑牡丹原亚种 subsp. *rockii*

5-2. 紫斑牡丹裂叶亚种 subsp. *atava* (Brühl) D. Y. Hong

6. 凤丹 *Paeonia ostii* T. Hong & J. X. Zhang
7. 矮牡丹 *Paeonia jishanensis* T. Hong & W. Z. Zhao
8. 中原牡丹 *Paeonia cathayana* D. Y. Hong & K. Y. Pan
9. 卵叶牡丹 *Paeonia qiui* Y. L. Pei & D. Y. Hong

牡丹（栽培品种）*Paeonia* × *suffruticosa* Andrews

2. 芍药亚属 subg. *Paeonia*

草本。

2a. 芍药组 sect. *Albiflorae* Salm-Dyck (1834)

花多朵；根胡萝卜状。分布于喜马拉雅至东亚。含 5 个种。

10. 芍药 *Paeonia lactiflora* Pall.
11. 多花芍药 *Paeonia emodi* Wall. ex Royle
12. 白花芍药 *Paeonia sterniana* H. R. Fletcher
13. 川赤芍 *Paeonia veitchii* Lynch

14. 窄叶芍药 *Paeonia anomala* L.

2b. 块根芍药组 sect. *Paeonia*

花单朵；主根不发达，侧根块状或纺锤状加粗；小叶细裂。分布于中亚、西亚、欧洲南部和地中海地区。含 7 个种。

15. 块根芍药 *Paeonia intermedia* C. A. Mey.

16. 丝叶芍药 *Paeonia tenuifolia* L.

17. 药用芍药 *Paeonia officinalis* L.

17-1. 药用芍药原亚种 subsp. *officinalis*

17-2. 药用芍药巴拉特亚种 subsp. *banatica* (Rochel) Soó

17-3. 药用芍药多裂亚种 subsp. *huthii* Soldano

17-4. 药用芍药意大利亚种 subsp. *italica* Passalacqua & Bernardo

17-5. 药用芍药小果亚种 subsp. *microcarpa* (Boiss. & Reut.) Nym.

18. 欧亚芍药 *Paeonia arietina* G. Anderson

19. 帕那斯芍药 *Paeonia parnassica* Tzanoud.

20. 巴尔干芍药 *Paeonia peregrina* Mill.

21. 沙氏芍药 *Paeonia saueri* D. Y. Hong, X. Q. Wang & D. M. Zhang

2c. 北美芍药组 sect. *Onaepia* Lindl. (1839)

花单朵或多至 6 朵；花瓣与萼片近等长；根稍纺锤状加粗。分布于北美西部。含 2 个种。

22. 北美芍药 *Paeonia brownii* Douglas ex Hook.

23. 加州芍药 *Paeonia californica* Nutt. ex Torr. & A. Gray

2d. 草芍药组 sect. *Obovatae* (Kom. ex Schipcz.) D. Y. Hong (2021)

花单朵；茎下部叶的小叶 9 或小叶和裂片数多达 14～17：心皮多为 2 或 3。分布于东亚。含 2 个种。

24. 草芍药 *Paeonia obovata* Maxim.

24-1. 草芍药原亚种 subsp. *obovata*

24-2. 草芍药毛叶亚种 subsp. *willmottiae* (Stapf) D. Y. Hong & K. Y. Pan

25. 美丽芍药 *Paeonia mairei* H. Lév.

2e. 地中海芍药组 sect. *Corallinae* Salm-Dyck (1834)

花单朵；茎下部叶的小叶加裂片数多为 10 以上，个别具 9，心皮数目多样，多为 1、4 或 5，少数种 2 或 3。分布于地中海地区，仅一种延伸至西亚。含 9 个种。

26. 阿尔及利亚芍药 *Paeonia algeriensis* Chabert

27. 伊比利亚芍药 *Paeonia broteri* Boiss. & Reut.

28. 巴利群岛芍药 *Paeonia cambessedesii* (Willk.) Willk.

29. 科西嘉芍药 *Paeonia corsica* Sieber ex Tausch

30. 达乌里芍药 *Paeonia daurica* Andrews
30-1. 达乌里芍药原亚种 subsp. *daurica*
30-2. 达乌里芍药高加索亚种 subsp. *coriifolia* (Rupr.) D. Y. Hong
30-3. 达乌里芍药彩花亚种 subsp. *mlokosewitschii* (Lomakin) D. Y. Hong
30-4. 达乌里芍药大叶亚种 subsp. *macrophylla* (Albov) D. Y. Hong
30-5. 达乌里芍药多毛亚种 subsp. *tomentosa* (Lomakin) D. Y. Hong
30-6. 达乌里芍药巴尔干亚种 subsp. *velebitensis* D. Y. Hong
30-7. 达乌里芍药黄花亚种 subsp. *wittmanniana* (Hartwiss ex Lindl.) D. Y. Hong
31. 克里特芍药 *Paeonia clusii* Stern
31-1. 克里特芍药原亚种 subsp. *clusii*
31-2. 克里特芍药罗得岛亚种 subsp. *rhodia* (Stearn) Tzanoud.
32. 革叶芍药 *Paeonia coriacea* Boiss.
33. 地中海芍药 *Paeonia mascula* (L.) Mill.
33-1. 地中海芍药原亚种 subsp. *mascula*
33-2. 地中海芍药土耳其亚种 subsp. *bodurii* N. Özhatay
33-3. 地中海芍药爱琴海亚种 subsp. *hellenica* Tzanoud.
33-4. 地中海芍药西西里亚种 subsp. *russoi* (Biv.) Cullen & Heywood
34. 西亚芍药 *Paeonia kesrouanensis* (Thiébaut) Thiébaut

第 5 章　芍药属的进化与生物地理分布

5.1　芍药属的现代分布式样

芍药属（科）现代地理分布式样（图 5-1，阴影部分）可归纳为以下 5 个特点。①分为不连续的三大块：亚洲、地中海及周边地区、北美西部。其中，亚洲地区又可分为三小块，即泛喜马拉雅、东亚和中亚，前两小块与中亚仅由 *P. lactiflora* 和 *P. anomala* 在东西伯利亚贝加尔湖以东部分相邻，*P. anomala* 向欧洲东北部延伸至科拉（Kola）半岛。②两个分布中心，即地中海地区和泛喜马拉雅地区。全属共 34 个种，地中海地区集中了 14 种，泛喜马拉雅地区有 11 种。因此地中海地区集中了最多物种。③地中海地区是多倍体物种的分布中心。芍药属共有 9 个四倍体种，其中 8 个在地中海地区，只有一个在泛喜马拉雅地区。因此地中海地区既是物种分布中心，也是多倍体物种的分布中心。④泛喜马拉雅地区也是多样性分布中心，它集中了 2 个亚属 4 个组，而地中海地区仅有一个亚属 2 个组（表 5-1）。因此泛喜马拉雅地区既是物种分布的中心，又是多样性分布中心。⑤牡丹亚属 subg. *Moutan* (DC.) Ser. 或芍药属的木本植物共 9 个种集中于东喜马拉雅至中国中部（东至安徽），为中国所特有。

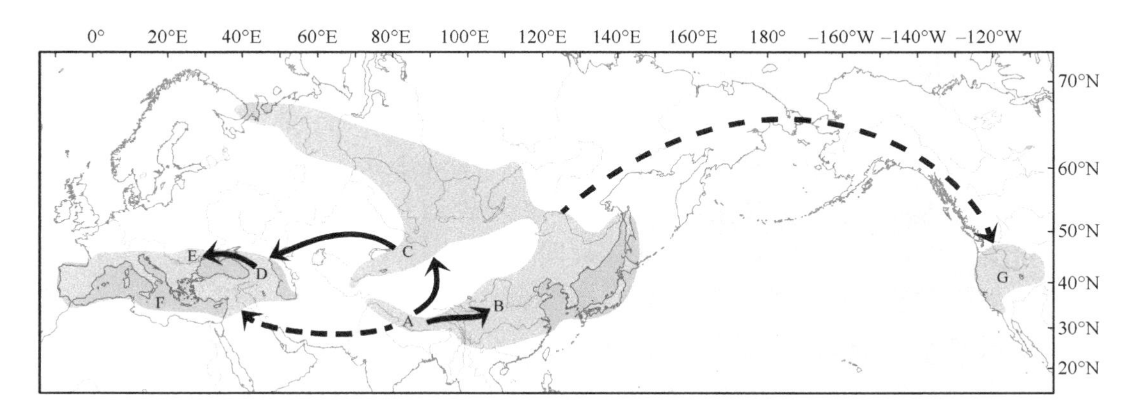

图 5-1　芍药属从泛喜马拉雅向外扩散和迁移（引自 Hong，2021，略有修改）

（1）牡丹亚支（*Moutan* Subclade）从泛喜马拉雅（A）向东亚（B）迁移；（2）芍药亚支（*Albiflorae* Subclade）由 A 向 B 迁移；（3）芍药亚支（*Albiflorae* Subclade）由 A 向中亚（C）迁移（仅有窄叶芍药 *P. anomala*）；（4）块根亚支（*Paeonia* Subclade）从 C 向高加索和小亚细亚（D）迁移；（5）块根亚支（*Paeonia* Subclade）从 D 向欧洲南部（E）迁移；（6）芍药亚支（*Albiflorae* Subclade）从 A 向地中海地区（F）迁移，因无可靠证据，用虚线表示；（7）芍药亚支（*Albiflorae* Subclade）从 B 向北美西部（G）迁移，因缺乏可靠证据，用虚线表示

表 5-1 芍药属的地理分区与其中两个分支和 7 个亚支的分布（引自 Hong，2021，略有修改）

地区	泛喜马拉雅 (A)	东亚 (B)	中亚 (C)	高加索和小亚细亚 (D)	欧洲南部 (E)	地中海 (F)	北美西部 (G)
支	木本和草本	木本和草本	草本	草本	草本	草本	草本
亚支和物种	***Delavayanae***	***Moutan***	***Lactiflorae***	***Paeonia***	***Paeonia***	***Corallinae***	***Onaepia***
	P. ludlowii	*P. rockii*	*P. anomala*	*P. tenuifolia*	*P. tenuifolia*	*P. daurica*	*P. brownii*
	P. delavayi	*P. ostii*			● *P. officinalis*	*P. clusii*	*P. californica*
		P. qiui	***Paeonia***	***Corallinae***		*P. corsica*	
	Moutan	*P. jishanensis*	*P. intermedia*	*P. daurica*	***Corallinae***	*P. cambessedesii*	
	P. decomposita	*P. cathayana*			*P. daurica*	*P. broteri*	
	P. rotundiloba					*P. algeriensis*	
	P. rockii	***Lactiflorae***				● *P. mascula*	
		P. lactiflora				● *P. kesrouanensis*	
	Lactiflorae	*P. veitchii*				● *P. coriacea*	
	P. emodi						
	P. sterniana	***Obovatae***				***Paeonia***	
	P. lactiflora	*P. obovata*				● *P. arietina*	
	P. veitchii	● *P. mairei*				● *P. officinalis*	
						● *P. peregrina*	
	Obovatae					● *P. saueri*	
	P. obovata					● *P. parnassica*	
	● *P. mairei*						

5.2 泛喜马拉雅——牡丹和芍药的摇篮

为了较准确地确定芍药属的祖先类群，然后跟踪它的迁移路线，从而揭示芍药属现今地理分布式样的形成历史，我们把芍药属地理分布细分成 7 块（表 5-1），即泛喜马拉雅（A）、东亚（B）、中亚（C）、高加索和小亚细亚（D）、欧洲南部（E）、地中海地区（F）、北美西部（G），但需要特别说明的是 E 和 F 之间没有明确界限。

确定芍药属的祖先类群有两大难点：一是芍药属至今没有可靠的化石；二是难觅其近亲。我们的分子钟分析结果显示（图 5-2 和图 5-3；Hong，2021），芍药属所在的虎耳草目起源于 95.24 百万年前（晚白垩纪），这与 Wikström 等（2001）在建立被子植物科间关系的同时用非参数速率平滑法推算的时间 1.2 亿年相差 12.5 百万年；芍药科（属）和该目其他科分野发生在 78.24 百万年前，而芍药科（属）冠群（crown group）开始分化在 27.96 百万年前。这说明芍药科干群（stem group）分化的时间有可能长达 50.28 百万年。因此，只有通过谱系基因组学分析和形态学分析来探讨芍药科祖先类群这一难题。

由图 4-4 和图 4-5 可知，*Delavayanae* 支（= subg. *Moutan* sect. *Delavayanae*）、*Albiflorae* 支（= subg. *Paeonia* sect. *Albiflorae*）和 *Onaepia* 支（= subg. *Paeonia* sect. *Onaepia*）是基部类群（Hong，2021）。而且它们有 5 个共同特征：①根向下渐细，

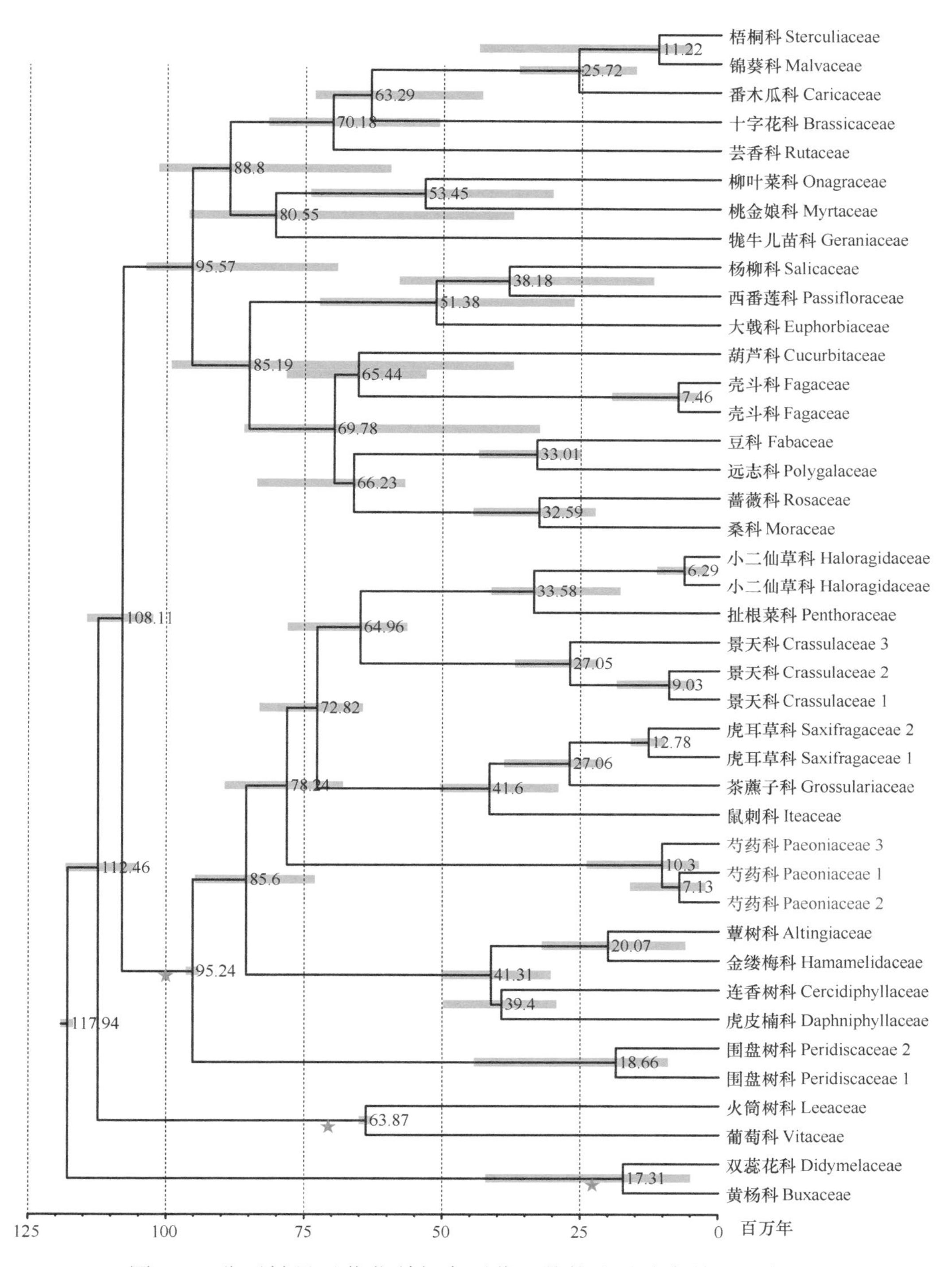

图 5-2　分子钟显示芍药科与虎耳草目其他成员分离的记时年图

（引自 Hong，2021，略有修改）

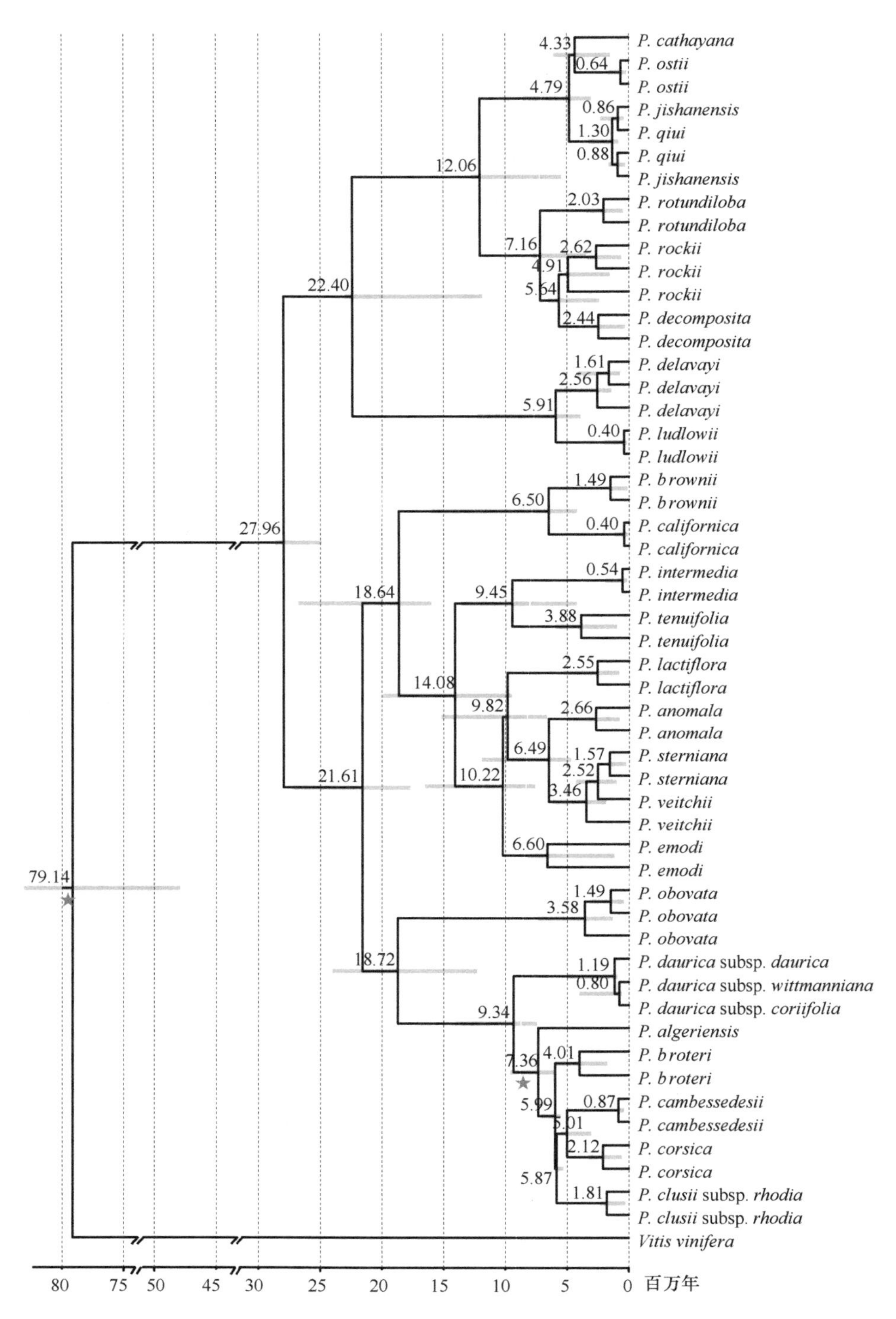

图 5-3　基于 20 个单拷贝核基因位点 25 个区段构建的芍药属谱系发生树

（引自 Hong，2021，略有修改）

以 stemage 和地中海形成时期校准，判断芍药属分化的时间不为块状或纺锤状（*Onaepia* 支除外）；②小叶分裂成多枚中等宽度的裂片（图 5-4）；③茎多花（包括花和不发育的花蕾）；④花盘肉质，环状（图 5-5）；⑤二倍体。这些特征可以认为是它们的祖征。具有这些特征的类群，除 sect. *Onaepia* 外，都分布于

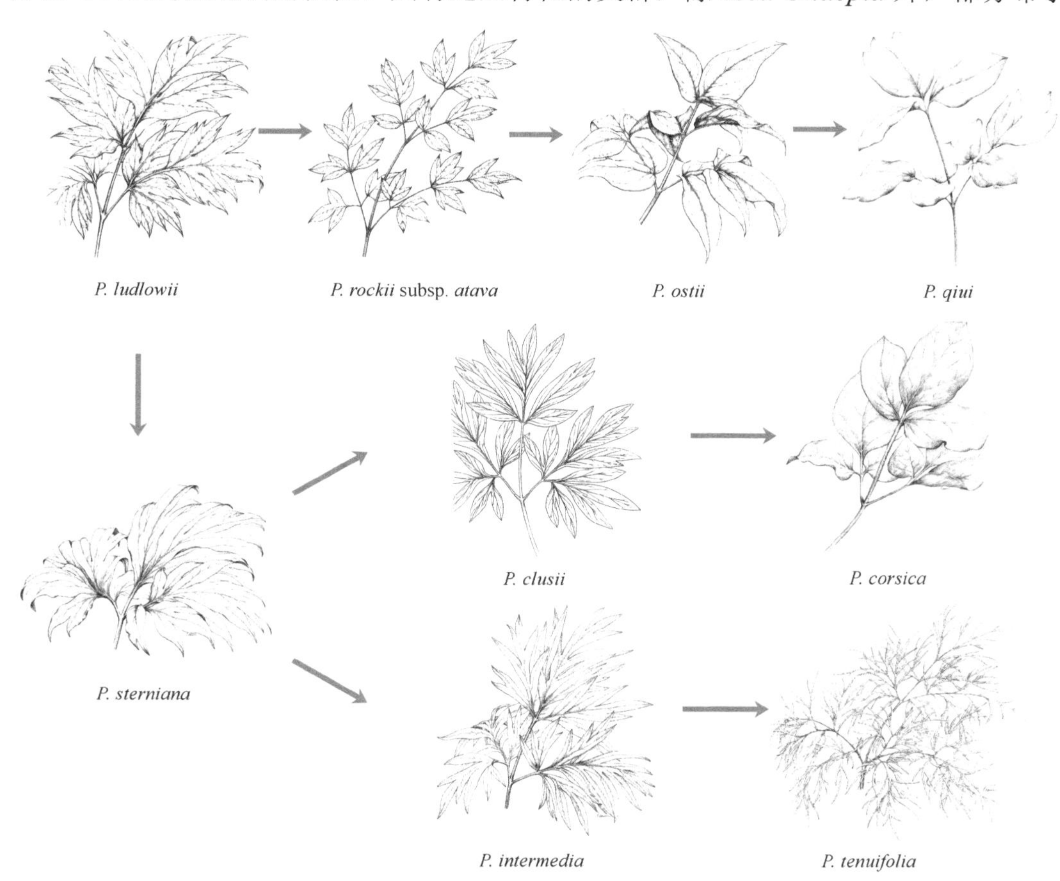

图 5-4　芍药属物种叶片从泛喜马拉雅向外辐射形成的 3 条进化线（引自 Hong，2021，略有修改）

图 5-5　芍药属木本类群（牡丹亚属）花盘伴随着从泛喜马拉雅向东亚迁移的进化趋势（由 a 向 d）

a. 肉质，短而成环状，大花黄牡丹 *P. ludlowii* (Stern & G. Taylor) D. Y. Hong；b. 半革质，包子房的 1/3，四川牡丹 *P. decomposita* Hand.-Mazz.；c. 半革质，包着整个子房，圆裂牡丹 *P. rotundiloba* (D. Y. Hong) D. Y. Hong；d. 革质，全包心皮，矮牡丹 *P. jishanensis* T. Hong & W. Z. Zhao

泛喜马拉雅地区。我们在芍药属地理分布区的外围才能看到许多衍生的性状；如花单生，花盘革质；再如包着整个心皮，根块状或纺锤状；又如小叶不分裂或极多分裂成条形或丝状；还可观察到众多四倍体。可以说，泛喜马拉雅地区是芍药属原始类群的分布中心。图 5-4 和图 5-5 明确地展示了芍药属原始类群从喜马拉雅地区向外扩展，形态性状进化的趋势。

泛喜马拉雅地区不仅是芍药属原始类群的分布中心，也是多样性程度最高的地区。表 5-1 清晰地显示 7 个分布区的多样性程度。泛喜马拉雅具 2 个亚属 4 个组；东亚次之，有 2 个亚属 3 个组；中亚、高加索和小亚细亚、欧洲南部和地中海地区都是 1 个亚属 2 个组；北美西部只有 1 个亚属 1 个组。

从两棵高分辨率的谱系发生树看（图 4-4，图 4-5），*Paeonia ludlowii*、*P. emodi*、*P. sterniana* 和 *P. veitchii* 是芍药属最早期分化的产物。它们共有上述的 5 个祖征，按照分子钟推算（图 5-2；图 5-3），芍药属冠群的分化始于 27.96 百万年前，且这一分化是快速的，可能造成不完全谱系分选，从而导致草本大支最早分成 3 支（图 4-4）。芍药属的这一快速分化与喜马拉雅山脉的快速隆升时间相吻合。喜马拉雅山脉的快速隆升造成了这一地区地形、地貌和环境的高度分化，也为生物多样性的形成奠定了基础。

5.3 走出泛喜马拉雅

能够说明走出泛喜马拉雅地区这一事件的最突出例子是野生的 9 种牡丹。它们从喜马拉雅向东扩散至邻近的东亚，形态特征发生了一系列特化：茎下部叶片从小叶加裂片数目合计逾百（*P. ludlowii*）到仅有 15（*P. qiui*）（图 5-4）；花盘从肉质、环状、具齿，仅包围心皮基部（*P. ludlowii*）直至完全革质，全包心皮（*P. jishanensis*）（图 5-5）；从聚伞花序（*P. ludlowii*）到单花顶生（*P. rockii* 等 7 种）。

草本的芍药亚属也留下了走出泛喜马拉雅并向整个北温带扩散的明显痕迹。早期在泛喜马拉雅地区分化形成的芍药亚属 3 个草本种，即 *P. emodi*、*P. sterniana* 和 *P. veitchii*，它们有 4 个共同特征，即根胡萝卜状，茎下部叶的小叶加裂片数目达到近百（图 5-4），花集成聚伞花序和二倍体。而在泛喜马拉雅以外地区，还可以看到芍药亚属其他物种的衍生性状，如在中亚、高加索和小亚细亚、欧洲南部、地中海地区，能见到纺锤状根（北美西部的 2 个种：*P. brownii* 和 *P. californica*）和块状根（*P. intermedia* 和 *P. tenuifolia*）以及地中海地区有串珠状根（*P. arietina* 和 *P. parnassica*）；除东亚的 *P. lactiflora*、北美西部的 2 个种和中亚的 *P. anomala* 外，花全都单朵顶生；在北美西部的 2 个种的花冠与花萼近等高或稍高；在泛喜马拉雅区以外地区还可以看到茎下部叶的两个极端例子，一个是地中海科西嘉岛的 *P. corsica*，其小叶全缘，仅有 9 小叶，另一个是高加索和小亚细亚和欧洲南部地区的 *P. tenuifolia* 则小叶加裂片无数；泛喜马拉雅的 3 个草本种都是二倍体，东亚和中亚唯一的四倍体 *P. mairei*，出现在泛喜马拉雅地区东缘及其以东地区，其他 8 个四倍体种都在高加索和小亚细亚、欧洲南部、地中海地区。

综上所述，有理由认为芍药属植物由泛喜马拉雅地区出发，向北温带其他地区迁移、扩散（图 5-1）。其中，A 至 B、A 至 C、C 至 D 3 条路线清晰可循。A 和 B 之间有紧密亲缘类群相连，如共有牡丹亚属 subg. *Moutan* 和芍药亚属芍药组 sect. *Albiflorae*；A 和 C 之间有芍药组相连，其中，C 中的 *P. anomala* 和 A 中的 *P. veitchii* 还是杂交可育的两个近缘种；C 中的 *P. intermedia* 和 D 中的 *P. tenuifolia* 也有紧密的亲缘，二者都有块状根，都在芍药亚属的块根芍药组 sect. *Paeonia*，小叶都细裂，裂片数是本属植物中最高的。图 5-1 中两条用虚线表示的路线，只能做部分肯定、部分推测的陈述。B 至 G 路线，G 中的两个种 *P. brownii* 和 *P. californica* 在北美的温带地区也有分布，这样的东亚-北美间断分布在许多被子植物类群中也有出现，已经由不少学者论述过，其中也有我的论述（Hong，1983b，1993）。这种间断分布发生在中新世（Miocene）中后期，通过白令海峡的双向迁移形成。G 的芍药极有可能也在那时由东亚通过白令海峡迁移过去。但是，东亚的草本类群有 4 个种，即 *P. veitchii*、*P. mairei*、*P. obovata* 和 *P. lactiflora*。*P. veitchii* 虽是原始类型，但它向东北只达山西五台山；*P. mairei* 是四倍体，而且很特化；*P. obovata* 仅有 9 小叶，且不分裂，而且花单朵顶生，几乎不可能有两个性状同时返祖而成为北美两个种的祖先。因此，可能性最大的是 *P. lactiflora* 或其已绝灭的近缘类群，它经花冠退化、缩小，根稍纺锤状加粗而衍生出北美芍药组的后裔。*P. lactiflora* 与北美芍药组都有一茎多花、小叶中度分裂这两个祖征，而且分布区所在的纬度也很接近。A 至 F 的迁移路线推测的程度很大。在 D、E 和 F 3 个区，芍药属只有两个组：块根芍药组 sect. *Paeonia* 的根块状，小叶多次分裂，裂片极为狭窄，显然是由中亚的 *P. intermedia* 迁移过去后分化、杂交产生的；地中海芍药组 sect. *Corallinae* 的根胡萝卜状，小叶中度分裂至很少分裂，不太可能由 sect. *Paeonia* 衍生而来。因此，推测它们的祖先是 A 的草本类型，即前面说过的 3 个草本种或 *P. obovata*。且在芍药属谱系发生树上（图 4-4）sect. *Corallinae* 与 *P. obovata* 聚成一支，虽然支持率不高。所以，由 *P. obovata* 或泛喜马拉雅地区的某一草本类型，如 *P. emodi* 等，经由南线向西迁移的可能性较大。虽然南线所在地区现在是干旱地带，没有芍药属植物的生存条件，但在历史上曾有过较为湿润的时期。

5.4　杂交和网状进化

芍药属的显著特点之一是由于杂交和多倍化造成的网状进化（Sang et al.，1995，1997；Sang and Zhang，1999）。芍药属的二倍体种能保持完整是因为地理和生境隔离。它们一旦相遇，就常发生杂交，产生异源四倍体（图 5-6）。由此产生的物种至少有 9 个。芍药属中至少有 8 个二倍体分类群（6 个种，2 个亚种）参与了这一过程。*Paeonia algeriensis*、*P. clusii* subsp. *rhodia*、*P. corsica*、*P. daurica* subsp. *daurica* 和 subsp. *coriifolia*、*P. obovata* subsp. *obovata*，以及 *P. veitchii* 作为母本，而 *P. algeriensis*、*P. clusii*

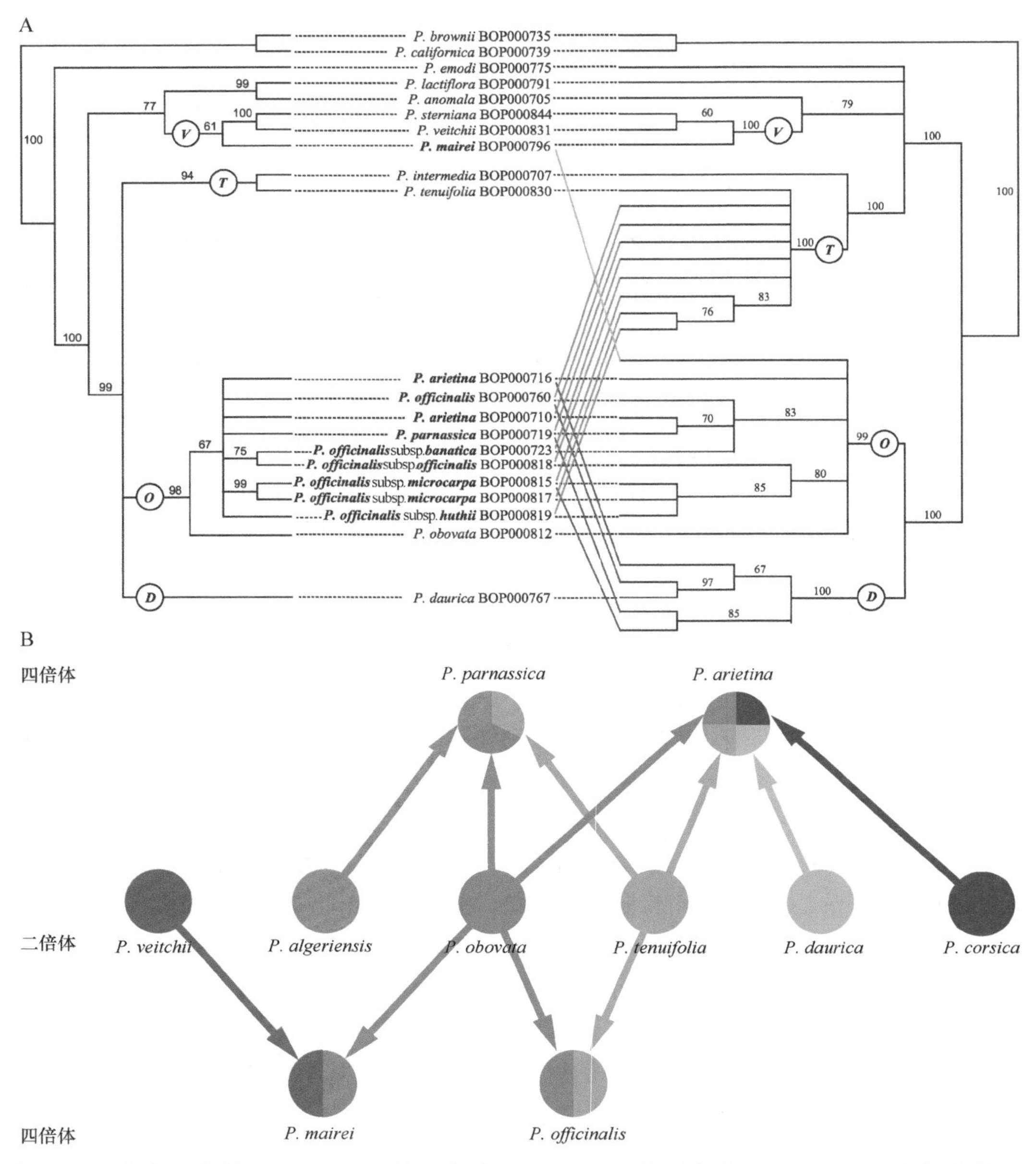

图 5-6　以欧亚芍药 *P. arietina*、美丽芍药 *P. mairei* 和药用芍药 *P. officinalis* 为代表的芍药属异源四倍体的起源

A. 左边以 14 个叶绿体基因构建的最大简约树；右边以 20 个单拷贝核基因位点 25 个区段构建的最大简约树；分支上的 V、T、O 和 D 指明亲本的谱系，与叶绿体分支对应的基因副本来源于母本或父本（引自 Zhou et al. 2020）。B. A 的简化图。分布于亚洲的 *Paeonia obovata* 与 *P. veitchii* 杂交，产生四倍体 *P. mairei*，但在欧洲 *P. obovata* 或它的已消失的近缘又是另外 3 个四倍体杂种的亲本

subsp. *rhodia*、*P. corsica*、*P. daurica* subsp. *daurica*、*P. obovata* subsp. *obovata*，以及 *P. tenuifolia* 作为父本。其中，*P. daurica* subsp. *daurica*、*P. tenuifolia* 和 *P. obovata* subsp. *obovata* 是重要亲本。泛喜马拉雅和东亚地区唯一的异源四倍体——*P. mairei*，就是

由 *P. veitchii* 和 *P. obovata* subsp. *obovata* 杂交产生的。

有两条途径导致自然界异源四倍体的形成。一条途径是两个二倍体杂交后的基因组加倍，这广泛地出现在植物中（Wood et al.，2009）；另一条途径始于两个异源四倍体的种间杂交，其杂交种与亲本具有同倍的染色体组成，被称为同倍体杂交物种形成（homoploid hybrid speciation，HHS），它更容易发生。Ferguson 和 Sang（2001）认为，*P. officinalis* 是两个四倍体种 *P. arietina* 和 *P. peregrina* 杂交产生的杂交种。含有多于两个染色体组的物种更可能是经由 HHS 途径产生。这样的物种难以用形态性状鉴定出来，容易造成标本的误定。表 5-1 显示芍药属多倍体的分布，一共有 9 个多倍体种，全都是异源四倍体，在地中海地区（F）和欧洲南部（E）集中了 8 个种，在泛喜马拉雅（A）和东亚（B）交界或相邻地区有一个——*P. mairei*。早在 1941 年，Barber 就在 *Nature* 上发表了四倍体分布格局，指出二倍体分布范围狭窄，四倍体分布范围大得多，并把这种分布格局与冰川活动联系起来，但未将其与杂交和网状进化相联系（Barber，1941）。

在上新世后期和更新世早期，欧洲的大陆冰川活动比东亚强很多。芍药属植物被前进中的冰川驱赶至地中海的半岛和岛屿上，而在冰后期随冰川后退向北回迁。冰进、冰退这样的循环为芍药属不同物种相遇和杂交提供了机会，异源四倍体种比二倍体种更能适应寒冷的区域，在南欧和地中海地区生存下来的机会更大，而它们的亲本多被驱赶到地中海的半岛或岛屿上或绝灭了（Barber，1941）。与欧洲-地中海的四倍体种形成明显对照的是，亚洲芍药属的物种形成多发生在二倍体水平上，唯一例外的是 *P. mairei*，它是两个二倍体种 *P. veitchii* 和 *P. obovata* subsp. *obovata* 的杂交产物。

第 6 章 “花王牡丹”诞生记

中国牡丹传统栽培品种（*Paeonia* × *suffruticosa* Andrews）早在 1600 年前就有栽培记录（中国牡丹全书编纂委员会，2002）；由于其花色艳美和香气袭人，栽培牡丹在唐代就被誉为“花中之王”，象征着幸福、富有和昌盛。宋朝就描述了 203 个栽培品种（Chen，1999）。现代在温带的公园和庭院里普遍栽培，仅中国就有上千个品种。

牡丹传统栽培品种的起源一直十分受人关注，有人推测种间杂交是产生栽培品种的途径（Haw and Lauener，1990；洪德元和潘开玉，1999；Hong and Pan，1999；Haw，2001b；Hong，2010；Yuan et al.，2010，2013），但至今没有令人信服的证据确认牡丹传统栽培品种的起源，也没有指出哪些野生种参与了杂交。

6.1 深入认识牡丹传统栽培品种和牡丹野生种

18 世纪末，牡丹栽培品种经广州传入欧洲。之后不久，就有几个种和变种被描述，*Paeonia suffruticosa* Andrews (1804)是植物学文献中描述的第一种牡丹，接着依次是 *P. suffruticosa* var. *purpurea* Andrews (1807)、*P. papaveracea* Andrews (1807)和 *P. moutan* Sims (1808)。按照原始描述和配图，这些分类单元都是牡丹栽培品种。随着更多栽培牡丹被引入欧洲，被描述的品种数目也快速增加。Seringe（1849）记录了 24 个栽培品种。

直至 1886 年，第一个采自云南西北部丽江的野生牡丹才被法国人 Franchet 描述为 *Paeonia delavayi* Franch.（Franchet，1886）。同时，他还描述了另一个种 *P. lutea* Delavay ex Franch.，采自云南洱源。这两个分类单位与栽培牡丹有明显区别：它们的花集成聚伞花序（对花单朵），花盘肉质，仅包心皮基部（对革质，全包心皮），小叶多次分裂（对全缘或浅裂）。大约 30 年后又有几个野生种和变种被描述：*P. delavayi* var. *angustiloba* Rehder & Wilson (1913)，采自四川康定；*P. potaninii* Kom. (Komarov, 1921)，也采自康定；*P. trollioides* Stapf ex Stern (1931)，采自云南西北部；*P. lutea* var. *ludlowii* Stern & G. Taylor (1951)[= *P. ludlowii* (Stern & G. Taylor) D. Y. Hong (1997)]，采自西藏东南部。它们都与 *P. delavayi* 相似，也具有多数小叶和叶裂片。另外，还有采自四川西北部的两种野生牡丹：*P. decomposita* Hand.-Mazz. (Handel-Mazzetii, 1939)[包括一个异名 *P. szechuanica* W. P. Fang (1958)]和 *P. rotundiloba* (D. Y. Hong) D. Y. Hong (2011)，这两个种的茎下部叶有许多小叶和裂片（29～71），花盘并不包裹整个心皮，也和栽培牡丹大不相同。因此，上面提到的所有野生牡丹都不可能是牡丹传统栽培品种的近亲。

Brühl（1896）第一次描述了与传统栽培品种近缘的野生类型 *P. moutan* Sims subsp. *atava* Brühl (1896)，标本采自西藏东南部亚东县的春丕谷。1996 年，我们在春丕谷周围花了很长时间艰苦地寻找这种野生牡丹，未得。根据 Brühl 的线条图（Brühl，1896，pl. 126）和描述，可以肯定表明 *P. moutan* subsp. *atava* 与生长于陕西太白山的野生牡丹相同。1960 年前，这种野生牡丹在太白山很是常见，当地海拔 1800 m 的大殿（喇嘛庙）前有很多从附近林中采来的这种野生牡丹。据推测，喇嘛们又把这种野生牡丹带到了西藏的喇嘛庙，因为我们在日喀则扎什伦布寺的院里也见到了这种牡丹，现已被命名为 *Paeonia rockii* subsp. *atava* (Brühl) D. Y. Hong (2005) [= *P. rockii* subsp. *taibaishanica* D. Y. Hong (1998)]。

Rehder（1920）根据 W. Purdom 采自陕西的两号标本，描述了与牡丹传统栽培品种近缘的第二种野生牡丹 *P. suffruticosa* var. *spontanea* Rehder（矮牡丹 *P. jishanensis*）。

Stern（1946）的书就是描写牡丹和芍药的专著，在他的著作中，*P. suffruticosa* 的范围并不清晰。他表明许多庭院类型都有了名称，但它们都包括在 *P. suffruticosa* 范围内，这是对的，然而他在此名下引证的标本全都在 *P. suffruticosa* 范围之外。例如，来自中国西藏、甘肃和不丹（移栽的野生类型）的标本全都属于 *P. rockii*，来自四川康定的标本属于 *P. delavayi*。他认同的牡丹其他类群是 *P. suffruticosa* var. *spontanea*、*P. delavayi*、*P. lutea*、*P. potaninii* 和 *P. potaninii* var. *trollioides*。所以，Stern 的 *P. suffruticosa* 的范围含糊不清，他也没有清晰地阐述栽培牡丹与他认同的野生牡丹之间的关系。可见 Stern 对牡丹传统栽培品种起源的研究并没有什么贡献。

与牡丹传统栽培品种近缘的另一些分类群是 20 世纪 90 年代描述的。Haw 和 Lauener（1990）讨论 *P. suffruticosa* Andrews 的种下分类群，将其分为 3 个亚种：subsp. *suffruticosa*，包括所有栽培品种；subsp. *spontanea*（Rehder）S. G. Haw & Lauener (= *P. suffruticosa* var. *spontanea* Rehder)，来自陕西和山西，茎下部叶具有 9 小叶的野生类型；subsp. *rockii* S. G. Haw & Lauener（新亚种），模式标本采自甘肃东南部（Farrers 的 Chien Jo），R. J. Farrer no8 (?)，存于爱丁堡皇家植物园标本馆（E）。但实际上新亚种 subsp. *rockii* 包含两个类型：秦岭南坡的模式类型小叶大多全缘，而另一个类型来自秦岭北坡，小叶大多有 2～4 裂片，以及他们引证的标本 T. N. Liou et al. 127 (PE)。后者实际上就是他们的可疑分类群 *Paeonia suffruticosa* Andrews subsp. *atava* Brühl（正确的学名是 *P. moutan* Sims subsp. *atava* Brühl）。Haw 和 Lauener 首次澄清了 *P. suffruticosa* 包含 3 个亚种，其中原亚种包括所有栽培类型；另外 2 个亚种则分别代表一种野生类型。

在 Haw 和 Lauener（1990）的文章发表后不久，洪涛及其合作者发表了 3 篇文章，描述了数个牡丹新种。洪涛等（1992）描述了 3 个新种：*P. ostii* T. Hong & J. X. Zhang、*P. jishanensis* T. Hong & W. Z. Zhao 和 *P. yananensis* T. Hong & M. R. Li，并把 *P. suffruticosa* subsp. *rockii* S. G. Haw & Lauener 提升为种 *P. rockii* (S. G. Haw & Lauener) T. Hong & J. J. Li，但该种名并不是合格发表，使之合格发表的是 D. Y. Hong

（洪德元，1998）。洪涛和 Osti（1994）描述了一个新亚种 *P. rockii* subsp. *linyanshanii* (Halda) T. Hong & G. L. Osti，并把 *P. suffruticosa* var. *spontanea* (Rehder) T. Hong & W. Z. Zhao 提升至种 *P. spontanea* (Rehder) T. Hong & W. Z. Zhao。三年后，洪涛和戴振伦（1997）又描述了两个新种，即 *P. ridleyi* Z. L. Dai & T. Hong（标本采自湖北保康县）和 *P. baokangensis* Z. L. Dai & T. Hong，文中描述 *P. baokangensis* 的模式标本采自"湖北：保康，后坪镇东风沟海拔 1600 m，灌木林中；1996 年 5 月 2 日，戴振伦，冉东亚，李清道 96047（主模式，存湖北保康县林科所）"。但作者之一，戴振伦先生如实告诉我们上述的采集地是洪涛编造的。他带我们去离县城不远的后坪镇洪家院祁新华家门口指着一株牡丹，说那就是采模式标本的植株。

裴颜龙和洪德元（1995）依据采自湖北西部神农架的标本描述了一个牡丹新种 *P. qiui* Y. L. Pei & D. Y. Hong。洪德元及其合作者描述了一个新亚种 *P. suffruticosa* subsp. *yinpingmudan* D. Y. Hong, K. Y. Pan & Z. W. Xie，标本来自安徽巢湖银屏山（洪德元等，1998），当时错将标本叶片认为是茎下部的一个完整叶片，它看上去很像 *P. suffruticosa* 模式的叶片。

洪德元和潘开玉依据在山西、陕西、河南西部和湖北西部进行的广泛野外考察，对 *P. suffruticosa* 复合群作了一次分类修订（Hong and Pan，1999），把西藏东南部、云南和四川西部的物种（*P. ludlowii*、*P. delavayi* 和 *P. decomposita*）和产于上述地区以东的 *P. suffruticosa* 复合群分开，在两群之间画了一条清晰的界线（前者心皮无毛对应后者密被毛；前者花盘开花时不全包心皮对应后者全包；茎下部叶的小叶加裂片前者通常 29～71 对应后者通常 9～30）。在 *P. suffruticosa* 复合群内，区分出 5 个物种：*P. suffruticosa*（带两个亚种，即 subsp. *suffruticosa* 和 subsp. *yinpingmudan*）、*P. jishanensis*、*P. qiui*、*P. ostii* 和 *P. rockii*。其中，*P. rockii* 包含两个亚种，即 subsp. *rockii* 和 subsp. *taibaishanica* D. Y. Hong (1998) [= subsp. *atava* (Brühl) D. Y. Hong (2005)]。

洪德元和潘开玉（1999）对整个牡丹亚属做了分类修订。虽然保留了 *P. suffruticosa* 复合群的原处理，但增加了该亚属的其他种：*P. delavayi*、*P. ludlowii* 和 *P. decomposita*，其中，*P. decomposita* 有两个亚种，即 subsp. *decomposita* 和 subsp. *rotundiloba* D.Y. Hong [= *P. rotundiloba* (D. Y. Hong) D. Y. Hong (Hong, 2011)]。洪德元和潘开玉描述了牡丹的一个新种中原牡丹 *P. cathayana* D. Y. Hong & K. Y. Pan，依据的是河南西部嵩县民房旁的一株牡丹（Hong and Pan，2007），据房主杨惠芳先生回忆，这是他 1960 年前后从附近山上引来的。至此，牡丹亚属有 9 个野生种，其中，4 个（*P. delavayi*、*P. ludlowii*、*P. decomposita* 和 *P. rotundiloba*）分布于中国西南部，可称为西部类群），5 个（*P. cathayana*、*P. jishanensis*、*P. ostii*、*P. qiui* 和 *P. rockii*）在我国中部，可称为东部类群（图 6-1）。所有 9 种野生牡丹现状的更多信息已记载在 *PEONIES of the World: Phylogeny and Evolution* 中的 Appendix II 中（Hong，2021）。

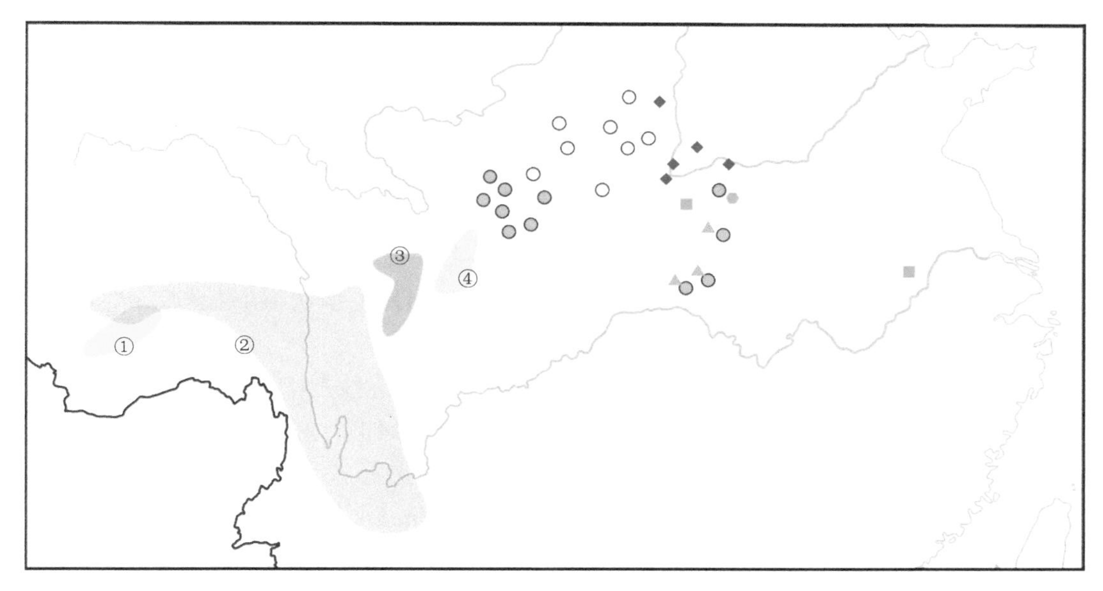

图 6-1　牡丹亚属 9 个野生种在中国的分布

①大花黄牡丹 *Paeonia ludlowii* (Stern & G. Taylor) D. Y. Hong；②滇牡丹 *P. delavayi* Franch.；③四川牡丹 *P. decomposita* Hand.-Mazz.；④圆裂牡丹 *P. rotundiloba* (D. Y. Hong) D. Y. Hong。●紫斑牡丹 *P. rockii* subsp. *rockii*；○紫斑牡丹裂叶亚种 *P. rockii* subsp. *atava*；◆矮牡丹 *P. jishanensis* T. Hong & W. Z. Zhao；■凤丹 *P. ostii* T. Hong & J. X. Zhang；▲卵叶牡丹 *P. qiui* Y. L. Pei & D. Y. Hong；⬢中原牡丹 *P. cathayana* D. Y. Hong & K. Y. Pan

6.2　关于“花王牡丹”起源的推测

已经有几个野生种被描述为牡丹的野生类型，因此可以推测它们是“花中之王”的祖先。第一个是 *P. moutan* Sims (= *P. suffruticosa*) subsp. *atava* Brühl (1896)；第二个是 *P. suffruticosa* var. *spontanea* Rehder (1920)；第三个是 *P. suffruticosa* subsp. *rockii* S. G. Haw & Lauener，模式标本采自甘肃东南部的武都；第四个是 1998 年描述的 *P. suffruticosa* subsp. *yinpingmudan*（洪德元等，1998），当时认为它是花王牡丹的近亲。但是，第一和第三个实际上就是 *P. rockii*，第二个已改名为 *P. jishanensis*，而第四个是 *P. ostii* 的异名。因此，*P. rockii*、*P. ostii*、*P. jishanensis* 都成了 *P. suffruticosa* 的近亲。还有 *P. qiui* 和 *P. cathayana* 也曾被认为是 *P. suffruticosa* 的近亲（洪德元和潘开玉，1999；Hong and Pan，1999，2007）。这样，牡丹亚属牡丹组 subg. *Moutan* sect. *Moutan* 的野生种都被认为有可能参与了花王牡丹的起源。

1994 年，在陕北延安考察牡丹时，我们观察到一个被描述为 *P. yananensis*（洪涛等，1992）的杂种，当时认为它是 *P. rockii* 和 *P. jishanensis* 的杂种，因为它兼有两者的若干性状。它在牡丹园旁边的万花山上自然生长，那里 *P. rockii* 和 *P. jishanensis* 同在园中生长（洪德元和潘开玉，1999；Hong and Pan，1999）。

1997 年 5 月，我们在湖北保康县后坪镇农家院里发现了洪涛和戴振伦（1997）发表的新种 *P. baokangensis*，经过观察，我们认为它是一个杂种，亲本为 *P. rockii*

和 *P. qiui*，因为它带有这两个种的性状，而且两亲本生长在当地不同的山上（洪德元和潘开玉，1999；Hong and Pan，1999）。

在发现上述两个杂种之后，我们就提出牡丹组 sect. *Moutan* DC.中的野生种之间发生杂交的可能性很高（Hong and Pan，1999），因为它们都是二倍体，核型分化不明显（见第 2 章）。但我们当时仍然承认银屏牡丹 *P. suffruticosa* subsp. *yinpingmudan*（Hong and Pan，1999），因为当时所有其他野生牡丹都已分开成独立的物种，只有银屏牡丹被认为与栽培牡丹最近缘；而 Haw（2001b）不承认银屏牡丹，认为银屏牡丹就是 *P. ostii*，后续的研究证实他是对的。

对栽培牡丹的起源，Haw（2001b）认为最大的可能性是 *P. suffruticosa* 源于 *P. rockii*、*P. ostii* 和 *P. spontanea* T. Hong & W. Z. Zhao (1994)[（= *P. jishanensis* T. Hong & W. Z. Zhao (1992)]的杂交和回交，以及历经数百年的选择。

由于承认银屏牡丹 *P. suffruticosa* subsp. *yinpingmudan* 这个分类单元，认为其是某些栽培品种的亲本，于是我们提出 *P. suffruticosa* 是多系的（polyphyletic），其中某些品种来自野生类型，如银屏牡丹，而另一些则来自 *P. jishanensis*、*P. qiui* 和 *P. rockii* 之间的杂交（洪德元等，2004；Hong and Pan，2005）。Haw（2006）也认为不是所有的栽培牡丹都起源于杂交，但绝大多数栽培品种是杂种。

无论是核基因 *GPAT* 序列（赵宣等，2004），还是之前研究中未发表的基于叶绿体基因组的谱系发生树都不支持银屏牡丹 *P. suffruticosa* subsp. *yinpingmudan* 这个分类单元。银屏牡丹的模式标本（holotype）和副模式标本（isotype）实际属于两个实体，模式标本的原植株下部叶有 13 小叶，而不是 9 枚，小叶不分裂，因此它应被鉴定为 *P. ostii*。于是，我们对银屏牡丹做了修订（Hong and Pan，2007）。但是它的副模式标本（D. Y. Hong, Y. Z. Ye & Y. X. Feng H97010）来自河南嵩县的植株下部叶只有 9 小叶，大多分裂，而且花瓣粉色。这个副模式就被描述为新种 *Paeonia cathayana* D. Y. Hong & K. Y. Pan（Hong and Pan，2007）。

对牡丹传统栽培品种起源做过研究的学者都达成了一个共识：栽培品种源于牡丹野生种之间的杂交，但这一共识还有待更有力的证据。

6.3 五种野生牡丹育出“花中之王”

我们现在的目标很清楚，就是要证实关于野生牡丹之间的杂交产生了牡丹传统栽培品种的推测，并且还要指出哪些野生种参与了杂交。首先应构建包含 9 个野生种的有高支持率的谱系发生树。当然要做到这一点，就必须有恰当的取样，找到信息含量足够高的谱系发生标记基因。

从安徽、甘肃、河南、湖北、陕西、山西、四川、西藏、云南所有已知的 37 个居群中，采集了 9 个野生种的总计 441 个样品。对这些居群内和居群间的遗传变异进行了评估（Wang，2010；Zhang，2010），基于这一评估，从野生牡丹的 24 个居群中选取了 26 个样本，用北美西部分布的北美芍药 *Paeonia brownii* 和加州芍药 *P. californica* 作为外类群进行谱系发生分析。

要建立可靠的牡丹野生种之间的谱系发生关系，以及野生种与栽培品种之间的渊源关系，高分辨率的核基因组基因序列是必不可少的。为此，我们用二代测序平台测定了质量更高的芍药 *Paeonia lactiflora* 冬芽的转录组。从 20 697 个长度为 476～4891 bp 的 DNA 片段中，注释出 4910 个基因。通过 blastn 发现 566 个片段含有长度在 500～2500 bp 的内含子。因此设计了 525 对引物，用凤丹 *P. ostii* 为材料，对 503 个片段进行引物通用性和基因拷贝数检验。通过谱系发生分析方法，确定其中 58 个基因含 63 个片段很可能是单拷贝，其中 50 个基因的 55 个片段在凤丹中的内含子长度在 200 bp 以上。我们用牡丹亚属 7 个种和芍药亚属的草芍药 *P. obovata* 共 8 份材料来检验这 55 个片段的多态性，进一步缩小范围到 40 个基因的 43 个片段。为了进一步明确这些基因拷贝数，我们用大花黄牡丹 *P. ludlowii* 为材料，对这 43 个片段进行第二轮检验，用芍药属 72 份材料进行第三轮检验。最后，25 个基因的 29 个片段被选用于后续的谱系发生分析。这些基因片段的序列长度 322～3656 bp，变异位点比例 3.6%～18.8%，谱系发生信息位点比例 1.7%～8.6%。

我们对每个克隆测序的数据单独进行了分析。由于核基因进化的复杂性，尽管谱系发生信息位点比例不低，但单个片段数据对物种及以上谱系的分辨率并不理想。为此，我们将野生种的所有核基因序列数据串联，总长度达 24 521 bp，变异位点比例 7.7%，谱系发生信息位点比例 5.5%。合并后的数据能区分出所有谱系，多数分支的支持率都很高（图 6-2）。用北美西部的两种芍药为外类群进行分析，牡丹亚属的所有野生种都是单系类群，它们集成两大支，分别对应牡丹组和滇牡丹组。这个结果与采用 BEAST 构建的物种树（species tree）基本一致（图 6-3），主要不同是中原牡丹 *P. cathayana* 的系统位置。按串联分析结果，中原牡丹位于该分支的基部，而物种树上中原牡丹与凤丹 *P. ostii* 构成姊妹关系。

参照 Dong 等（2012）的策略，从牡丹叶绿体基因组中筛选出 14 个高分辨率基因片段：*accD-ycf4*、*atpH-atpI*、*matK*、*ndhC-trnV*、*ndhH-ycfL*、*petD-rpoA*、*psbE-petL*、*psbM-trnD* 及 *trnY-trnE*、*rbcL*、*ropCl*、*rpc16-rps3*、*trnH-psbA*、*trnK-rps16* 和 *ycfl-a*。对这些基因片段扩增并测定其序列，全长 13 415 bp，变异位点比例 3.9%，谱系发生信息位点比例 2.8%。基于这套数据构建的谱系发生树与基于核基因构建的谱系发生树存在较大出入（图 6-4）。它们的共同点是两个组都是单系类群，不同点是在叶绿体基因树中，滇牡丹 *P. delavayi*、圆裂牡丹 *P. rotundiloba*、紫斑牡丹 *P. rockii* 和矮牡丹 *P. jishanensis* 都不是单系类群。出乎意料的是，矮牡丹与四川牡丹 *P. decomposita*、圆裂牡丹与中原牡丹+凤丹具有相近的叶绿体基因组，而它们之间的形态差异是明显的。

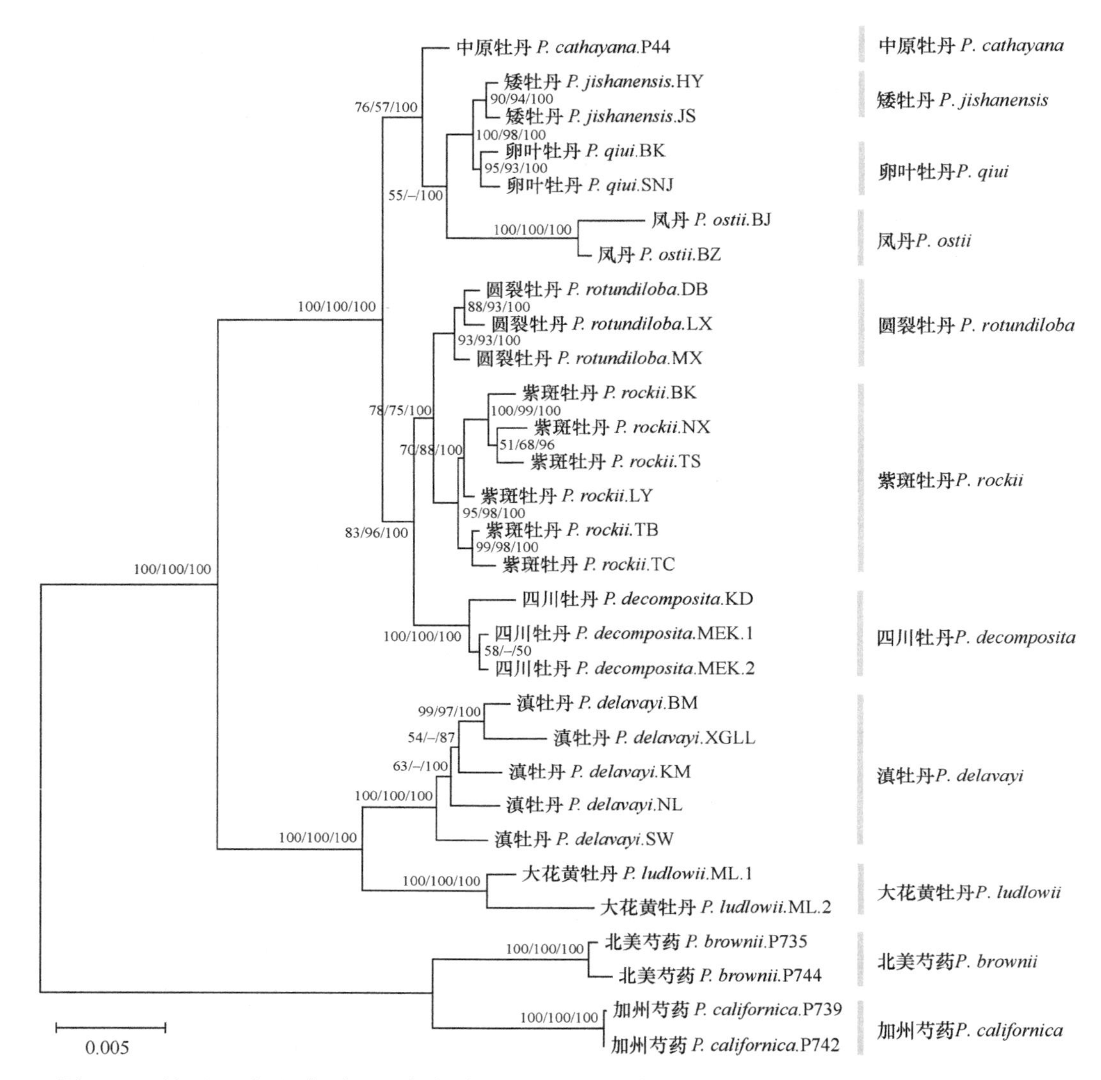

图 6-2　基于 9 个野生种 30 个个体 25 个单拷贝核基因构建的牡丹亚属谱系发生树（引自 Zhou et al.，2014）

外类群为北美芍药和加州芍药；分支上的数字依次为最大似然法、最大简约法和贝叶斯分析的支持率，支持率低于 50%的用短横线表示

为了揭开牡丹传统品种的来源之谜，7 个分辨率最高的核基因片段和 4 个分辨率最好的叶绿体基因片段被用于 47 个牡丹传统品种的分析。结果显示，牡丹传统品种有 4 个母系亲本物种，它们是中原牡丹（34 个品种）、紫斑牡丹和卵叶牡丹（各 11 个品种）、凤丹（1 个品种）和一个未经鉴定的品种（BOP404）（图 6-4）。可见，中原牡丹是牡丹传统栽培品种最主要的母系亲本，紫斑牡丹和卵叶牡丹次之。

在 7 个核基因标记中，4 个含有能解析野生物种和栽培品种之间关系的信息（图 6-5）。从标记 1 看，大多数栽培品种的序列与中原牡丹的序列一致，表明中原牡丹也是大部分栽培品种的父本。从标记 2 看，紫斑牡丹与最多栽培品种共享相

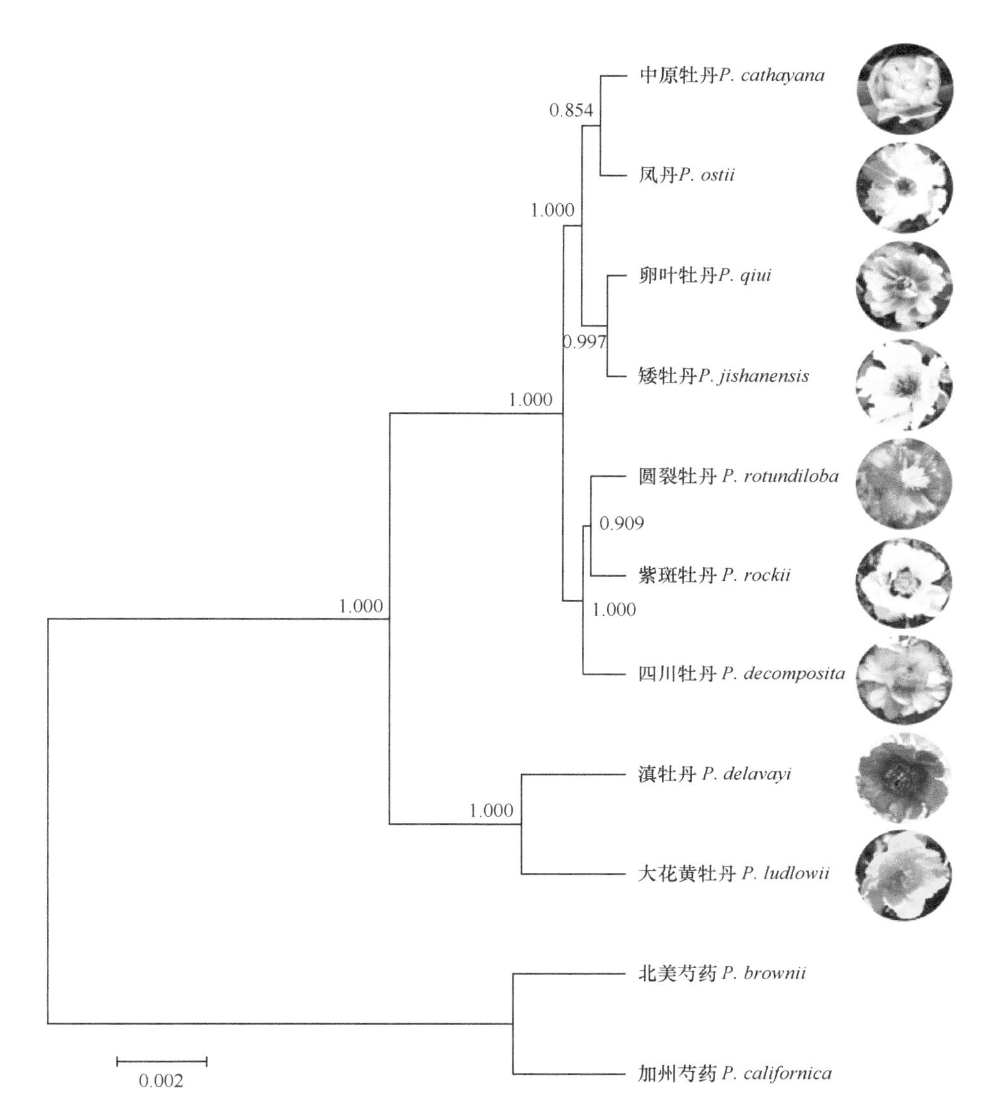

图 6-3 野生牡丹物种树（引自 Zhou et al.，2014）
由 BEAST 软件估算所得，所用试验材料和基因序列同图 6-2

同的 DNA 序列，紧接其后的是中原牡丹、卵叶牡丹和矮牡丹。从标记 3 看，栽培品种与紫斑牡丹、卵叶牡丹和凤丹共享序列。从标记 4 看，栽培品种与紫斑牡丹和凤丹共有序列。如图 6-4 和图 6-5 显示，牡丹传统栽培品种源于中原牡丹 *P. cathayana*、紫斑牡丹 *P. rockii*、卵叶牡丹 *P. qiui*、凤丹 *P. ostii* 和矮牡丹 *P. jishanensis* 5 个野生种的杂交（图 6-6）。

上述研究结果表明，牡丹 5 个野生种通过杂交产生了牡丹传统栽培品种——花王牡丹（Zhou et al.，2014）。这在中国古代诗词中就有模糊记录，如 1035 年欧阳修的《洛阳牡丹记》有记载，牡丹在 1000 年前就已经成了大众的花卉，在古都洛阳富有人家多在院子里种牡丹。我们的研究显示，5 种野生牡丹被中原居民引入自家

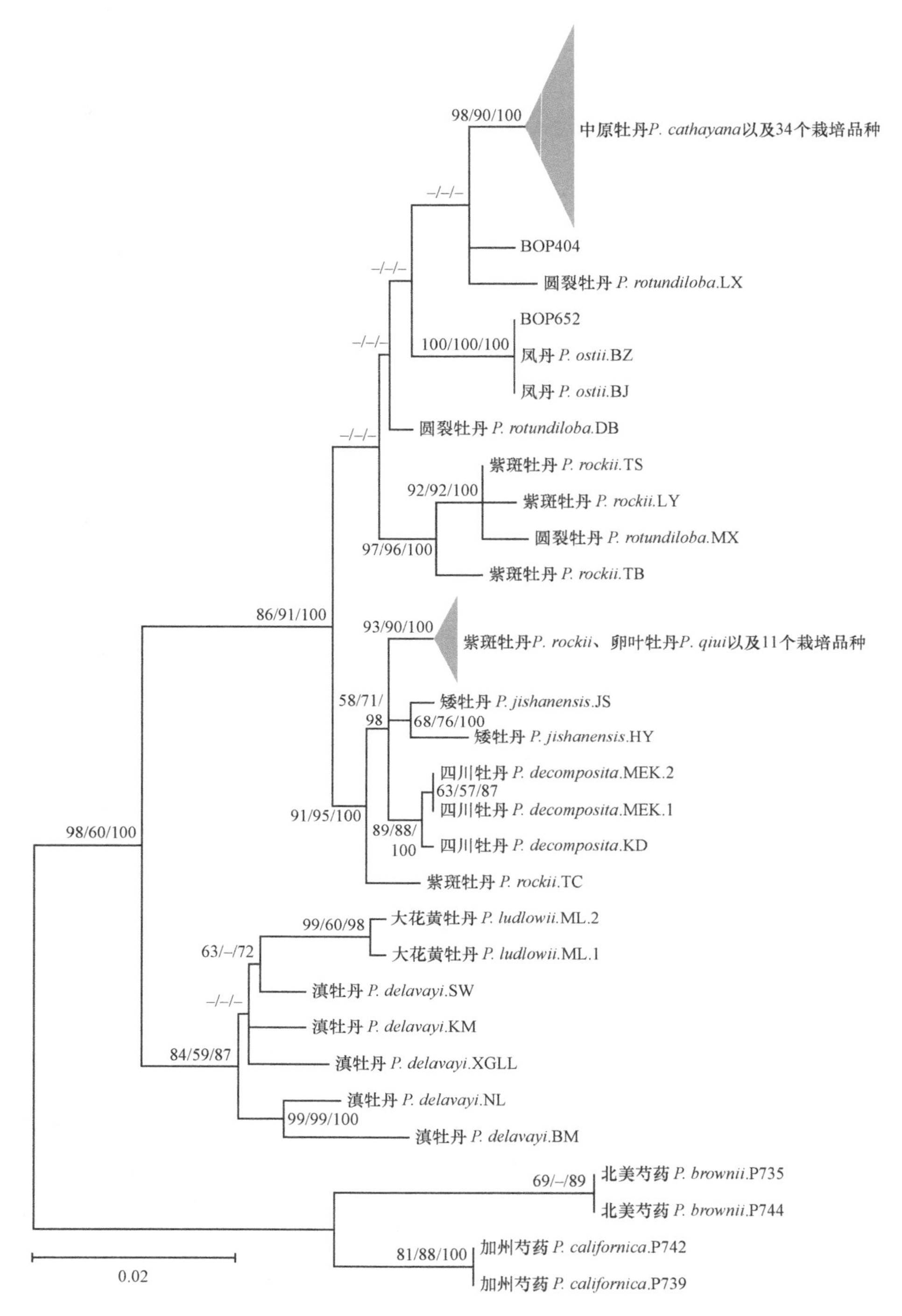

图 6-4　基于 4 个叶绿体基因区段连接成的序列构建的牡丹野生种和传统栽培品种的最大似然树（引自 Zhou et al.，2014）

分支上的数字依次为最大似然法、最大简约法和贝叶斯分析的支持率，低于 50%的用短横线表示

图 6-5 在 47 个牡丹传统栽培品种里发现有与野生种相同的序列（引自 Zhou et al.，2014）
每个核基因标记：同一色的长方块表明传统栽培品种的序列 100%与野生种相同；多色的长方块表示传统栽培品种的序列与不止一个野生种的序列相同。4 个区段组合的叶绿体片段：同一色的长方块表示传统栽培品种的序列与指明的野生种的序列近乎相同

的庭院，它们相遇、杂交，产生了一个栽培种 *Paeonia × suffruticosa*，这就是 5 种形态各异的野生牡丹参与的杂交过程。经过大约 1600 年的时间，它们没有天然的地理隔离，在庭院中相遇、杂交，再经人工选择地培育，产生了迷人的、多姿多彩的栽培牡丹——“花中之王”。由 5 个野生种参与复合杂交，产生一个栽培种，这在世界上也是首次报道。

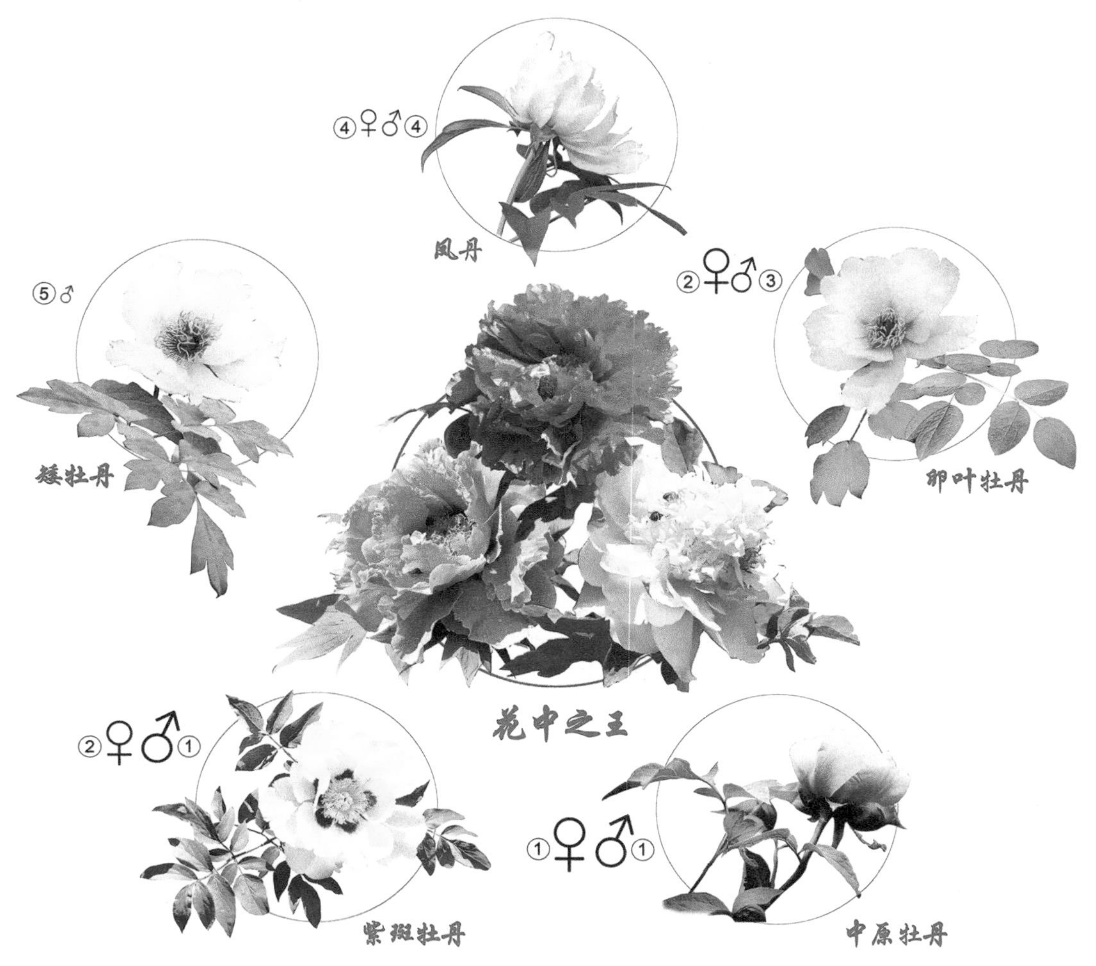

图 6-6　中原地区 5 种野生牡丹经杂交产生花王牡丹示意图

♂父本，♀母本，♂和♀的大小表示它们参与杂交作为亲本的量度，♂和♀旁的数字表示花王牡丹形成中此亲本的参与度（由①～⑤递减）

中国西南部的野生牡丹没有参与这一杂交过程，因为仅有两个品种被发现有四川牡丹 *P. decomposita* 的基因序列，但这些序列也为紫斑牡丹 *P. rockii* 共有。还有，西部野生牡丹 *P. decomposita* 仅出现于四川西部，至今没有发现当地人把它移栽至庭院中，也没有发现中原地区的庭院中有这种野生牡丹，而且它和牡丹传统栽培品种在多个形态性状上区别分明。

参与牡丹传统栽培品种起源的 5 种野生牡丹全部原产于中原地区（图 6-1）。中原地区自东周时期（公元前 770 年）至宋朝中期（公元 1126 年）一直是中国文明的发祥地和文化中心。当人们沉浸在赏花的喜悦之中时，孕育“花中之王”的祖先物种现在大多已处于稀有，甚至濒危状态，亟待人类的拯救。

第 7 章 遗传-形态物种概念——一个新的物种概念

7.1 提出新的物种概念的背景

7.1.1 物种问题在科学和应用中的地位

1. “物种”二字被用作生物学两部划时代著作的书名

林奈的著作 *Species Plantarum*（《植物种志》），达尔文的著作 *The Origin of Species*（《物种起源》），两部划时代著作的书名中都有“species”，说明物种问题是生物学最重要的问题之一。

2. 物种是科学界的中心议题之一

国际最权威科学杂志之一 *Science* 在 2005 年提出了 125 个科学问题，其中有 3 个是关于物种的问题：“What is species”（什么是物种）、“How many species are there on Earth”（地球上有多少物种）和“What determines species diversity”（什么决定物种多样性）。

3. 物种是生物科学和应用中的基本单位

生物学中提到生物，多用“物种”这个词，有关生物的事业，如生物多样性规模、生物多样性保护、资源利用等都以物种为单位。

7.1.2 期待一个既符合科学理论，又有实用价值的物种概念

本书第 3 章强调了有效的生物多样性保护和可持续利用依赖精准的物种数据，而精准的物种数据要靠科学的物种划分。科学的物种划分必须有科学而准确的物种定义作为标准。因此，科学和社会都需要一个既符合科学，又可实际应用的物种概念。可惜，这样的物种概念至今尚未提出。

我对现有的物种概念曾作过简短评述。在 Wilkins（2006，2009）列举的 26 个物种概念中，我将其归纳成 6 类，并做了评述（洪德元，2016；Hong，2020）。以下是评述的简要内容。

1）生物学物种概念（biological species concept）（Mayr，1942；Dobzhansky et al.，1977）强调生殖隔离，种内成员交配可产生能育后代，而种间不交配，如交配则产生的杂种也不育。

2）遗传学物种概念（genetic species concept）（Simpson，1943，Baker and Bradley，2006）清晰地阐述了物种的本质。物种是一个客观的生物实体，种内的所有成员共享一个基因库，成员间存在基因交换，而物种之间则出现遗传隔离。当基因流断裂，每个物种即开始独自进化，进而形成独立的谱系，在谱系发生上就成了单系（monophyly）。

上述两个物种概念奠定了物种的生物学理论基础，但实用性不大。首先，确定基因流是否断裂和杂种是否可育并非易事，其次，物种划分大多是由分类学家依据形态性状分析研究实行的，这两个物种概念难于为他们利用。

3）进化物种概念（evolutionary species concept）（Simpson，1961；Grant，1971；Wiley，1992）强调在进化上谱系之间的独立性，以及它自身的进化趋势。这一物种概念与上面两个概念一样，都是理论上有道理，但实际上无法确定什么能成为自然的谱系。

4）谱系发生物种概念（phylogenetic species concept）（Cracraft，1983；Mishler and Brandon，1987；Ridley，1989）包括 Henningian 的支序物种概念，强调物种的单系特点，并用共衍征（synapomorphy）来确定单系性。这一物种概念比较实际，理论上也站得住脚，但是没有谱系发生分析，就难于鉴别祖征和衍征，也没有明确必须有多少个衍征才能进行物种划分，且这一概念很难在进行物种划分时利用数量性状。

5）生态学物种概念（ecological species concept）（van Valen，1976）是一个颇为抽象且含糊的概念，因为他认为一个物种在进化中占据一个独立的生态位，但是要确定进化过程中生态位分化可非易事，也没有明确生态位分化到何种水平才可用作划分物种的界线。

6）分类学物种概念（taxonomical species concept）突出形态差异。物种划分是分类学家最主要的任务，至今大多数物种都是分类学工作者划分的。但是，所有的分类学物种概念（Simpson，1943；Davis and Heywood，1963；Blackwelder，1967；Cronquist，1978），除了 Hedberg（1958）的物种划分的形态学原则以外，都或多或少含有主观成分。就我所知，最后一个分类学物种概念是 Cronquist（1978）提出的，即物种是一致地和持续地区别分明、可用常规手段鉴别的最小类群。但对于“一致”“持续”“常规手段”如何界定，物种划分时仍然存在争论。因此，Cronquist 的物种概念仍然没有避开主观因素。Davis 和 Heywood（1963）表明分类学的两面性：科学与艺术的交汇点。2013 年，在南京一个会上我和 Heywood 先生相遇，我询问他是否改变了他们的观点，他的回复是没有变。我的看法是，Hedberg（1958）的原则在物种划分方法上迈出了一大步，只可惜她停留在原则上，而没有向物种概念迈进一步。Davis 和 Heywood（1963）甚至批评 Hedberg 的原则“太简单”。

综合上面 6 类物种概念，我认为前两个很有科学道理，道出了物种的本质，是科学的物种概念，但是物种划分是依据对形态性状分类价值的评估进行的，这两类物种概念缺乏实用价值。第 3 和第 4 类物种概念与前两个相类似，虽然有道理，但难以为分类学家所利用。分类学家们至今尚未提出一个完全排除主观因素的物种概念。

因此，虽然物种问题在科学上、在应用上处于如此重要的地位，但至今还没有一个既能反映物种本质，又有实用价值的物种概念。在此背景下，我尝试着提出一个适合绝大多数生物（异交生物）的物种概念。

7.2　芍药属研究为提出新的物种概念奠定了基础

7.2.1　按形态学原则划分的物种与谱系基因组学分析的结果高度契合

PEONIES of the World: Taxonomy and Phytogeography（《世界牡丹和芍药：分类与植物地理》）（Hong，2010）记载了芍药属世界 32 种，其中有两个种分为两个亚种，即窄叶芍药 *P. anomala* L.分为 subsp. *anomala*（分布于中亚和西伯利亚）和 subsp. *veitchii* (Lynch) D. Y. Hong & K. Y. Pan（我国中部地区）（Hong et al.，2001），四川牡丹 *P. decomposita* Hand.-Mazz.分为 subsp. *decomposita*（大渡河流域）和 subsp. *rotundiloba* D. Y. Hong（岷江流域和甘肃迭部）（Hong，1997b）。2001 年，我对四川牡丹两个亚种的关系进行形态性状的进一步观察和分析，发现在茎下部叶的小叶数目、顶生小叶的长宽比、心皮数目和花盘高度这 4 个性状上两者之间已是变异不连续的（Hong，2011a）。当时的物种划分仅根据形态学原则（第 3 章 3.3）和统计分析，尚未利用谱系基因组学（phylogenomics）方法。三年后，我们团队为牡丹亚属所有物种建立了分子谱系发生树（Zhou et al.，2014），其中圆裂牡丹 *P. rotundiloba* 自成一支，独立于四川牡丹 *P. decomposita*，并得到了有力支持。2021 年，我们用同样方法构建了整个芍药属的分子谱系基因组发生树（Hong，2021）（图 4-4），再次发现圆裂牡丹与四川牡丹是独立的两支；川赤芍 *Paeonia veitchii* 也不与窄叶芍药 *Paeonia anomala* 聚成一支，而是与白花芍药 *Paeonia sterniana* 聚成一大支。我们用更多样品进行分析，得出的分子树显示，*P. veitchii* 远离 *P. anomala*，且与 *P. sterniana* 形成各自独立的两支，支持率分别 99%和 100%（图 7-1）。

受谱系发生树的启发，我再次对 *P. rotundiloba* 和 *P. decomposita* 两者的关系，以及 *P. veitchii* 和 *P. anomala* 两者的关系进行了形态观察和统计分析。从图 7-2 和 Hong（2011a）的形态分析可以看出，*P. rotundiloba* 和 *P. decomposita* 之间在形态上有 4 个性状（心皮数目、花盘半包或全包子房、顶生小叶形状和茎下部叶的小叶数目）的变异已经间断。这说明把 *P. decomposita* subsp. *rotundiloba* 提升为种，即圆裂牡丹 *Paeonia rotundiloba* (D. Y. Hong) D. Y. Hong 是正确的。对 *P. veitchii* 和 *P. anomala* 的关系，我们原先未对二者茎高度和心皮数目这两个性状进行深入分析（Hong，2010），后经深入地观察和分析，结果表明，二者在茎高度上虽然变异幅度都挺大，但统计上是不连续的，心皮数目也是分明的（图 7-3），再加上在花数目上的显著差

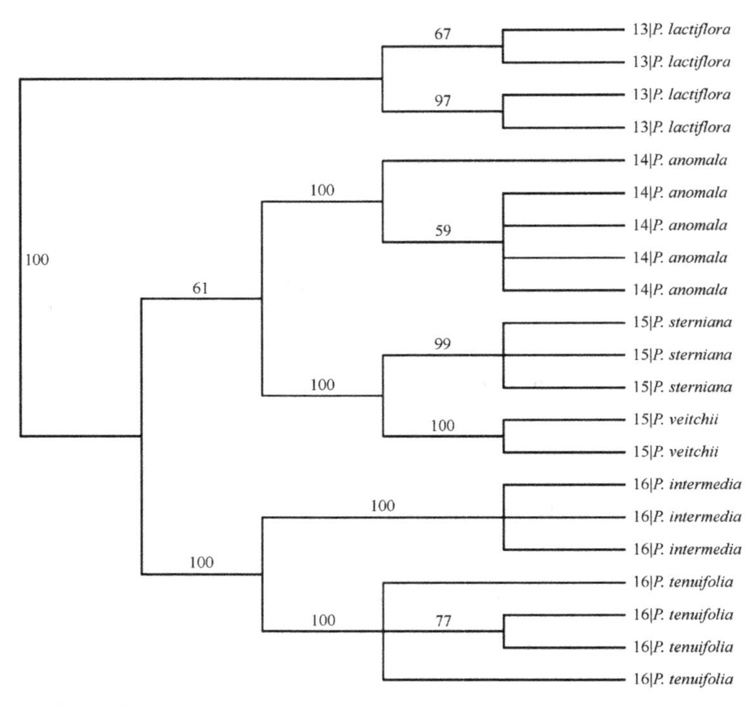

图 7-1　基于 25 个单拷贝核基因序列的三种芍药（*P. anomala*，*P. sterniana*，*P. veitchii*）的谱系发生树（引自洪德元，2016）

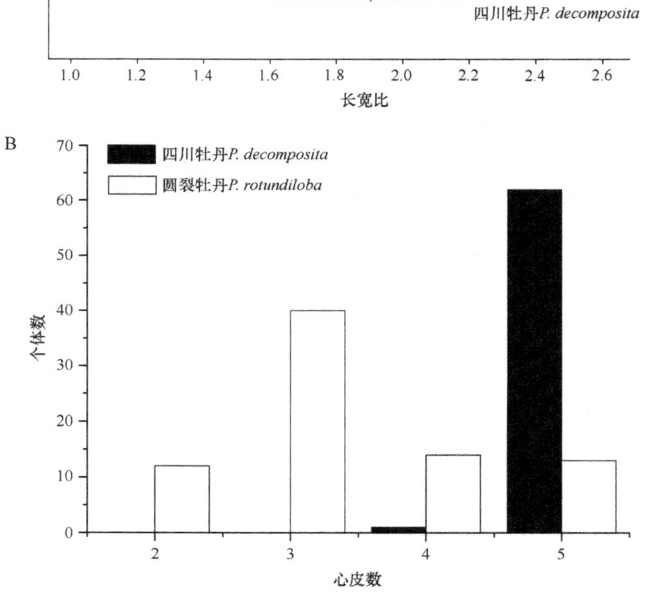

图 7-2　四川牡丹与圆裂牡丹的关系（引自 Hong，2021，略有修改）

A. 顶端小叶长宽比的标准差；B. 心皮数目的差异

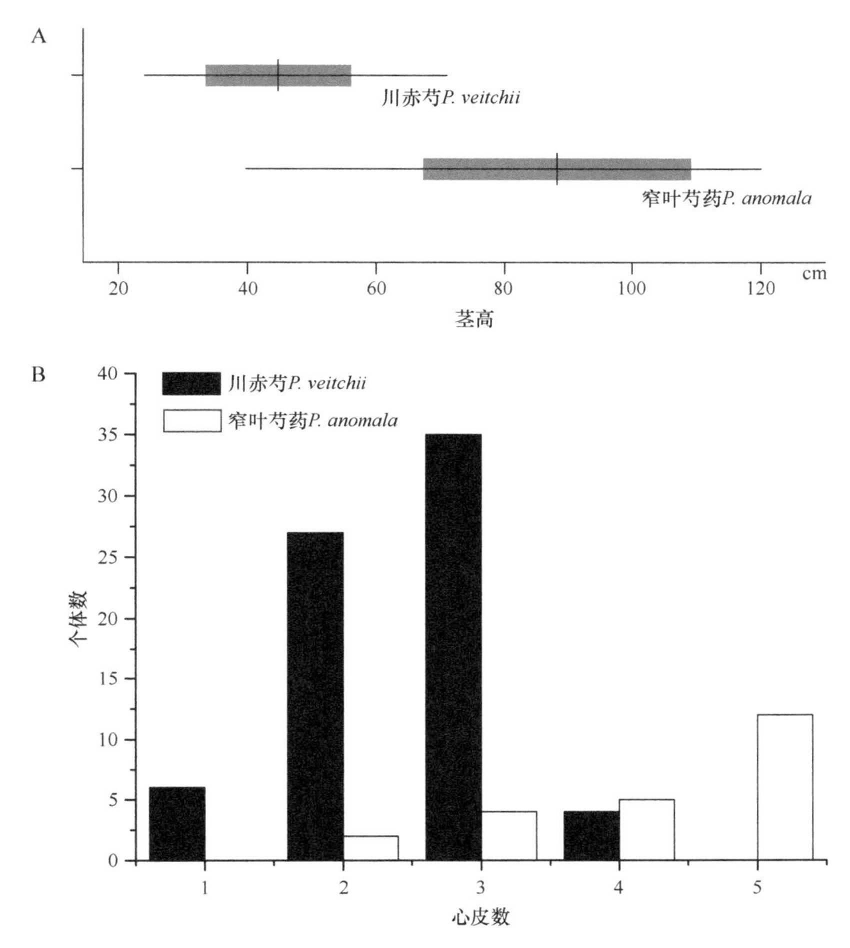

图 7-3　川赤芍和窄叶芍药的关系（引自 Hong，2021，略有修改）

A. 茎高度的标准差分析；B. 心皮数目的差异

异，我们认为二者由于戈壁沙漠的阻隔，基因流断裂已长久，独立分化，造成了形态上至少两个性状变异的间断。因此，我们恢复了川赤芍 *Paeonia veitchii* Lynch 作为种的地位。

综上所述，依据形态性状的深度分析并按划分物种的形态学原则把芍药属划分成 34 个种，与基于谱系基因组分析建立的高分辨率谱系发生树高度契合（图 4-4 和图 4-5）。图 4-5 中的所有二倍体物种，除 *P. sterniara* 与 *P. veitchii* 外，全都形成独立的分支；在 *P. sterniana* 和 *P. veitchii* 的关系中，前者形成单系，而后者形成了并系，但是，当加大取样，得到的结果却是 *P. veitchii* 和 *P. sterniana* 各呈单系，互不相混（图 7-1）。

7.2.2　芍药属各物种的生物学特性与遗传学物种概念等 3 个物种概念相吻合

在我们 30 多年研究芍药属植物的过程中发现，芍药属是颇为典型的异交生物（Saunders and Stebbins，1938；Schlising，1976；罗毅波等，1998；Zhou et al.，1999；

洪德元和潘开玉，1999；Hong and Pan，1999；胡文清等，2011），存在基因重组、基因流、变异与杂交等普遍的生物学现象，它能代表绝大多数生物，因此可以拿本文列举的几个著名的物种概念来检验我们划分的物种。我们划分的34个物种都至少在两个形态性状上表现出变异的不连续或间断，可以说明这是种间基因流断裂的结果，而且草本的芍药亚属的各个种，除窄叶芍药 *Paeonia anomala* 和川赤芍 *P. veitchii* 之间的关系外，都与 Saunders 和 Stebbins（1938）的杂交图相吻合（第2章图2-12D）。种间杂交非常困难，即使产生杂种，也是不育的，很符合生物学物种概念。虽然我们在自然界进行了大规模的观察，却仅发现两株杂交不育的后代（图7-4）。牡丹亚属在栽培条件下种间杂交可产生能育的杂种，但在自然界却未发现过杂种。这表明我们划分的物种符合遗传学物种概念，也部分符合生物学物种概念。我们的基因组谱系发生分析表明，除阿尔及利亚芍药 *Paeonia algeriensis*（缺样本）外，各物种都形成独立的分支，说明它们已独立进化成为单系（第4章图4-4和图4-5），与进化物种概念及谱系发生物种概念相吻合。划分的芍药属物种至少与遗传学、进化生物学和谱系发生学3个物种概念相吻合，也让我鼓起了提出遗传-形态物种概念的勇气。

图7-4　窄叶芍药和块根芍药杂交产生的两株不育后代（引自洪德元，2016）

地上和地下部分都呈现两亲本的中间类型，a. 植株有较小的花；b. 植株无花；毛剑峰摄于新疆阿勒泰地区

7.3　新的物种概念——遗传-形态物种概念的提出

2016 年，我用中文发表了一个不成熟的物种概念（洪德元，2016），目的在于希望大家批评、指正，甚至争论，以助我修改、提高。本想再花两年时间，静下心来，再学习、琢磨，认真修改，写出一个较为满意的稿子，在国际刊物上发表。我还尚未腾出时间来考虑这一问题时，2019 年秋美国北卡罗来纳州立大学向秋云（Qiuyun Jenny Xiang）教授邀请我以物种概念为题，在 *Journal of Systematics and Evolution* 纪念她导师汤彦承教授的专刊上发表。盛情难却之下，我匆匆发表了名为“Gen-morph Species Concept——A New and Integrative Species Concept for Outbreeding Organisms”的文章（Hong，2020）。

一个好的物种概念应该既符合科学，又可实际应用，并且反映物种的几个固有属性：①共享一个基因库，基因流存在于种内，但不发生或几乎不发生在种间；②代表一个独立的谱系，与任何其他物种分别进化，形成自征（autopomorphism）；③包含范围最小的单系群，且至少在两个相对应的形态性状[①]上与其他类群表现出变异的不连续（变异的间断）；④独立的地理区域；⑤占据独立的生态位。以下是我的遗传-形态物种概念。

物种是由自然居群组成的一群生物，群内有基因流，遗传上相融，但与其他任何一群生物都是隔离的；相应地，在群内形态性状表现变异的连续性，但在群间则至少有两个相对应的形态性状呈现变异的间断（包括统计上的间断）。

7.4　遗传-形态物种概念的独特性

遗传-形态物种概念的独特性有 3 点，这使它称得上是一个新的物种概念。

1. 一座连接物种的遗传属性和形态属性的桥梁

对芍药属进行基因组谱系发生分析（Zhou et al.，2014；Hong，2021；图 4-4 和图 4-5）之前，按形态学原则对芍药属做了分类修订，结果是芍药属包含 32 个种（Hong，2010）。后来，基于分子树的结果做了局部修订，把原来定的 2 对亚种提升为种，因而增加了 2 种（Hong，2021）。这里要强调的是，除阿尔及利亚芍药 *P. algeriensis*（限于材料缺失）外，其他 33 个物种都是进化上独立的谱系，即单系群，占据着与其他物种不相一致的分布区和/或生态位。这意味着，基于形态性状划分的物种与遗传学、进化、谱系发生及生态学的物种概念相吻合，也就是说，如果恰当地运用形态学原则或遗传-形态物种概念中的形态标准，能够划分出客观的物种。这说明遗传-形态物种概念不仅反映物种的内在本质，而且也反映物种的形态属性。因此，

① 相对应的形态性状（correlated morphological characters），指叶序的轮生对互生，花色的红色对黄色，茎的高对矮等。

遗传-形态物种概念在理论上是科学的，在实践上是可实用的，能划分出客观的物种。

2. 为物种划分提出了具体的形态标准

就我所知，还不曾有一个物种概念为物种划分提出具体、客观、可实用的形态标准。遗传数据、谱系发生关系和杂交数据通常是不易获得的，而形态性状不仅直观，还可度量，因而获得形态数据的难度要小得多。但是，为恰当地用形态性状来划分物种，应该有一个标准。遗传-形态物种概念的后半部分就是对这一标准的表述，即类群之间在两个或两个以上的相对应的形态性状上显现变异的间断，说明类群之间的基因流已经停止了，在谱系发生上是分开的，是已经独立的物种。芍药属研究的实例表明形态的间断与遗传隔离紧密对应。因此，以深入的形态观察和恰当的分析为基础划分出来的物种就能反映出物种的遗传、进化和谱系发生的性质。当然，要达到这一步要有一个前提，正如我们在芍药属研究中所做的那样，必须采集足够的材料和样品，包括足够的居群和个体数量，以满足对所有形态性状进行深入观察和定量分析的要求。当然，足够的标本是前提，分类学工作者还必须观察、研究尽可能多的性状。Cullen 和 Heywood（1964）在 *Flora Europaea* 中把 *Paeonia arietina* G. Anderson 处理为 *P. mascula* 的亚种就是因为他们未观察根的形态。我们起初把川赤芍 *P. veitchii* Lynch 作为窄叶芍药 *P. anomala* L.的亚种也是因为忽略了茎高度的变异幅度和心皮数目的差异（Hong et al.，2001）。

3. 同等看待数量性状和质量性状，并引入统计分析

统计学一词还是第一次出现在物种概念中。众所周知，数量性状，如茎上花的数目、花梗的长度等，也和叶对生或互生、花红色或黄色这样的质量性状一样，受基因和环境控制。两类特征都是物种的属性，在定义物种或在物种划分中可能有着同等价值。有时数量性状看起来像连续变异，因而常被分类学工作者忽略了。统计分析能揭示数量性状的变异是连续或不连续。另有一种相反情况，分类学工作者把一个数量性状连续变异的两端作为分“种”“亚种”“变种”的根据。因此，应用统计分析方法来确定数量性状在两个类群之间究竟是连续变异还是不连续变异，对于科学评估形态性状的分类价值，正确处理两个类群可能起着关键作用。遗传-形态物种概念中也包含统计学方法，且要特别强调，不要忽视数量性状在物种划分中的重要性。而且，随着分析和测量技术的进步，许多质量性状也已经转变为数量性状。

7.5　对几个问题的解释

1. 遗传-形态物种概念与生物学物种概念和遗传学物种概念的关系

前文已叙述了新物种概念——遗传-形态物种概念与另外两个概念之间的关系。按形态学原则划分的 34 个物种与按谱系基因组数据构建的分子树契合度很高，因此

可以证明遗传-形态物种概念与遗传学物种概念是相符合的。但与生物学物种概念的关系则不然，从这一物种概念看芍药属的两个亚属，二者表现不一致。芍药亚属（全部草本）的物种与生物学物种概念的物种大体相符（*P. anomala* 与 *P. veitchii* 除外），但牡丹亚属（全部木本）中的物种则与生物学物种概念的物种不相符，种间可以杂交，而且能产生可育的杂种。“花中之王”——牡丹传统栽培品种就是中原地区 5 种野生牡丹在同地栽培条件下自然杂交产生的（Zhou et al.，2014）。由此看来，遗传学物种概念与生物学物种概念也只是部分相符。牡丹亚属的 9 个野生种从遗传学物种概念看来是独立的物种，但从生物学物种概念看来，还称不上是物种，因为野生牡丹同一组的物种之间不存在生殖隔离，而按生物学物种概念，生殖隔离是区分不同物种的唯一标准。Grant（1971）把这样的实体称为“半种”（semispecies），但“半种”这一名词没有被后来人所接受。总而言之，按形态学原则划分的物种能反映遗传学特点，即物种之间没有基因交流，这也是我用“gen-morph”作为新物种概念名称的原因。

2. 遗传-形态物种概念强调“至少两个相对应的形态性状”

两个或两个以上相对应的形态性状在变异上的间断表明，这些性状的产生是因为在研究的两个类群间没有发生基因重组，也就意味着基因已不在两类群间进行交流，表明它们已在遗传上被隔离。第 3 章中列举的大花黄牡丹、加州芍药以及其他有关物种划分的例子都清晰表明，形态学原则能反映内在的遗传背景。采取至少两个以上相对应的形态性状变异的间断作为物种划分的标准，也是鉴定是否存在杂交后代，或是否存在基因流的标准。

在第 3 章 3.2 中已经强调过，许多“新种”是依据单个性状和/或另一个连续变异的性状（如叶大小，茎高矮、毛稀密）描述的，这些“新种”很可能是物种内无数变异类型中的一个。那就如不强调至少两个以上相对应形态性状的间断，划分的物种则很可能不是物种，而是种内的一个变异类型，甚至可能是居群多态性的一个基因表现型。在异交生物中一个居群内可能有无数基因型，而种内常有多个居群，因此种内就可能有数不清的基因型。如不强调两个或多个性状变异的间断，那么就有可能描述出无数的“新种”，如滇牡丹 *Paeonia delavayi* Franch.一个种内就描写了 4 个“物种”，3 个“变种”。

3. 对“统一的物种概念”的点评

de Queiroz（1998）提出综合的谱系物种概念(general lineage concept of species)，并把物种与居群水平的进化谱系的节段画等号。后来他将其修订为“统一的物种概念”（united species concept），并表示物种是分别进化的集合居群（metapopulation）谱系（的节段）（de Queiroz，2005，2007）。

我对 de Queiroz 的物种概念有两点点评。第一，我同意 Freudenstein 等（2017）的观点：居群所构成的谱系是与物种相关的，但居群所构成的谱系对于物种概念来说是不够的。Freudenstein 等列了 4 条不同意见，并且指出，至少对有性繁殖的生物来说只强调谱系是不足的。第二，统一的物种概念并不能恰当地覆盖所有生物。生物界如此极端多样，而有性生物和无性生物是两类生物。由于繁殖方式的分野，它们在许多方面都呈现出差异。因此，统一的物种概念的可行性还有待进一步研究。

4. 遗传-形态物种概念如何看待杂交问题

在植物界杂交甚为普遍，而且它是生物学中的一个棘手问题。遗传-形态物种概念承认，两个地理上或生态上分开的物种相遇时有可能发生杂交。杂交可能有 4 种结果：①杂交失败或杂种不育；②形成多倍体；③形成等倍体杂交物种（具体举例见第 5 章 5.4）；④去物种化（despeciation）（Rieppel，2010）。前文叙述过第一种可能性。在芍药亚属中多数物种符合生物学物种概念，即种间杂交不会产生可育后代。在新疆阿尔泰地区芍药属有两个种：窄叶芍药 *Paeonia anomala* 和块根芍药 *P. intermedia*，前者生长于沟谷疏林中，后者在山坡灌丛或草地中。我们在当地考察时发现了两个植株，根和叶都介于二者之间，一株有花但不结实，另一株无花（图 7-4）。在芍药亚属中杂交形成多倍体的现象甚为普遍，但那是在特殊条件下发生的。芍药属芍药亚属 25 个物种中有 9 个是杂交产生的四倍体种，其中 8 个在地中海地区，仅有一个，即美丽芍药 *P. mairei* 在中国西南地区。这是由于芍药属的网状进化造成的，冰期迫使欧洲的二倍体祖先，如 *P. daurica*、*P. tenuifolia* 等向地中海地区南移，它们有机会在地中海岛屿或半岛上相遇，这为杂交创造了机会。虽然我还举不出芍药属中是否发生过去物种化的例子，但也不能排除这种情况曾经在牡丹亚属中发生过。前面已经提到过牡丹亚属的物种之间，至少在牡丹组 sect. *Moutan* 的物种之间不存在生殖障碍。我们团队已经揭示花王牡丹是我国中原地区 5 种野生牡丹在庭院中相遇后自然杂交，经人工选择培育而成的（Zhou et al.，2014）。我们在延安看到紫斑牡丹 *Paeonia rockii* 和矮牡丹 *Paeonia jishanensis* 形成杂种 *Paeonia* × *yananensis*。如果这一杂种有机会和两个亲本回交，多次回交以后，*P. rockii* 和 *P. jishanensis* 各自的物种特征很可能也就自然消失了。我们又在湖北保康县后坪镇农家院子里观察到另一个例子，紫斑牡丹和卵叶牡丹 *Paeonia qiui* 产生了杂种 *Paeonia* × *baokangensis*。当然，这两个例子是人类在短期内制造的，还没有达到真正去物种化的阶段，但显示这种现象有可能在自然界中发生。

5. 遗传-形态物种概念的局限性

在提出遗传-形态物种概念时，我将其限于异交生物（Hong，2020），其实不仅限于这样的生物类群，还难于应对其他的一些生物学问题，如植物中颇为常见的种内多倍性问题。

（1）遗传-形态物种概念仅适用于异交生物

首先，只有异交生物才能共享一个基因库。共享一个基因库是遗传-形态物种概念的主要内容之一。与异交生物相对的是非异交生物，也即无融合生殖生物（apomictic organism）或称无性繁殖生物（asexual organism）。在植物界常见的有营养繁殖生物（如竹子、芦苇等）、无融合结籽（agamospermy）（如蔷薇科的栒子属、悬钩子属和花楸属中的一些植物）和某些自花授粉生物（如禾本科中的早熟禾）等；还有蒲公英属的一些植物也传粉，花粉管也进入子房，但没有受精过程，只是刺激未经减数分裂的卵细胞发育成种子。这些生物没有基因重组，没有基因流，也没有杂交，也就没有杂种可育或不育等问题。因此，生物学物种概念、遗传学物种概念、进化物种概念、谱系发生物种概念和遗传-形态物种概念一样，都不适合用于这些生物。这些生物的形态表现也与异交生物的表现截然不同。它们的一个“居群”很可能只有一个基因型；两个“居群”也可能只有两个基因型，是由其中一个基因突变造成的，因此形态上在两个“居群”间有稳定的差异。于是有些分类学工作者把它们分为两个“物种”，创造了很多，甚至无数的“物种”，但大多数分类学工作者则认为把一两个基因造成的稳定性差异划分为不同“物种”是很不科学的。这样的“物种”曾被称为无性种（agamospecies），现在的植物志和分类修订中几乎不再承认这样的物种了。这就有了所谓的“小种”（microspecies）和“大种”（macrospecies）之分。在科学上充分认识无融合生殖生物的生物学特性之前，我只能把我的物种概念限制在异交生物范围内。

但有些学者层出不穷地发表“新种”，其中很多是把居群内的多态性描述为不同的“种”、“变种”和“亚种”。当受到质疑时，他们会拿出“大种”和“小种”的观点，似乎都有道理。但显然这里的“大种”和“小种”是诡辩之词。他们把居群多态性中的一个基因型发表的“新种”标为“小种”，其实与仅用于无融合生殖生物的无性种或“小种”毫不相干。

（2）遗传-形态物种概念难以应对所有生物学现象

我在《植物细胞分类学》中用了相当大的篇幅讨论了不同的细胞型及其带给分类学家在认识物种概念和物种划分上的困难（洪德元，1990），其中包括种内多倍性现象。我们在世界牡丹和芍药研究中发现了 4 个物种在种内出现不同倍性，按形态和分子谱系发生树把欧洲、高加索至土耳其的达乌里芍药 *Paeonia daurica* 划分为 3 个二倍体亚种和 4 个四倍体亚种。在希腊克里特岛（Crete）及其以东两个岛屿上分布的克里特芍药 *P. clusii*，有二倍体和四倍体，二倍体分布于罗得岛（Rhodes）和克里特岛，四倍体则分布于卡尔帕索斯岛（Karpathos）和克里特岛（Hong，2010）。由此看来，二倍体呈间断分布，四倍体可能有不同来源。对于广布于东亚的草芍药 *P. obovata*，我们把分布于秦岭及其周边地区的成员（四倍体）定为亚种，即草芍药毛叶亚种 *P. obovata* subsp. *willmottiae*，而把其以南和以东的成员（二倍体，但偶遇四倍体）定为原亚种。还有一个种在种内出现多倍体，多花芍药 *P. emodi* 分布于西喜马拉雅至兴都库什山脉东北部，先前有 4 个染色体数目报道，均为二倍体（$2n=10$），而我们取自该种分布区东北角（西藏吉隆）的样品却是四倍体（$2n=20$）（Hong，2021）。

四倍体来源于二倍体加倍的可能性很大，草芍药原亚种在河南卢氏县有一个二倍体与四倍体的混合居群；多花芍药的四倍体居群看来也是同源的，因为其他的草本种都离它很远。因此，从形态和四倍体的起源来看，我们的处理是可行的，但是这有违遗传-形态物种概念，因为按此概念不进行基因交流的实体应是不同的种。相信生物学物种概念和遗传学物种概念也同样难以应对这一生物学现象。

参 考 文 献

陈平平. 1999. 我国宋代牡丹品种和数目的再研究. 自然科学史研究, 18(4): 326-336.

方文培. 1958. 中国芍药属的研究. 植物分类学报, 7(4): 297-323, Pl. LXI-LXIII.

傅立国. 1991. 中国植物红皮书: 第一册 稀有濒危植物. 北京: 科学出版社.

葛颂, 洪德元. 1994. 泡沙参复合体(桔梗科)的物种生物学研究: I. 表型的可塑性. 植物分类学报, 32(6): 489-503.

葛颂, 洪德元. 1995. 泡沙参复合体(桔梗科)的物种生物学研究: III. 性状的遗传变异及其分类价值. 植物分类学报, 33(5): 433-443.

龚洵，顾志健，武全安. 1991. 黄牡丹七个居群的细胞学研究. 云南植物研究, 13(4): 402-410.

洪德元. 1974. 国产鸭跖草科植物. 植物分类学报, 12(4): 459-488.

洪德元. 1976. 试论分类学的基本原理. 植物分类学报, 14(2): 92-100.

洪德元. 1978. 婆婆纳属长果婆婆纳群的统计分类处理. 植物分类学报, 16(3): 20-24.

洪德元. 1983. 沙参属//中国科学院中国植物志编辑委员会. 中国植物志 第七十三卷 第二分册. 北京: 科学出版社: 92-139.

洪德元. 1990. 植物细胞分类学. 北京: 科学出版社.

洪德元. 1998. 紫斑牡丹及其一新亚种. 植物分类学报, 36(6): 538-543.

洪德元. 2016. 生物多样性事业需要科学、可操作的物种概念. 生物多样性, 24: (9): 979-999.

洪德元, 潘开玉. 1999. 芍药属牡丹组的分类历史和分类处理. 植物分类学报, 37(4): 351-368.

洪德元, 潘开玉, 李学禹. 1994. 新疆的芍药属. 植物分类学报, 32(4): 349-355.

洪德元, 潘开玉, 谢中稳. 1998. 银屏牡丹: 花王牡丹的野生近亲. 植物分类学报, 36(6): 515-520.

洪德元, 潘开玉, 周志钦. 2004. *Paeonia suffruticosa* Andrews 的界定，兼论栽培牡丹的分类鉴定问题. 植物分类学报, 42(3): 275-283.

洪德元, 张志宪, 朱相云. 1988. 芍药属的研究(1): 国产几个野生种核型的报道. 植物分类学报, 26(1): 33-43.

洪涛, 戴振伦. 1997. 中国野生牡丹研究(三)芍药属牡丹组新分类群. 植物研究, 17(1): 1-5.

洪涛, 齐安 • 鲁普 • 奥斯蒂. 1994. 中国野生牡丹研究(二)芍药属牡丹组新分类群. 植物研究, 14(3): 237-240.

洪涛, 张家勋, 李嘉珏, 赵文忠, 李明瑞. 1992. 中国野生牡丹研究(一)芍药属牡丹组新分类群. 植物研究, 12(3): 223-234.

胡文清，鲁衡，刘伟，袁俊霞，张大明. 2011. 芍药野生居群父系分析与遗传结构研究. 园艺学报, 38(3): 503-511.

罗毅波, 裴颜龙, 潘开玉, 洪德元. 1998. 矮牡丹传粉生物学的初步研究. 植物分类学报, 36(2): 134-144.

母锡金, 王伏雄. 1985. 芍药胚胎和胚乳早期发育的研究. 植物学报, 27(1): 7-12.

潘开玉. 1979. 芍药属//中国科学院中国植物志编辑委员会. 中国植物志 第二十七卷. 北京: 科学出版社: 37-59.

裴颜龙, 洪德元. 1995. 卵叶牡丹: 芍药属一新种. 植物分类学报, 33(1): 91-93.

沈保安. 2001. 中国芍药属牡丹组药用植物的分类鉴定研究与修订. 时珍国医国药, 12(4): 330-333.

四川省峨眉中药学校. 1975. 猪牙皂和皂荚的关系. 植物分类学报, 13(3): 47-50.

王伏雄, 钱南芬, 张玉龙, 杨惠秋. 1995. 中国植物花粉形态. 2 版. 北京: 科学出版社.

吴征镒, 路安民, 汤彦承, 陈之端, 李德铢. 2002. 被子植物的一个“多系-多期-多域”新分类系统总览.

植物分类学报, 40(4): 289-322.
席以珍. 1984. 中国芍药属花粉形态及其外壁超微结构的观察. Journal of Integrative Plant Biology, 26(3): 241-248.
于玲, 何丽霞. 2000. 紫斑牡丹小孢子形成过程的细胞遗传学研究. 西北植物学报, 20(3): 467-471, 501-502.
张寿洲, 潘开玉, 张大明, 洪德元. 1997. 矮牡丹小孢子母细胞减数分裂异常现象的观察. 植物学报, 39(5): 397-404.
赵宣, 周志钦, 林启冰, 潘开玉, 洪德元. 2004. 芍药属牡丹组(*Paeonia* sect. *Moutan*)种间关系的分子证据: GPAT 基因的 PCR-RFLP 和序列分析. 植物分类学报, 42(3): 236-244.
中国牡丹全书编纂委员会. 2002. 中国牡丹全书. 北京: 中国科学技术出版社.
Akeroyd JR. 1993. *Paeonia* // Tutin TG, Burges NA, Chater AO, Edmondson JR, Heywood VH, Moore DM, Valentine DH, Walters SM, Webb DA. Flora Europaea. Vol. 1. 2nd ed. Cambridge: Cambridge University Press: 292-294.
Andrews HC. 1804. *Paeonia suffruticosa.* Bot Rep, 6: tab. 373.
Andrews HC. 1807b. *Paeonia papaveracea.* Bot Rep, 7: tab. 463.
Andrews HC. 1807a. *Paeonia suffruticosa* var. *purpurea.* Bot Rep, 7: tab. 448.
APG. 1998. An ordinal classification for the families of flowering plants. Ann Missouri Bot Gard, 85(4): 531-553.
APG II. 2003. An update of the Angiosperm Phylogeny Group classification for the orders and families of flowering plants: APG II. Bot J Linn Soc, 141(4): 399-436.
APG III. 2009. An update of the Angiosperm Phylogeny Group classification for the orders and families of flowering plants. APG III. Bot J Linn Soc, 161(2): 105-121.
APG IV. 2016. An update of the Angiosperm Phylogeny Group classification for the orders and families of flowering plants: APG IV. Bot J Linn Soc, 181(1): 1-20.
Barber HN. 1941. Evolution in the genus *Paeonia.* Nature, 148(3747): 227-228.
Baker RJ, Bradley RD. 2006. Speciation in mammals and the genetic species concept. J Mammal, 87(4): 643-662.
Benson LD. 1962. Plant Taxonomy: Methods and Principles. New York: Ronald Press Co.
Blackwelder RE. 1967. Taxonomy: A Text and Reference Book. New York: Wiley.
Brever WH, Watson S. 1876. Botany California 1. Massachusetts: Cambridge University Press.
Brühl PJ. 1896. Some new or critical Ranunculaceae from India and adjacent regions. Ann Roy Bot Gard (Calcutta), 5(2): 114-115.
Carniel K. 1967. Uber die embryobil-duing in der gattung *Paeonia.* Osterr Bot Zeits, 114(1): 4-19.
Cave MS, Arnott HJ, Cook SA. 1961. Embryogeny in the California peonies with reference to their taxonomic position. Amer J Bot, 48(5): 397-404.
Cesca G, Bernardo L, Passalacqua NG. 2013. *Paeonia morisii* sp. nov. (Paeoniaceae), a new species from Sardinia. Webbia, 56(2): 229-240.
Chase MW, Soltis DE, Olmstead RG, Morgan D, Les DH, Mishler BD, Duvall MR, Price RA, Hills HG, Qiu YL, Kron KA, Rettig JH, Conti E, Palmer JD, Manhart JR, Sytsma KJ, Michaels HJ, Kress WJ, Karol KG, Clark WD, Hedren M, Gaut BS, Jansen RK, Kim KJ, Wimpee CF, Smith JF, Furnier GR, Strauss SH, Xiang QY, Plunkett GM, Soltis PS, Swensen SM, Williams SE, Gadek PA, Quinn CJ, Eguiarte LE, Golenberg E, Learn GH, Graham SW, Barrett SCH, Dayanandan S, Albert VA. 1993. Phylogenetics of seed plants: An analysis of nucleotide sequences from the plastid gene *rbcL.* Ann Missouri Bot Gard, 80(3): 528-548+550-580.
Chen SK. 2008. Aquifoliaceae // Wu ZY, Raven P, Hong DY. Flora of China. Vol. 11. Beijing: Science Press; St. Louis: Missouri Botanical Garden Press: 359-438.
Cheng FY, Aoki N. 1999. Endosperm development and its relationship to embryo development in blotched tree peony (*Paeonia rockii*). Bull Fac Life Env Sci Shimane Univ, 4(20):2-11.

Clausen J. 1951. Stages in the evolution of plant species. New York: Cornell University Press.
Clausen J, Keck DD, Hiesey WM. 1940. Experimental studies on the nature of species I. Effect of varied environments on western north American plants. Washington: Carnegie Institute of Washington.
Clausen J, Keck DD, Hiesey WM. 1941. Experimental taxonomy. Carnegie Institute of Washington Yearbook, 40: 160-170.
Collinson ME, Boulter MC, Holmes PL. 1993. Magnoliophyta ('Angiospermae') // Benton MJ. The Fossil Record 2. London: Chapman and Hall: 809-841.
Copper P. 1998. Life, a natural history of the first four billion years of life on earth. Science, 280: 1542-1543.
Corner EJH. 1946. Centrifugal stamens. J Arnold Arbor, 27: 425-437.
Cracraft J. 1983. Species concepts and speciation analysis // Johnston RF. Current Ornithology. New York: Springer: 159-187.
Cronquist A. 1978. Once again, what is a species? // Knutson L. Biosystematics in Agriculture. Montclair NJ: Alleheld Osmun: 3-20.
Cronquist A. 1981. An Integrated System of Classification of Flowering Plants. New York: Columbia University Press.
Cronquist A. 1988. The Evolution and Classification of Flowering Plants. 2nd ed. New York: The New York Botanical Garden.
Cullen J, Heywood VH. 1964. Paeoniaceae // Tutin TG, Heywood VH, Burges NA, Valentine DH, Walters SM, Webb DA. Flora Europaea Vol. 1. Cambridge: Cambridge University Press: 243-244.
Dahlgren R. 1977. A commentary on a diagrammatic presentation of the Angiosperms in relation to the distribution of character states // Kubitzki K, Flowering Plants. Vienna: Springer: 253-283.
Dahlgren RMT. 1980. A revised system of classification of the Angiosperms. Bot J Linn Soc, 80(2): 91-124.
Dark SOS. 1936. Meiosis in diploid and tetraploid *Paeonia* species. J Genet, 32(3): 353-372.
Davis PH, Cullen J. 1965. *Paeonia* L. // Davis PH. Flora of Turkey. Vol. 1. Edinburgh: Edinburgh University Press: 204-206.
Davis PH, Heywood VH. 1963. Principles of Angiosperm Taxonomy. Edinburgh and London: Oliver and Boyd.
de Candolle AP. 1824. Prodromus Systematis Naturalis Regni Vegetabilis. 1. Paris: Treuttel et Würtz.
de Queiroz K. 1998. The general lineage concept of species: species criteria and the process of speciation // Howard DJ, Berlocher SH. Endless forms: Species and speciation. Oxford: Oxford University Press: 57-75.
de Queiroz K. 2005. A unified concept of species and its consequences for the future of taxonomy. Proc. Calif Acad Sci, 56 (Suppl. 1): 196-215.
de Queiroz K. 2007. Species concepts and species delimitation. Syst Biol, 56(6): 879-886.
Dickison WC, Nowicke JW, Skvarla JJ. 1982. Pollen morphology of the Dilleniaceae and Actinidiaceae. Amer J Bot, 69(7): 1055-1073.
Diels L. 1936. A Engler's Syllabus der Pflanzenfamilien. Berlin: Gebrüder Borntraeger.
Dobzhansky T, Ayala FJ, Stebbins GL, Valentine JW. 1977. Evolution. San Francisco: W. H. Freeman and Company.
Dong WP, Liu J, Yu J, Wang L, Zhou SL. 2012. Highly variable chloroplast markers for evaluating plant phylogeny at low taxonomic levels and for DNA barcoding. PLoS ONE, 7(4): e35071.
Dong WP, Xu C, Wu P, Cheng T, Yu J, Zhou SL, Hong DY. 2018. Resolving the systematic positions of enigmatic taxa: Manipulating the chloroplast genome data of Saxifragales. Mol Phylog Evol, 126: 321-330.
Erdtman G. 1952. Pollen Morphology and Plant Taxonomy: Angiosperms. Stockholm: Almquist & Wiksell.
Ferguson D, Sang T. 2001. Speciation through homoploid hybridization between allotetraploids in peonies (*Paeonia*). PNAS, 98(7): 3915-3919.
Fishbein M, Hibsch-Jetter C, Soltis DE, Hufford L. 2001. Phylogeny of Saxifragales (Angiosperms, Eudicots): Analysis of a rapid, ancient radiation. Syst Biol, 50(6): 817-847.

Fishbein M, Soltis DE. 2004. Further resolution of the rapid radiation of Saxifragales (Angiosperms, Eudicots) supported by mixed-model Bayesian analysis. Syst Bot, 29(4): 883-891.
Franchet AR. 1886. Plantae Yunnanenses. Bull Soc Bot France, 33: 382-383.
Freudenstein JV, Broe MB, Folk RA, Sinn BT. 2017. Biodiversity and the Species Concept-Lineages are not Enough. Syst Biol, 66(4): 644-656.
Ge S, Hong DY. 2010. Biosystematic studies on *Adenophora potaninii* Korsh. complex (Campanulaceae) V. A taxonomic treatment. J Syst Evol, 48 (6): 445-454.
Goremykin VV, Hirsch-Ernst KI, Wölfl S, Hellwig FH. 2004. The chloroplast genome of *Nymphaea alba*: whole-genome analyses and the problem of identifying the most basal angiosperm. Mol Biol Evol, 21(7): 1445-1454.
Goremykin VV, Holland B, Hirsch-Ernst KI, Hellwig FH. 2005. Analysis of *Acorus calamus* chloroplast genome and its phylogenetic implications. Mol Biol Evol, 22(9): 1813-1822.
Goremykin VV, Nikiforova SV, Biggs PJ, Zhong BJ, Delange P, Martin W, Woetzel S, Atherton RA, McLenachan PA, Lockhart PJ. 2013. The evolutionary root of flowering plants. Syst Biol, 62(1): 50-61.
Grant V. 1963. The origin of adaptation. New York: Columbia University Press.
Grant V. 1971. Plant speciation. New York: Columbia University Press.
Gross BL, Rieseberg LH. 2005. The ecological genetics of homoploid hybrid speciation. J Hered, 96(3): 241-252.
Haga T, Ogata T. 1956. A cytogenetic survey of a natural population of *Paeonia japonica*, with special reference to the failure of meiotic chromosome pairing. Cytologia, 21(1): 11-20.
Halda JJ. 1997. Systematic treatment of the genus *Paeonia* L. with some nomenclatoric changes. Acta Mus Richnov Sect Natur, 4(1): 25-32.
Halda JJ. 2004. The Genus *Paeonia*. Portland: Timber Press.
Handel-Mazzetti HF. 1939. Plantae Sinenses (*Paeonia*). Acta Horti Gothob, 13: 37-40.
Hansen AK, Escobar LK, Gilbert LE, Jansen RK. 2007. Paternal, maternal, and biparental inheritance of the chloroplast genome in *Passiflora* (Passifloraceae): Implications for phylogenetic studies. Amer J Bot, 94(1): 42-46.
Haw SG. 2001a. *Paeonia delavayi*, a variable species. The New Plantsman, 8(4): 251-253.
Haw SG. 2001b. Tree peonies: A review of their history and taxonomy. The New Plantsman, 8(2): 156-171.
Haw SG. 2006. Tree peonies: A review of recent literature. The Plantsman, 5(2): 88-92, 260-262.
Haw SG, Lauener LA. 1990. A review of the infraspecific taxa of *Paeonia suffruticosa* Andrews. Edinb J Bot, 47: 273-281.
Hedberg O. 1958. The taxonomic treatment of vicarious taxa. Uppsala Univ Arsskr, 6: 186-195.
Hicks GC, Stebbins GL Jr. 1934. Meiosis in some species and a hybrid of *Paeonia.* Amer J Bot, 21(5): 228-241.
Hoffmann AA, Rieseberg LH. 2008. Revisiting the impact of inversions in evolution: From population genetic markers to drivers of adaptive shifts and speciation? Ann Rev Ecol Evol Syst, 39(1): 21-42.
Hong DY. 1983a. On pollen shape in some groups of dicotyledons. Grana, 22(2): 73-78.
Hong DY. 1983b. The distribution of Scrophulariaceae in the Holarctic with special reference to the floristic relationships between eastern Asia and eastern North America. Ann Missouri Bot Gard, 70(4): 701-712.
Hong DY. 1984. *Echinocodon* Hong, a new genus of Campanulaceae and its systematic position. Acta Phytotax Sin, 22 (3): 181-184.
Hong DY. 1989. Studies on the genus *Paeonia* 2: The characters of leaf epidermis and their systematic significance. Chinese J Bot, 1(2): 145-153.
Hong DY. 1991. A biosystematic study on *Ranunculus* subgenus *Batrachium* in S Sweden. Nord J Bot, 11(1): 41-59.
Hong DY. 1993. Eastern Asian-North American distributions and their biological significance. Cathaya, 5(1): 1-39.
Hong DY. 1997b. Notes on *Paeonia decomposita* Hand.-Mazz. Kew Bull, 52(4):957-963.

Hong DY. 1997a. *Paeonia* (Paeoniaceae) in Xizang (Tibet). Novon, 7(2): 156-161.
Hong DY. 2010. PEONIES of the World: Taxonomy and Phytogeography. Kew: Royal Botanic Gardens, Kew Publishing; St. Louis: Missouri Botanical Garden Press.
Hong DY. 2011a. *Paeonia rotundiloba* (D. Y. Hong) D. Y. Hong: A new status in tree peonies (Paeoniaceae). J Syst Evol, 49(5): 464-467.
Hong DY. 2011b. PEONIES of the World: Polymorphism and Diversity. Kew: Royal Botanic Gardens, Kew Publishing; St. Louis: Missouri Botanical Garden Press.
Hong DY. 2015b. A Monograph of *Codonopsis* and Allied Genera (Campanulaceae). San Diego: Academic Press; Beijing: Science Press.
Hong DY. 2015a. Introduction and Aquifoliaceae // Hong DY. Flora of Pan-Himalaya. Vol. 47. Beijing: Science Press; Cambridge: Cambridge University Press: iii-iv, 1-52.
Hong DY. 2020. Gen-morph species concept: A new and integrative species concept for outbreeding organisms. J Syst Evol, 58(5): 725-742.
Hong DY. 2021. PEONIES of the World: Phylogeny and Evolution. Kew: Royal Botanical Gardens, Kew Publishing; St. Louis: Missouri Botanical Garden Press.
Hong DY, Fischer MA. 1998. *Veronica* // Wu ZY, Raven P. Flora of China. Vol. 18. Beijing: Science Press; St. Louis: Missouri Bot Gard Press: 65-80.
Hong DY, Pan KY. 1998. The restoration of the genus *Cyclocodon* (Campanulaceae) and its evidence from pollen and seed-coat. Acta Phytotax Sin, 36(2): 106-110.
Hong DY, Pan KY. 1999. A revision of the *Paeonia suffruticosa* complex (Paeoniaceae). Nord J Bot, 19(3): 289-299.
Hong DY, Pan KY. 2004. A taxonomic revision of the *Paeonia anomala* complex (Paeoniaceae). Ann Missouri Bot Gard, 91(1): 87-98.
Hong DY, Pan KY. 2005. Notes on taxonomy of *Paeonia* sect. *Moutan* DC. (Paeoniaceae). Acta Phytotax Sin, 43(2): 169-177.
Hong DY, Pan KY. 2007. *Paeonia cathayana* D. Y. Hong & K. Y. Pan, a new tree peony, with revision of *P. suffruticosa* ssp. *yinpingmudan*. Acta Phytotax Sin, 45(3): 285-288.
Hong DY, Pan KY. 2012. Pollen morphology of the platycodonoid group (Campanulaceae s. str.) and its systematic implications. J Integr Plant Biol, 54(10): 773-789.
Hong DY, Pan KY, Pei YL. 1996. The identity of *Paeonia decomposita* Hand.-Mazz. Taxon, 45(1): 67-69.
Hong DY, Pan KY, Turland NJ. 2001. *Paeonia anomala* subsp. *veitchii* (Paeoniaceae), a new combination. Novon, 11(3): 315-318.
Hong DY, Pan KY, Yu H. 1998. Taxonomy of the *Paeonia delavayi* complex (Paeoniaceae). Ann Missouri Bot Gard, 85(4): 554-564.
Hong DY, Wang XQ. 2006. The identity of *Paeonia corsica* Sieber ex Tausch (Paeoniaceae), with special reference to its relationship with *P. mascula* (L.) Mill. Feddes Repert, 117 (1-2): 65-84.
Hong DY, Wang XQ, Zhang DM. 2004. *Paeonia saueri* (Paeoniaceae), a new species from the Balkans. Taxon, 53(1): 83-90.
Hong DY, Wang XQ, Zhang DM, Koruklu ST. 2003. On the circumscription of *Paeonia kesrouanensis*, an east Mediterranean peony. Nord J Bot, 23(4): 395-400.
Hong DY, Zhang DM, Wang XQ, Koruklu TS, Tzanoudakis D. 2008. Relationships and taxonomy of *Paeonia arietina* G. Anderson complex (Paeoniaceae) and its allies. Taxon, 57(3): 922-932.
Hong DY, Zhou SL. 2003. *Paeonia* (Paeoniaceae) in the Caucasus. Bot J Linn Soc, 143(2): 135-150.
Hoot SB, Magallón S, Crane PR. 1999. Phylogeny of basal Eudicots based on three molecular data sets: *atpB*, *rbcL*, and 18S nuclear ribosomal DNA sequences. Ann Missouri Bot Gard, 86(1):1-32.
Hutchinson J. 1926. The Families of Flowering Plants I. Dicotyledons. London: Macmillan and Co. Limited.
Hutchinson J. 1959. The Families of Flowering Plants I. Dicotyledons. 2nd ed. Oxford: Clarendon Press.
Hutchinson J. 1969. Evolution and Phylogeny of Flowering Plants: Dicotyledons. London and New York: Academic Press.

Hutchinson J. 1973. The Families of Flowering Plants. Oxford: Clarendon Press.
Huth E. 1891. Monographie der Gattung *Paeonia.* Bot Jahrb Syst, 14(3): 258-276.
Jenczewski E, Mercier R, Macaisne N, Mézard C. 2013. Meiosis: Recombination and the Control of Cell Division // Leitch IJ, Greilhuber J, Doležel J, Wendel JF. Plant Genome Diversity. Volume 2. Wien: Springer-Verlag: 121-136.
Jepson WL. 1909. A flora of California 1. San Francisco: Cunningham Curtis & Welch: 515.
Jian SG, Soltis PS, Gitzendanner MA, Moore MJ, Li R, Hendry TA, Qiu YL, Dhingra A, Bell CD, Soltis DE. 2008. Resolving an ancient, rapid radiation in Saxifragales. Syst Biol, 57(1): 38-57.
Kemularia-Nathadze LM. 1961. The Caucasian representatives of the genus *Paeonia* L. Trudy Tbilissk Bot Inst, 21: 3-51.
King M. 1993. Species Evolution: The Role of Chromosome Change. Cambridge: Cambridge University Press.
Komarov VL. 1921. Plantae novae Chinenses (*Paeonia beresowksii*, *P. potaninii*, *Aster lipskii*). Bot Mater Gerb Glavn Bot Sada RSFSR, 2(2): 5-8.
Lande R. 1979. Effective deme sizes during long-term evolution estimated from rates of chromosomal rearrangement. Evolution, 33(1) Part 1: 234-251.
Löve Á. 1951. Taxonomical evaluation of polyploids. *Caryologia*, 3(3): 263-284.
Löve Á. 1964. The biological species concept and its evolutionary structure. Taxon, 13(2): 33-45.
Levan A, Fredga K, Sandberg AA. 1964. Nomenclature for centromeric position on chromosomes. Hereditas, 52(2): 201-220.
Lukhtanov VA, Shapoval NA, Anokhin BA, Saifitdinova AF, Kuznetsova VG. 2015. Homoploid hybrid speciation and genome evolution via chromosome sorting. Royal Society B, 282: 20150157.
Lynch RI. 1890. A new classification of the genus *Paeonia.* J Roy Hort Soc, 12: 428-445.
Lysák MA, Schubert I. 2013. Mechanisms of Chromosome Rearrangements // Leitch IJ, Greilhuber J, Doležel J, Wendel JF. Plant Genome Diversity. Volume 2. Wien: Springer-Verlag: 137-147.
Mabberley DJ. 1997. Mabberley's Plant-book. Cambridge: Cambridge University Press.
Mabberley DJ. 2000. Mabberley's Plant-book. 2nd ed. With corrections. Cambridge: Cambridge University Press.
Mabberley DJ. 2008. Mabberley's Plant-book: A Portable Dictionary of Plants, Their Classification and Uses. 3rd ed. Cambridge: Cambridge University Press.
Magallón S, Crane PR, Herendeen PS. 1999. Phylogenetic pattern, diversity, and diversification of Eudicots. Ann Missouri Bot Gard, 86(2): 297-372.
Maheshwari P. 1962. A contribution of the embryology of *Paeonia*. Acta Horti Berg, 20: 57-61.
Maheshwari P. 1964. Embrology in relation to taxonomy // Turrill WB. Vista in Botany 4. Recent Researches in Plant Taxonomy. Oxford: Pergamon Press: 55-97.
Mayr E. 1942. Systematics and the Origin of Species. New York: Columbia University Press.
Melchior H. 1964. A. Engler's Syllabus der Pflanzenfamilien. Berlin: Gerbrüder Borntraeger.
Mishler BD, Brandon RN. 1987. Individuality, pluralism, and the phylogenetic species concept. Biol Philos, 2(4): 397-414.
Moore MJ, Soltis PS, Bell CD, Burleigh JG, Soltis DE. 2010. Phylogenetic analysis of 83 plastid genes further resolves the early diversification of Eudicots. PNAS, 107(10): 4623-4628.
Moskov IV. 1964. The development of the embryology in some *Paeonia* varieties. Bot Zhur, 49: 887-894.
Munz PA. 1935. A manual of South California Botany 170. California: JC Stacey Inc. Distributor San Francisco.
Murgai P. 1959. The development of the embryo in *Paeonia*: A reinvestigation. Phytomorph, 9: 275-277.
Nakamura T, Nomoto N. 1982. The cytological studies in family Paeoniaceae I. The karyotypes and the trabants in some species of the genus *Paeonia* in Japan. La Kromosomo II, 24: 713-721.
Nichols DJ, Johnson KR. 2008. Plants and the K-T Boundary. Cambridge: Cambridge University Press.
Nowicke JW, Bittner JL, Skvarla JJ. 1986. *Paeonia*, exine substructure and plasma ashing // Blackmore S,

Fergunson IK. Pollen and Spores: Form and function. London: Academic Press: 81-95.

Özhatay N, Özhatay E. 1995. A new white *Paeonia* L. from north-western Turkey: *P. mascula* Miller subsp. *bodurii* N. Özhatay. The Karaca Arbor Mag, 3: 17-26.

Punina EO. 1987. Karyological study of speices of the genus *Paeonia* (Paeoniaceae) from the Caucasus. Bot Zhurn, 72(11):1504-1514.

Punina EO. 1989. Caryological study of the Caucasian members of the genus *Paeonia* (Paeoniaceae) using Giemsa differential chromosome staining. Bot Zhurn, 74(3): 332-339.

Punina EO, Alexandrova TV. 1992. The chromosome volume and relative DNA content in Caucasian representatives of the genus *Paeonia* (Paeoniaceae). Bot Zhurn, 77(11): 16-23.

Rafinesque CS. 1815. Analyse de la nature, ou tableau de l'univers et des corps organisés. 1815 aux dépens de l'auteur. Palermo: Self-published.

Rehder A. 1920. New species, varieties and combinations from the herbarium and the collections of the Arnold Arboretum. J Arnold Arbor, 1(3): 191-210.

Rehder A, Wilson EH. 1913. Ranunculaceae // Sargent CS. Plantae Wilsonianae. Cambridge: The University Press: 318-319.

Renne PR, Deino AL, Hilgen FJ, Kuiper KF, Mark DF, Mitchell WS, Morgan LE, Mundil R, Smit J. 2013. Time scales of critical events around the Cretaceous-Paleogene boundary. Science, 339(6120): 684-687.

Ridley M. 1989. The cladistic solution to the species problem. Biol Philos, 4(1): 1-16.

Rieppel O. 2010. Species monophyly. J Zool Syst Evol Res, 48(1): 1-8.

Ronquist F, Teslenko M, van der Mark P, Ayres DL, Darling A, Höhna S, Larget B, Liu L, Suchard MA, Huelsenbeck JP. 2012. MrBayes 3.2: Efficient Bayesian phylogenetic inference and model choice across a large model space. Syst Biol, 61(3): 539-542.

Sang T, Crawford DJ, Stuessy TF. 1995. Documentation of reticulate evolution in peonies (*Paeonia*) using internal transcribed spacer sequences of nuclear ribosomal DNA: Implications for biogeography and concerted evolution. PNAS, 92(15): 6813-6817.

Sang T, Crawford DJ, Stuessy TF. 1997. Chloroplast DNA phylogeny, reticulate evolution, and biogeography of *Paeonia* (Paeoniaceae). Amer J Bot, 84(8): 1120-1136.

Sang T, Pan J, Zhang DM, Ferguson D, Wang C, Pan KY, Hong DY. 2004. Origins of polyploids: An example from peonies (*Paeonia*) and a model for Angiosperms. Biol J Linn Soc, 82(4): 561-571.

Sang T, Zhang DM. 1999. Reconstructing hybrid speciation using sequences of low copy nuclear genes: Hybrid origins of five *Paeonia* species based on *Adh* gene phylogenies. Syst Bot, 24(2): 148-163.

Saunders AP, Stebbins GL. 1938. Cytogenetic studies in *Paeonia* I. The compatibility of the species and the appearance of the hybrids. Genetics, 23(1): 65-82.

Savolainen V, Fay MF, Albach DC, Backlund A, van der Bank M, Cameron KM, Johnson SA, Lledó MD, Pintaud JC, Powell M, Sheahan MC, Soltis DE, Soltis PS, Weston P, Whitten WM, Wurdack KJ, Chase MW. 2000. Phylogeny of the Eudicots: A nearly complete familial analysis based on *rbcL* gene sequences. Kew Bull, 55(2): 257-309.

Sax K. 1932. Meiosis and chiasma formation in *Paeonia suffruticosa.* J Arnold Arbor, 13: 375-384.

Sax K. 1937. Chromosome inversions in *Paeonia suffruticosa.* Cytologia, Fujii Jub (1): 108-114.

Schipczinsky NV. 1937. *Paeonia* L // Komarov YL. Flora USSR. Vol. 7. Moskva-Leningrad: Izdatel'stvo Akademii Nauk SSSR: 24-35.

Schlising RA. 1976. Reproductive proficiency in *Paeonia californica* (Paeoniaceae). Amer J Bot, 63(8): 1095-1103.

Seringe NC. 1849. Flore des Jardins. Vol. 3. Lyon: Charles Savy Jeune.

Simpson GG. 1943. Criteria for genera, species and subspecies in zoology and paleozoology. Ann New York Acad Sci, 44(2): 145-178.

Simpson GG. 1961. Principles of Animal Taxonomy. New York: Columbia University Press.

Sims J. 1808. *Paeonia moutan.* Curtis's Bot Mag, 29: tab. 1154.

Snow R. 1969. Permanent translocation heterozygosity associated with an inversion system in *Paeonia brownii.* J Hered, 60(3): 103-106.

Soltis DE, Clayton JW, Davis CC, Gitzendanner MA, Cheek M, Savolainen V, Soltis PS. 2007a. Monophyly and relationships of the enigmatic family Peridiscaceae. Taxon, 56(1): 65-73.

Soltis DE, Gitzendanner MA, Soltis PS. 2007b. A 567-taxon data set for Angiosperms: The challenges posed by Bayesian analyses of large data sets. Int J Plant Sci, 168: 137-157.

Soltis DE, Smith SA, Cellinese N, Wurdack KJ, Tank DC, Brockington SF, Refulio-Rodriguez NF, Walker JB, Moore MJ, Carlsward B S, Bell CD, Latvis M, Crawley S, Black C, Diouf D, Xi ZX, Rushworth CA, Gitzendanner MA, Sytsma KJ, Qiu YL, Hilu KW, Davis CC, Sanderson MJ, Beaman RS, Olmstead RG, Judd WS, Donoghue MJ, Soltis PS. 2011. Angiosperm phylogeny: 17 genes, 640 taxa. Amer J Bot, 98(4): 704-730.

Soltis DE, Soltis PS. 1997. Phylogenetic relationships in Saxifragaceae *sensu lato*: A comparison of topologies based on 18S rDNA and *rbcL* sequences. Amer J Bot, 84(4): 504-522.

Soltis DE, Soltis PS, Chase MW, Mort ME, Albach DC, Zanis M, Savolainen V, Hahn WH, Hoot SB, Fay MF. 2000. Angiosperm phylogeny inferred from 18S rDNA, *rbcL*, and *atpB* sequences. Bot J Linn Soc, 133(4): 381-461.

Soltis DE, Soltis PS, Nickrent DL, Johnson LA, Hahn WJ, Hoot SB, Sweere JA, Kuzoff RK, Kron KA, Chase MW. 1997. Angiosperm phylogeny inferred from 18S ribosomal DNA sequences. Ann Missouri Bot Gard, 84(1): 1-49.

Sopova M. 1971. The cytological study of two *Paeonia* species from Macedonia. Fragm Balanc Mus Macedon Sci Nat, 8(16): 137-142.

Stace CA. 1980. Plant taxonomy and biosystematics. London: Edward Arnold.

Stebbins GL. 1938. Cytogenetic studies in *Paeonia* II. The cytology of the diploid species and hybrids. Genetics, 23(1): 83-110.

Stebbins GL. 1939. Notes on some systematic relationships in the genus *Paeonia.* Univ California Publ Bot, 19: 245-266.

Stebbins GL. 1950. Variation and evolution in plants. New York: Columbia University Press.

Stebbins GL. 1974. Flowering Plants: Evolution above the Species Level. Cambridge: Belknap Press.

Stebbins GL, Ellerton S. 1939. Structural hybridity in *Paeonia californica* and *P. brownii.* J Genet, 38(1): 1-36.

Stern FC. 1931. Paeony species. J Royal Hort Soc, 56: 71-77.

Stern FC. 1943. Genus *Paeonia.* J Royal Hort Soc, 68: 124-131.

Stern FC. 1944. Geographical distribution of the genus *Paeonia.* Proc Linn Soc London, 155(2):76-79.

Stern FC. 1946. A Study of the Genus *Paeonia*. London: The Royal Horticultural Society.

Stern FC, Taylor G. 1951. A new peony from S. E. Tibet. J Royal Hort Soc, 76: 216-217.

Stuessy TF. 1990. Plant Taxonomy: The Systematic Evaluation of Comparative Data. New York: Columbia University Press.

Stuessy TF. 2009. Plant Taxonomy: The Systematic Evaluation of Comparative Data. 2nd ed. New York: Columbia University Press.

Stuessy TF, Crawford DJ, Soltis DE, Soltis PS. 2014. Plant Systematics: The Origin, Interpretation, and Ordering of Plant Biodiversity. Königstein: Koeltz Scientific Books.

Takhtajan AL. 1966. Systema et Phylogenia Magnoliophytorum. Institutum Botanicum Nomine V. Komarovii: Academiae Scientiarum URSS.

Takhtajan AL. 1969. Flowering Plants: Origin and Dispersal. Edinburgh: Oliver and Boyd.

Takhtajan AL. 1980. Outline of the classification of flowering plants (Magnoliophyta). Bot Rev, 46(3): 225-359.

Takhtajan AL. 1986. Floristic Regions of the World. Berkeley: University of California Press.

Takhtajan AL. 1987. System of Magnoliophyta. Leningrad: Academy of Sciences USSR.

Thorne RF. 1976. A phylogenetic classification of the Angiospermae. Evol Biol, 9: 35-106.

Thorne RF. 1983. Proposed new realignments in Angiosperms. Nordic J Bot, 3: 85-117.

Thorne RF. 1992. An updated phylogenetic classification of the flowering plants. Aliso, 13: 365-389.
Thorne RF. 2000a. The classification and geography of the flowering plants: Dicotyledons of the class Angiospermae (Subclasses Magnoliidae, Ranunculidae, Caryophyllidae, Dilleniidae, Rosidae, Asteridae, and Lamiidae). Bot Rev, 66(4): 441-647.
Thorne RF. 2000b. The classification and geography of the monocotyledon subclasses Alismatidae, Liliidae and Commelinidae // Nordenstam B, El-Ghazaly G, Kassas M. Plant Systematics for the 21st Century. London: Portland Press: 75-124.
Thorne RF, Reveal JL. 2007. An updated classification of the class Magnoliopsida ("Angiospermae"). Bot Rev, 73: 67.
Turesson G. 1922b. The genotypical response of the plant species to the habitat. Hereditas, 3(3): 211-250.
Turesson G. 1922a. The species and the variety as ecological units. Hereditas, 3(1): 100-113.
Tzanoudakis D. 1983. Karyotypes of four wild *Paeonia* species from Greece. Nord J Bot, 3(3): 307-318.
Uspenskaya MS. 1987. An addition to the system of the genus *Paeonia* L. Biull Moskovsk. Obšc Isp Prir: Otd Biol, 92(3): 79-85.
van Valen L. 1976. Ecological species, multispecies, and oaks. Taxon, 25(2-3): 233-239.
Walters JL. 1942. Distribution of structural hybrids in *Paeonia californica.* Amer J Bot, 29: 270-275.
Walters JL. 1952. Heteromorphic chromosome pairs in *Paeonia californica*. Amer J Bot, 39(2): 145-151.
Walters JL. 1956. Spontaneous meiotic chromosome breakage in natural populations of *Paeonia californica.* Amer J Bot, 43(5): 342-354.
Wang JX. 2010. A study of evolutionary biology on *Paeonia* subsect. *vaginatae* (Paeoniaceae) and origin of traditional cultivars of tree peony. Beijing: Institute of Botany, the Chinese Academy of Sciences.
Wang Q, Ma XT, Hong DY. 2014. Phylogenetic analyses reveal three new genera of the Campanulaceae. J Syst Evol, 52(5): 541-550.
Wang SQ, Zhang DM, Pan J. 2008. Chromosomal inversion heterozygosity in *Paeonia decomposita* (Paeoniaceae). Caryologia, 61(2): 128-134.
Wellenreuther M, Bernatchez L. 2018. Eco-evolutionary genomics of chromosomal inversions. Trends Ecol Evol, 33(6): 427-440.
White MJD. 1978. Modes of Speciation. San Francisico: Freeman.
Wikström N, Savolainen V, Chase MW. 2001. Evolution of the Angiosperms: calibrating the family tree. Proc R Soc London B, 268(1482): 2211-2220.
Wiley EO. 1992. The evolutionary species concept reconsidered // Ereshefsky M. The Units of Evolution: Essays on the Nature of Species. Cambridge: MIT Press: 79-92.
Wilkins JS. 2006. A list of 26 species "concepts" source. (2006-10-1) [2024-03-15]. http://scienceblogs.com/evolvingthoughts/ 2006/10/01/a-list-of-26-species-concepts.php.
Wilkins JS. 2009. Species: A History of the Idea. Berkeley and Los Angeles: University of California Press.
Wolfe JA. 1972. An interpretation of Alaska Tertiary floras // Graham A. Floristics and Paleofloristics of Asia and Eastern North America. Amsterdam: Elsevier Publishing Campany: 201-233.
Wood TE, Takebayashi N, Barker MS, Mayrose I, Greenspoon PB, Reiseberg LH. 2009. The frequency of polyploid speciation in vascular plants. PNAS, 106(33): 13875-13879.
Worsdell WC. 1908. The affinities of *Paeonia.* J Bot, 46: 114-116.
Wortley AH, Rudall PJ, Harris DJ, Scotland RW. 2005. How much data are needed to resolve a difficult phylogeny? Case study in Lamiales. Syst Biol, 54(5): 697-709.
Wu SH, Luo XD, Ma YB, Hao XJ, Wu DG. 2002b. A new monoterpene glycoside from *Paeonia veitchii.* Chin Chem Lett, 13(5): 430-431.
Wu SH, Luo XD, Ma YB, Hao XJ, Wu DG. 2002a. Monoterpenoid derivatives from *Paeonia delavayi.* J Asian Nat Prod Res, 4(2): 135-140.
Xue JH, Dong WP, Cheng T, Zhou SL. 2012a. Nelumbonaceae: Systematic position and species diversification revealed by the complete chloroplast genome. J Syst Evol, 50(6): 477-487.
Xue JH, Wang S, Zhou SL. 2012b. Polymorphic chloroplast microsatellite loci in *Nelumbo* (Nelumbonaceae).

Amer J Bot, 99(6): 240-244.

Yakovlev MS. 1951. On similarity of embryogenesis in the Angiosperms and Gymnosperms. Proc Bot Inst Acad Sci USSR, 7: 356-365.

Yakovlev MS. 1969. Embryogenesis and some problems of phylogenesis. Rev Cytol Biol Veg, 32: 325-330.

Yakovlev MS, Yoffe MD. 1957. On some peculiar features in the embryology of *Paeonia* L. Phytomorph, 7: 74-82.

Yakovlev MS, Yoffe MD. 1965. The embryology in the genus *Paeonia* L. // Flower Morphology and Reproductive Process of Angiosperms. Moskov: Nauka Press: 140-176.

Yuan JH, Cheng FY, Zhou SL. 2010. Hybrid origin of *Paeonia* × *yananensis* revealed by microsatellite markers, chloroplast gene sequences, and morphological characteristics. Intern J Plant Sci, 171: 409-420.

Yuan JH, Cornille A, Giraud T, Cheng FY, Hu YH. 2014. Independent domestications of cultivated tree peonies from different wild peony species. Mol Ecol, 23(1): 82-95.

Zhang DM, Sang T. 1998. Chromosomal structural rearrangement of *Paeonia brownii*, and *P. californica* revealed by fluorescence *in situ* hybridization. Genome, 41: 848-853.

Zhang DM, Sang T. 1999. Physical mapping of ribosomal RNA genes in peonies (*Paeonia*, Paeoniaceae) by fluorescent *in situ* hybridization: Implications for phylogeny and concerted evolution. Amer J Bot, 86(5): 735-740.

Zhang JM. 2010. Population genetics of *Paeonia* sect. *Moutan* subsect. *Delavayanae* (Paeoniaceae). Beijing: Institute of Botany, the Chinese Academy of Sciences.

Zhou SL, Hong DY, Pan KY. 1999. Pollination biology of *Paeonia jishanensis* T. Hong & W. Z. Zhao (Paeoniaceae), with special emphasis on pollen and stigma biology. Bot J Linn Soc, 130: 43-52.

Zhou SL, Xu C, Liu J, Yu Y, Wu P, Cheng T, Hong DY. 2020. Out of the Pan-Himalaya: Evolutionary history of the Paeoniaceae revealed by phylogenomics. J Syst Evol, 59(6): 1170-1182.

Zhou SL, Zou XH, Zhou ZQ, Liu J, Xu C, Yu J, Wang Q, Zhang DM, Wang XQ, Ge S, Sang T, Pan KY, Hong DY. 2014. Multiple species of wild tree peonies gave rise to the "king of flowers" *Paeonia suffruticosa* Andrews. Proc Royal Soc B: Biol Sci, 281: 20141687.

附录 1　世界牡丹和芍药研究产出的论文和著作

1. 洪德元, 张志宪, 朱相云. 1988. 芍药属的研究(1): 国产几个野生种核型的报道. 植物分类学报, 26(1): 33-43.
2. Hong DY. 1989. Studies on the genus *Paeonia* 2: The characters of leaf epidermis and their systematic significance. Chinese J Bot, 1(2): 145-153.
3. Nakat M, Hong DY. 1991. Fluorescent chromosome banding with chromomycin A3 and DAPI in *Paeonia japonica* and *P. obovata.* Chromosome Information Service, 50: 19-21.
4. 洪德元, 潘开玉, 李学禹. 1994. 新疆的芍药属. 植物分类学报, 32(4): 349-355.
5. 洪德元, 潘开玉, 谢中稳. 1998. 银屏牡丹: 花王牡丹的野生近亲. 植物分类学报, 36(6): 515-520.
6. 裴颜龙, 洪德元. 1995. 卵叶牡丹: 芍药属一新种. 植物分类学报, 33(1): 91-93.
7. 裴颜龙, 邹喻苹, 尹蓁, 汪小全, 张志宪, 洪德元. 1995. 矮牡丹与紫斑牡丹 RAPD 分析初报. 植物分类学报, 33(4): 350-356.
8. Hong DY, Pan KY, Pei YL. 1996. The identity of *Paeonia decomposita* Hand.-Mazz. Taxon, 45(1): 67-69.
9. Hong DY. 1997. Notes on *Paeonia decomposita* Hand.-Mazz. Kew Bull , 52(4): 957-963.
10. Hong DY. 1997. *Paeonia* (Paeoniaceae) in Xizang (Tibet). Novon, 7: 156-161.
11. 张寿洲, 潘开玉, 张大明, 洪德元. 1997. 矮牡丹小孢子母细胞减数分裂异常现象的观察. 植物学报, 39(5): 397-404.
12. Hong DY, Pan KY, Yu H. 1998. Taxonomy of the *Paeonia delavayi* complex (Paeoniaceae). Ann Missouri Bot Gard, 85(4): 554-564.
13. 罗毅波, 裴颜龙, 潘开玉, 洪德元. 1998. 矮牡丹传粉生物学的初步研究. 植物分类学报, 36(2): 134-144.
14. 洪德元. 1998. 紫斑牡丹及其一新亚种. 植物分类学报, 36(6): 538-543.
15. 洪德元. 2016. 生物多样性事业需要科学、可操作的物种概念. 生物多样性, 24(9): 979-999.
16. Hong DY, Pan KY. 1999. A revision of the *Paeonia suffruticosa* complex (Paeoniaceae). Nord J Bot, 19(3): 289-299.
17. 洪德元, 潘开玉. 1999. 芍药属牡丹组的分类历史和分类处理. 植物分类学报, 37(4): 351-368.
18. Zhou SL, Hong DY, Pan KY. 1999. Pollination biology of *Paeonia jishanensis* T. Hong & W. Z. Zhao (Paeoniaceae), with special emphasis on pollen and stigma biology. Bot J Linn Soc, 130(1): 43-52.
19. Hong DY. 2000. A subspecies of *Paeonia mascula* (Paeoniaceae) from W. Asia and SE. Europe. Acta Phytotax Sin, 38(4): 381-385.
20. Hong DY, Pan KY. 2001. Paeoniaceae // Wu ZY, Raven PH. Flora of China. Vol. 6. Beijing: Science Press; S. Louis: Missouri Botanic Garden Press: 127-132.
21. Hong DY, Pan KY, Rao GY. 2001. Cytogeography and taxonomy of the *Paeonia obovata* polyploid complex (Paeoniaceae). Plant Syst Evol, 227(3): 123-136.
22. Hong DY, Pan KY, Turland NJ. 2001. *Paeonia anomala* subsp. *veitchii* (Paeoniaceae), a new combination. Novon, 11: 315-318.
23. Hong DY, Zhou SL. 2003. *Paeonia* (Paeoniaceae) in the Caucasus. Bot J Linn Soc, 143(2): 135-150.
24. Zhou ZQ, Pan KY, Hong DY. 2003. Phylogenetic analyses of *Paeonia* section *Moutan* (tree peonies, Paeoniaceae) based on morphological data. Acta Phytotax Sin, 41(5): 436-446 .
25. 周志钦, 潘开玉, 洪德元. 2003. 牡丹组野生种间亲缘关系和栽培牡丹起源研究进展. 园艺学报, 30(6): 751-757.
26. Hong DY, Pan KY. 2004. A taxonomic revision of the *Paeonia anomala* complex (Paeoniaceae). Ann Missouri Bot Gard, 91(1): 87-98.

27. Hong DY, Wang XQ, Zhang DM. 2004. *Paeonia saueri* (Paeoniaceae), a new species from the Balkans. Taxon, 53(1): 83-90.
28. 洪德元, 潘开玉, 周志钦. 2004. *Paeonia suffruticosa* Andrews 的界定, 兼论栽培牡丹的分类鉴定问题. 植物分类学报, 42(3): 275-283.
29. 赵宣, 周志钦, 林启冰, 潘开玉, 洪德元. 2004. 芍药属牡丹组(*Paeonia* sect. *Moutan*)种间关系的分子证据: GPAT 基因的 PCR-RFLP 和序列分析. 植物分类学报, 42(3): 236-244.
30. 林启冰, 周志钦, 赵宣, 潘开玉, 洪德元. 2004. 基于 *Adh* 基因家族序列的牡丹组(sect. *Moutan* DC.)种间关系. 园艺学报, 31(5): 627-632.
31. Sang T, Pan J, Zhang DM, Ferguson D, Wang C, Pan KY, Hong DY. 2004. Origins of polyploids: An example from peonies (*Paeonia*) and a model for Angiosperms. Biol J Linn Soc, 82(4): 561-571.
32. Hong DY, Pan KY. 2005. Notes on taxonomy of *Paeonia* sect. *Moutan* DC. (Paeoniaceae). Acta Phytot Sin, 43(2): 169-177.
33. 洪德元, 潘开玉. 2005. 芍药属牡丹组分类补注. 植物分类学报, 43(3): 284-287.
34. Hong DY, Wang XQ, Zhang DM, Koruklu ST. 2003. On the circumscription of *Paeonia kesrouanensis*, an east Mediterranean peony. Nord J Bot, 23(4): 395-400.
35. Hong DY, Castroviejo S. 2005. Proposal to conserve the name *Paeonia broteri* against *P. lusitanica* (Paeoniaceae). Taxon, 54(1): 211-212.
36. Hong DY, Wang XQ. 2006. The identity of *Paeonia corsica* Sieber ex Tausch (Paeoniaceae), with special reference to its relationship with *P. mascula* (L.) Mill. Feddes Repert, 117 (1-2): 65-84.
37. 潘锦, 张大明, 王超, 桑涛, 潘开玉, 洪德元. 2006. *Paeonia anomala* 的核型研究. 云南植物研究, 28(5): 488-492.
38. Hong DY, Wang XQ, Zhang DM, Koruklu ST. 2007. *Paeonia daurica* Andrews or *P. mascula* ssp. *triternata* (Pall. ex DC.) Stearn & P. H. Davis (Paeoniaceae)? Bot J Linn Soc, 154(1): 1-11.
39. Hong DY, Pan KY. 2007. *Paeonia cathayana* D. Y. Hong & K. Y. Pan, a new tree peony, with revision of *P. suffruticosa* ssp. *yinpingmudan*. Acta Phytotax Sin, 45(3): 285-288.
40. Hong DY, Zhang DM, Wang XQ, Koruklu ST, Tzanoudakis D. 2008. Relationships and taxonomy of *Paeonia arietina* G. Anderson complex (Paeoniaceae) and its allies. Taxon, 57(3): 922-932.
41. 郭宝林, 洪德元, 肖培根. 2008. 芍药属丹皮酚类化合物的化学分类学意义再探. 植物分类学报, 46(5): 724-729.
42. Hong DY. 2010. PEONIES of the World: Taxonomy and Phytogeography. Kew: Royal Botanical Gardens, Kew Publishing; St. Louis: Missouri Botanical Garden Press.
43. Hong DY. 2011. *Paeonia rotundiloba* (D. Y. Hong) D. Y. Hong: A new status in tree peonies (Paeoniaceae). J Syst Evol, 49(5): 464-467.
44. Hong DY. 2011. PEONIES of the World: Polymorphism and Diversity. Kew: Royal Botanical Gardens, Kew Publishing; St. Louis: Missouri Bot. Garden Press.
45. Zhou SL, Zou XH, Zhou ZQ, Liu J, Xu C, Yu J, Wang Q, Zhang DM, Wang XQ, Ge S, Sang T, Pan KY, Hong DY. 2014. Multiple species of wild tree peonies gave rise to the "king of flowers" *Paeonia suffruticosa* Andrews. Proc Royal Soc B: Biol Sci, 281(1797): 20141687.
46. Dong WP, Xu C, Wu P, Cheng T, Yu J, Zhou SL, Hong DY. 2018. Resolving the systematic positions of enigmatic taxa: Manipulating the chloroplast genome data of Saxifragales. Mol Phylog Evol, 126: 321-330.
47. Hong DY. 2020. Gen-morph species concept: A new and integrative species concept for outbreeding organisms. J Syst Evol, 58(5): 725-742.
48. Zhou SL, Xu CJ, Liu J, Yu Y, Wu P, Cheng T, Hong DY. 2020. Out of the Pan-Himalaya: Evolutionary history of the Paeoniaceae revealed by phylogenomics. J Syst Evol, 59(6): 1170-1182.
49. Hong DY. 2021. PEONIES of the World: Phylogeny and Evolution. Kew: Royal Botanical Gardens, Kew Publishing; St. Louis: Missouri Botanical Garden Press.

附录2　芍药属分种检索表

1a. 灌木……………………………………………………………1. 牡丹亚属 subg. *Moutan* (DC.) Ser.（中国特有）
　2a. 花通常3～4朵集成聚伞花序，多少下垂；花盘肉质，仅包心皮基部；心皮无毛……………………………………………1a. 滇牡丹组 sect. *Delavayanae* (Stern) Halda（西藏东南部至横断山西部）
　　3a. 心皮近于总是单生，偶2枚；蓇葖果长4.7～7 cm，直径2～3.3 cm；花丝和柱头总是纯黄色…………………1. 大花黄牡丹 *P. ludlowii* (Stern & G. Taylor) D. Y. Hong（西藏隆子、米林）
　　3b. 心皮通常2～5（～7）；蓇葖果长不足4 cm，直径1.5 cm；花瓣、花丝和柱头常不是纯黄色……………………………………………2. 滇牡丹 *P. delavayi* Franch.（西藏东南部至横断山西部）
　2b. 花单朵，上举；花盘革质、半革质，半包或全包心皮至花中期；心皮被绒毛或无毛…………………………………………………………1b. 牡丹组 sect. *Moutan* DC.（四川中西部至安徽）
　　4a. 心皮无毛，2～5；花盘包心皮至中部或至花柱基部直到开花中期；茎下部叶多回复出，小叶（20～）25～54（～71），小叶全部分裂
　　　5a. 心皮5，偶见4；花盘在开花时包至心皮中部；茎下部小叶（35～）37～54（～71）；顶生小叶椭圆或狭菱形，长宽比（1.46～）1.62～2.18（～2.55）…………………………………………3. 四川牡丹 *P. decomposita* Hand.-Mazz.（大渡河流域上游）
　　　5b. 心皮大多3，少2、4或5；花盘在花期全包子房；茎下部小叶（20～）25～37（～49）；顶生小叶圆形或宽菱形，长宽比（1.02～）1.03～1.57（～2.20）…………………………4. 圆裂牡丹 *P. rotundiloba* (D. Y. Hong) D. Y. Hong（四川岷江流域和甘肃迭部）
　　4b. 心皮被毛，5（～7）；花盘完全包裹心皮至花中期；茎下部叶二回三出、二回三出羽状或三出二回羽状，小叶通常少于20（～33），如多于此数，则其中有些小叶全缘
　　　6a. 茎下部小叶9；小叶卵形或卵圆形，仅顶端小叶通常3裂，上面常红色；花瓣基部常有淡红色斑块…………………………………………………9. 卵叶牡丹 *P. qiui* Y. L. Pei & D. Y. Hong（湖北西部、河南西南部、陕西东南部）
　　　6b. 茎下部小叶多于9，如小叶9则大多分裂；小叶上面绿色；花瓣基部无斑块，或有一个大而深紫色斑块
　　　　7a. 茎下部小叶11～33；小叶通常卵形至披针形，大多全缘，较少卵圆形，且大多有齿
　　　　　8a. 茎下部小叶11～15；小叶卵形至卵状披针形，大多全缘；花瓣白色，稀淡玫瑰色，无斑块…………………………………………………6. 凤丹 *P. ostii* T. Hong & J. X. Zhang（安徽巢湖；大面积栽培作丹皮或作油料）
　　　　　8b. 茎下部小叶（17～）19～33；小叶披针形或卵状披针形，大多全缘，或卵形至卵状披针形而大多分裂；花瓣白色，稀红色，基部有一大而深紫色的斑块……………………………………5. 紫斑牡丹 *P. rockii* (S. G. Haw & Lauener) T. Hong & J. J. Li ex D. Y. Hong（陕西、甘肃东部、四川东北部、湖北西部、河南西南部）
　　　　7b. 茎下部小叶9（偶11或15）；小叶卵形或近圆形，多数或全部分裂
　　　　　9a. 小叶卵形，顶端小叶3或5深裂，另有1至数枚浅裂片，侧生小叶大多2或3浅裂，较少全缘的；裂片顶端急尖；叶片背面无毛；萼片顶端全都具尾尖或短尖…………………8. 中原牡丹 *P. cathayana* D. Y. Hong & K. Y. Pan（河南西部）
　　　　　9b. 小叶卵圆形至圆形，全部3深裂；裂片浅裂，顶端急尖或圆钝；叶片背面沿叶脉被柔毛；萼片顶端圆钝……………7. 矮牡丹 *P. jishanensis* T. Hong & W. Z. Zhao（山西西南部、河南北部、陕西东部和北部）

1b. 草本……………………………………………………………………2. 芍药亚属 subg. *Paeonia*（分布同属）

10a. 花瓣近等于或小于萼片；花盘齿状，齿几乎不连续；茎下部叶三出或二回三出，有 3 或 9 小叶；侧生根稍纺锤状 ……………………………… 2c. 北美芍药组 sect. *Onaepia* Lindl.（北美西部）

11a. 茎下部叶二回三出，具 55～110 裂片和短裂片；心皮 5，稀 3、4 或 6；萼片超出花瓣……………………………………………22. 北美芍药 *P. brownii* Douglas ex Hook.（美国西北部 7 个州）

11b. 茎下部叶三出，具 30～78 裂片和短裂片；心皮通常 3，稀 2 或 4；萼片稍小于花瓣，或与之近相等……………………………………………23. 加州芍药 *P. californica* Nutt. ex Torr. & A. Gray（美国加利福尼亚南部，墨西哥西北端）

10b. 花瓣远大于萼片；花盘环状、波状或平滑；茎下部叶二回三出或三出复叶，有 9 或更多小叶；侧根胡萝卜状或纺锤状

12a. 花 2～4 朵集成聚伞花序，较少单朵但有 1～2 个不发育的花蕾，稀真正单朵；萼片顶端大多尾状；叶片上表面脉上有刺毛 ………………………2a. 芍药组 sect. *Albiflorae* Salm-Dyck

13a. 叶片边缘骨质且有小齿，背面沿叶脉被毛或无毛；心皮无毛，极少被毛 ………………10. 芍药 *P. lactiflora* Pall.（中国黑龙江、吉林、辽宁、内蒙古、河北、河南北部、山西、陕西秦岭以北、宁夏南部、甘肃东部、四川康定，蒙古东部，俄罗斯远东地区和西伯利亚东南部，朝鲜半岛）

13b. 叶片边缘平滑，背面无毛；心皮无毛或被毛

14a. 茎下部的小叶加裂片数 70～140；花瓣红色，稀少淡粉色，极少白色

15a. 植株高（60～）66～103（～120）cm；花通常单朵，但有 1～2 个不发育的花蕾，极少 2 朵；心皮大多 5，少见 4，极少 3…………………………………………………14. 窄叶芍药 *P. anomala* L.（中国阿勒泰地区，蒙古中西部，哈萨克斯坦东部，俄罗斯从贝加尔地区至科拉半岛）

15b. 植株高（24～）34～59（～71） cm；花多朵，如单朵则有 1～2 个不发育的花蕾，偶见单朵；心皮大多 3 或 2，稀 4 或 1……………………………………………13. 川赤芍 *P. veitchii* Lynch（四川西部、云南巧家、西藏江达、青海东北部、甘肃中东部、宁夏南部、陕西中部、山西北部）

14b. 茎下部的小叶加裂片数不足 30；花瓣白色，稀少淡粉色

16a. 心皮 1，稀 2，大多被绒毛，少无毛；花单枝数朵……………………………………………………………11. 多花芍药 *P. emodi* Wall. ex Royle（西喜马拉雅，东起西藏吉隆经尼泊尔和印度西部至巴基斯坦西北部和新疆西南部）

16b. 心皮大多 2 或 3，稀 4，总是无毛；花近于总是单朵，稀 2，但有时有 1～2 个不发育的花蕾 ……………………… 12. 白花芍药 *P. sterniana* H. R. Fletcher（西藏波密和察隅）

12b. 花总是单朵顶生；萼片顶端多圆钝；叶片无毛或上表面沿叶脉有刺毛

17a. 主根不加粗，侧根总是纺锤状；茎下部的小叶加裂片数大多超 20，稀较少；叶片上表面沿叶脉有刺毛或无毛，而背面多少被长柔毛 …2b. 块根芍药组 sect. *Paeonia*

18a. 茎大多被长硬毛；萼片背面大多被毛；小叶上面总是无毛或基部少见长柔毛，背面多少有长柔毛

19a. 茎下部的小叶加裂片数多于 20，很少见少至 11 的；小叶片条状椭圆形或披针形；萼片背面有短硬毛或无毛……………………………………………………17. 药用芍药 *P. officinalis* L.（欧洲南部及地中海地区广布）

19b. 茎下部的小叶加裂片数大多少于 20，偶见多至 32；小叶片椭圆形、长圆形或卵状披针形；萼片背面密被长柔毛

20a. 花瓣粉色至红色；花药黄色；茎下部的小叶加裂片数 11～25，偶至 32……………………
…………18. 欧亚芍药 *P. arietina* G. Anderson（土耳其，巴尔干半岛，意大利东北部）
20b. 花瓣深紫色；花药橙色；茎下部的小叶加裂片数 9～15，偶至 25……………………………
……………19. 帕那斯芍药 *P. parnassica* Tzanoud.（希腊的 Parnassos 山和 Elikonas 山）
18b. 茎无毛；萼片总无毛；小叶片上面大多沿叶脉被刺毛
21a. 小叶和叶裂片总是有齿状裂片，裂片长不足 1 cm；柱头黄色或淡粉色…………………………
……………………20. 巴尔干芍药 *P. peregrina* Mill.（土耳其经巴尔干半岛至意大利南部）
21b. 小叶和叶裂片全缘，稀少深裂；柱头红色
22a. 茎下部的小叶加裂片数 19～45；叶片背面被短硬毛………………………………………………
………21. 沙氏芍药 *P. saueri* D. Y. Hong, X. Q. Wang & D. M. Zhang（希腊东北部，阿尔巴尼亚南部）
22b. 茎下部的小叶加裂片数多于 70；叶片背面总是无毛
23a. 茎下部叶的小叶加裂片数 130～340；小叶和裂片大多丝状，宽 0.5～8 mm
··16. 丝叶芍药 *P. tenuifolia* L.（高加索地区经克里米亚向西至巴尔干半岛）
23b. 茎下部的小叶加裂片数 70～100；小叶和裂片条形，宽 4～18 mm……………
····· 15. 块根芍药 *P. intermedia* C. A. Mey.（中亚地区：中国新疆天山以北、阿尔泰山，哈萨克斯坦，吉尔吉斯斯坦，塔吉克斯坦和乌兹别克斯坦）
17b. 主根胡萝卜状；茎下部的小叶加裂片数不超过 24（仅 *P. broteri* 多至 32，*P. clusii* 23～95）；叶片上表面总是无毛
24a. 茎下部叶小叶 9，或小叶加裂片数 13～24；心皮大多 2 或 3，稀 1、4 或 5………………………
……………………………………………………2d. 草芍药组 sect. *Obovatae* (Kom. ex Schipcz.) D. Y. Hong
25a. 茎下部叶的小叶 9，全缘；心皮无毛……………………………… 24. 草芍药 *P. obovata* Maxim.（中国东北部、东部和中部，日本，朝鲜半岛，俄罗斯远东地区）
25b. 茎下部叶的小叶加裂片数 13～24，小叶大多分裂；心皮具黄色乳突状毛或短硬毛，稀无毛…………………………………………25. 美丽芍药 *P. mairei* H. Lév.（中国特有：重庆、甘肃东南部、湖北西部、陕西南部、四川中南部、云南东北部）
24b. 茎下部小叶 9，稀 8 或 7，或小叶加裂片数多至 95；心皮 2～5，稀 1、6、7～10………………
………………………………………………………………………2e. 地中海芍药组 sect. *Corallinae* Salm-Dyck
26a. 茎下部的小叶加裂片数 23～95；小叶和裂片条形至卵形………………………………………………
…………… 31. 克里特芍药 *P. clusii* Stern（地中海东部克里特岛、卡尔帕索斯岛和罗得岛）
26b. 茎下部的小叶加裂片数少于 21（*P. broteri* 多至 32）；小叶和裂片宽椭圆形至倒卵形
27a. 茎下部叶的小叶数 9 或更少；心皮总是无毛……………………………28. 巴利群岛芍药 *P. cambessedesii* (Willk.) Willk.（地中海西部巴利阿里群岛）
27b. 茎下部的小叶加裂片数多为 10～15，较少 9 或更多；心皮大多被柔毛
28a. 心皮 1，少见 2，几乎总是无毛，极稀见疏毛；蓇葖果柱状，长 4～5.4 cm
……………………26. 阿尔及利亚芍药 *P. algeriensis* Chabert（阿尔及利亚特有）
28b. 心皮 2～4，少见 1 或 5，被柔毛或无毛；蓇葖果长卵型或椭圆形，长至 4 cm
29a. 花柱长 1.5～3.5 mm；茎下部的小叶加裂片数 11～14，偶尔多至 17；叶片背面被长柔毛；心皮总是无毛………34. 西亚芍药 *P. kesrouanensis* (Thiébaut) Thiébaut（土耳其南部，叙利亚西部，黎巴嫩）
29b. 花柱通常缺失（仅 *P. corsica* 有长 1.5～3 mm 的花柱）；茎下部的小叶加裂片数 9～20；叶片背面无毛或疏被毛；心皮被绒毛或无毛

30a. 心皮总被有 2～3 mm 长的绵毛或绒毛；花柱缺失

31a. 小叶通常全缘；茎下部有小叶 9，稀 10，更少见 11；小叶通常卵形或圆形，顶端近于平截而有 1 个小突尖，或圆钝，较少呈急尖 ……………………30. 达乌里芍药 *P. daurica* Andrews（从克罗地亚向东经土耳其和高加索至伊朗北部）

31b. 小叶至少有部分分裂，茎下部的小叶加裂片数通常 10 或更多，偶尔有 9；小叶顶端通常急尖

32a. 茎下部的小叶加裂片数大多（11）15～21，稀达 32；小叶长 4～10（～15） cm，宽 1.5～5（～6.5）cm，总是无毛；心皮毛长 2 mm ………………27. 伊比利亚芍药 *P. broteri* Boiss. & Reut.（西班牙和葡萄牙）

32b. 茎下部的小叶加裂片数大多（9）11～15，稀多至 21；小叶长 9～18 cm，宽 4.5～9 cm，疏被硬毛或无毛；心皮毛长 3 mm……………………33. 地中海芍药 *P. mascula* (L.) Mill.（从西班牙向东经法国、意大利、巴尔干半岛、塞浦路斯、土耳其至叙利亚、巴勒斯坦和黎巴嫩）

30b. 心皮无毛或有长 1.5 mm 的绒毛；花柱有或缺失

33a. 心皮被绒毛，稀无毛；茎下部的小叶加裂片数通常 9，稀多至 20；小叶背面被细绢毛；花柱长 1.5～3 mm………………29. 科西嘉芍药 *P. corsica* Sieber ex Tausch（地中海的科西嘉岛、撒丁岛和希腊伊奥尼亚群岛及邻近大陆）

33b. 心皮无毛，极偶尔有毛；茎下部的小叶加裂片数 10～15；小叶无毛，非常偶尔被毛（被毛的叶总伴随被毛的心皮）；花柱缺失 ……………………………32. 革叶芍药 *P. coriacea* Boiss.（西班牙南部和摩洛哥）

跋

本书用 7 章简要介绍了我们团队历经 30 多年时间，应用分类学基本原理对世界牡丹和芍药做的尽可能深入的研究，搁笔之后又想到还有些话应与读者交流，于是随笔写下几点。

1. 分类学的内涵

读者可能会问，我为什么要在这里提分类学的科学内容。这是因为后面提到因为历史原因和大学教科书的内容，社会上不把分类学当成科学。在这里我要强调，分类学不仅是一个学科，还是一门很重要的科学。

人类生活在一个美妙的生命世界里，如何勾画出生命世界清晰的框架，让人类能够认识它、欣赏它、保护它、利用它，这就是分类学的使命。

Science 的科学之问很有力地说明了这一命题。众所周知，*Science* 是国际上最权威的科学杂志之一。2005 年，*Science* 提出了 125 个科学问题，其中有 3 个是分类学中的有关物种问题：“什么是物种”（What is species）、“地球上有多少物种”（How many species are there on Earth）、“什么决定物种多样性”（What determines species diversity）。这 3 个问题都是关于物种的问题，是分类学最核心的问题。

广义分类学（或系统学）的内容由 3 个部分组成：分类、谱系发生、进化，它们的研究相互交错，彼此重叠（跋图 1）。

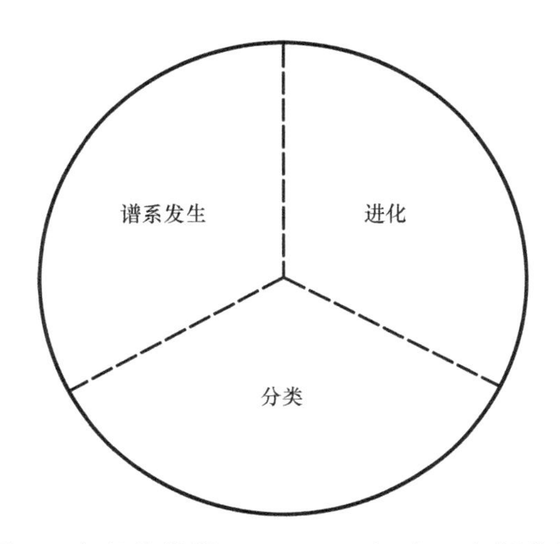

跋图 1　广义分类学（taxonomy）由 3 个部分组成

其间用虚线隔开，表示它们之间并无明显界线

1）分类（classification）也被称为狭义的分类学或者经典分类学，它的研究内容是依据综合的性状分析，对整个生物界（也可称生物多样性）进行科学的分门别类，把个体归成变种、亚种、种、属、族、科、目、纲、门、界等逐级上升的阶元系统（hierarchy）的各级阶元（category）。它的核心内容是进行科学的物种划分，提供精准的物种数据和信息。分类的内容还包括提供用于鉴定和交流的方法，如命名法、志书、检索表等。物种划分是分类学的核心内容。

2）谱系发生（phylogeny）研究的目标是通过综合方法揭示类群之间的谱系发生关系，也即亲缘关系。现今而言，这种研究的首要目标就是建立生命之树（tree of life）。

3）进化（evolution）研究的内容很广泛，如进化发育与基因组学、适应性进化、物种形成（speciation）、进化机制、杂交和它的后作用等。

分类学的这 3 个部分紧密相扣。没有分类就没有统一的类群名称，也就无法交流，无法获取材料，研究结果亦无法表达。没有清晰可靠的谱系发生关系，难以建立科学的分类系统；谱系发生关系对进化研究也有启示作用，为进化研究提供题材。进化研究为类群划分，特别是物种划分奠定基础，也为谱系发生研究奠定理论基础。这 3 个部分之间实际上的关系可能比这里表述的更加紧密。

2. 分类学的名称

用于分类学的名称很多，因此用什么名称就成了一个问题。分类学（taxonomy）常与系统学（systematics）混用（Stuessy，1990，2009）。系统学一词的应用最早可追溯到 1737 年、1751 年和 1754 年林奈的用词，一直沿用至今；分类学是 1813 年由 de Candolle 提出的（德文 taxonomie）。20 世纪又出现了实验分类学（experimental taxonomy）和新系统学（new systematics），还出现了若干分支学科，如细胞分类学（cytotaxonomy）、化学分类学（chemotaxonomy）、化学系统学（chemosystematics）、数量分类学（numerical taxonomy）、分子系统学（molecular systematics）、物种生物学（biosystematics）。可见这两个名称是可以互用的，这从该领域 5 本比较流行的教科书的书名可以看得更清楚，Benson（1962）用的是 *Plant Taxonomy: Methods and Principles*；Davis 和 Heywood（1963）用的是 *Principles of Angiosperm Taxonomy*；Stace（1980）用的是 *Plant Taxonomy and Biosystematics*；Stuessy（1990，第一版；2009，第二版）用的是 *Plant Taxonomy*，但 Stuessy 和同事合作完成的书名用的却是 *Plant Systematics*（Stuessy et al.，2014）。虽然这些著作的名称不同，但内容上是基本一致的，最能说明问题的是上述的 Stuessy 的 3 本书，用同一幅图来说明不同书的相同内容，即分类学的内涵。

国际植物分类学会、美国植物分类学会的英文名中都有 Taxonomic Society。我认为，学科的内容会因科学的发展而不断更新和丰富，但学科的名称应尽量维持不变。

3. 分类学原理

（1）名著介绍的分类学原理

Benson（1962）的 *Plant Taxonomy: Methods and Principles*（《植物分类学：方法和原理》），分 4 个部分，共 18 章，其中，第二部分的第 9 章名为分类的原理，介绍了物种和其他分类群的区分、物种定义、其他分类群的定义以及分类的策略。

Davis 和 Heywood（1963）的 *Principles of Angiosperm Taxonomy*（《被子植物分类学原理》），全书共 14 章，内容包括：①分类单位；②性状和性状分析；③分类证据（广义形态学、细胞学、植物化学等）；④在野外、标本馆、图书馆进行的研究和分类修订及专著写作；⑤居群概念、遗传变异、繁育系统；⑥居群与环境、生态型分化；⑦进化与物种形成、物种定义；⑧杂交与分类学。

Stuessy（1990，2009）的 *Plant Taxonomy*（《植物分类学》），全书共 25 章（2009 年的第二版增加了一章），分为两部分：第一部分（1～14 章）为分类学原理；第二部分[15～25（26）章]为分类学数据。1～14 章的内容包括：①分类的含义（1～4 章），主要讲述了分类和系统学的内容和重要性；②生物分类的不同途径（5～9 章），主要介绍了研究生物分类的不同途径，包括人为与自然分类、表型途径、支序途径（cladistics approach）；③阶元系统（hierarchy）由类目（category）组成的概念（10～14 章），内容为分类类目系统的历史、物种和物种概念、亚种和变种及变型、属和科以及更高类目（higher categorie）的概念和划分。

分析上述这 3 部著作中的分类学原理很容易看出，第一部的内容较狭窄，仅指分类群（强调物种）的定义和划分。当然这一内容也是分类学的核心内容。第二部和第三部都是广义的，都把分类学研究涉及的内容一起包含在分类学原理中。但是后两部也有区别，第三部主要强调概念和方法论，而第二部除此以外还强调研究植物本身的属性，即变异、进化、物种形成、繁育系统、杂交等。本书的分类学原理更像第二部，就是说，本书所含的分类学原理的内容比较广。

（2）对分类学基本原理的理解和应用

在我 30 多年对世界牡丹和芍药的研究中试图贯穿分类学的基本原理。下面概述我理解的分类学基本原理。

变异和进化 这是生物学的基本原理，也是分类学的基本原理。没有变异和进化，生命世界就不会如此多姿多彩。分类学家除应知道生物多样性外，还必须知道种内的多样性，除非极其濒危的物种，如普陀鹅耳枥和占少数的非异交繁殖植物。

居群多态性（population polymorphism） 指种内同一环境中的一群个体内有基因突变、基因重组，还有居群间的基因流，造成居群内的基因型数量巨大，可能是个天文数字。居群内的形态类型数量也相当庞大。一个物种所含的居群可能是一个至无数个。居群概念是生物学家，特别是分类学家必须树立的概念。我要说，没有居群概念，心中没有居群多态性就称不上是一位分类学家。

种内分化（intraspecific differentiation） 这是异交生物在物种形成过程中必经的阶段。种内的不同居群或居群集群因适应不同生态环境和不同地理区域会发生适应性分化，并随之发生形态分化。前者可能会形成不同的生态型，可定为变种，后者可能形成不同的地理宗，可定为亚种。变种和亚种是自然的实体，不等于随意发表的新“分类群”。

物种是生命世界的基本单元 物种也是生物学的基本单元，这也是 *Science* 杂志 2005 年提出的 125 个科学问题中有 3 个是物种问题的主要原因。提出众人接受的物种概念（物种定义）、构建物种划分的形态学原则、进行科学的物种划分，是分类学的核心内容。“什么是物种”也是生物学中缺乏共识的科学问题之一。

物种概念与划分物种的形态学原则 至今还没有一个物种概念被广泛接受。我把分类学研究的实践经验和书本上的知识相结合，提出了遗传学和形态学有机结合的、全新的物种概念，确立了我自己划分物种的形态学原则，即“至少有两个相对应的形态性状呈现变异的间断，包括统计上的间断”。严格按照这一形态学原则，把世界牡丹和芍药划分为 34 个种，这一结果与高分辨率的单拷贝核基因组谱系发生树完全契合。

物种形成——生物进化的关键阶段 物种形成是一个非常复杂的过程，研究还远不够深入。我认为，物种形成就是独立基因库的形成。不同基因库之间不再有基因流，从而造成形态性状变异的不连续，即断裂。具有独立基因库的物种在独立的谱系分支上再分化，如此形成现今的生物多样性。我相信，独立基因库的形成和形态性状的断裂是相关联的。

繁殖方式和物种问题 植物的繁殖方式多种多样，是生物中最复杂多样的。植物中存在异交繁殖、自交繁殖、无融合结籽和营养繁殖，但它们不是绝对可分的，在芍药属中就有专性异交繁殖，如大花黄牡丹和紫斑牡丹，也有以异交繁殖为主，营养繁殖为辅，如滇牡丹等。非异交繁殖又有多种繁殖方式，有自交繁殖（自花授粉的），也有营养繁殖和无融合结籽，其中营养繁殖又有根出条、根状茎、珠芽、鳞茎等不同繁殖器官；无融合结籽有悬钩子、栒子等，还有蒲公英中有些类群，花粉管进入胚珠，但不受精，未经减数分裂的卵细胞经刺激后直接发育成种子。

植物中繁殖方式的多样性使物种问题变得更复杂。对于非异交繁殖的植物而言，本书讲的居群概念、基因重组、基因流、种内分化都应用不上。例如，一大片芦苇像是一个居群，其实它可能就是由一个个体分蘖而成，只有一个基因型；一片竹林也可能是单一的基因型，但竹子有可能数十年、数百年开一次花，进行有性繁殖，对于这样的植物还研究得很不深入。我的物种概念回避了它们，所有的遗传学物种概念、生物学物种概念和其他物种概念也回避了。毕竟非异交繁殖的植物只占少数。

如何处理非异交繁殖植物的物种问题，国际上有两种观点：一种是多数人的意见，主张参考异交繁殖生物的物种概念，不能以一个性状差异划分物种，俗称“大种”观念；另一种观点是细胞学家 Löve（1951，1964）提出的，主张把生殖隔离的植物，如不同细胞型，都当成物种处理。这被称为“小种”观点。对这种观点批评者多，接受者寥寥。可在我国有一些人随意发表新种，受到批评时却振振有词。其实他们并不知道何为“大种”观念，何为 “小种”观点，只把它当作随意发表“新种”的托词。

杂交及其后作用 本书把杂交定为种间杂交。在植物界种间杂交时有发生，它会产生不同的结果，给生物学家带来一些难题。它可能产生异源多倍体、杂交渗入、杂种不育、去物种化等现象。我们在世界牡丹和芍药研究中发现有异源多倍体、异源等倍体、杂种不育以及去物种化现象。文献中也报道过，唇形科（Lamiaceae）和芍药科等出现过多个把杂种不育的后代或杂种第一代定为“新种”的例子。可见杂交和它的结果是分类学家必须认真研究和处理的。

我在文献中以及和同事们的交流中发现，有人错误应用“杂交”和“杂种”这两个术语。他们把一个多变的物种的两端看作是两个亲本的形态特征，而把大量中间类型看作杂种后代分离产生的蜂群。在我看来，他们仍然不认识居群多态性和物种分化的自然现象，而且他们也未核实所谓的两个亲本是否真正是两个物种。

性状分析是分类学研究的关键步骤 类群的划分和归类，特别是物种划分是否科学，取决于对形态性状的分析。分类学家在划分类群时要分析、评估性状的分类价值，在研究谱系发生关系时也要评估性状的价值。著名动物学家 Mayr（1942）认为分类学家应当把 90%的精力放在研究变异上。分析应在野外、标本馆、实验室和图书馆 4 个场所进行，观察和分析尽可能多的材料。分析性状应当分析形态差异是否出现在个体之间、居群之间，还是类群之间等，还应分析变异的幅度，分析性状是衍征还是祖征。形态性状有质量性状和数量性状，对两者应同等看待。对数量性状的评估应采取统计学分析方法。我十分赞同一句话：没有数学的引入就不会有精准的科学。

谱系发生树和分子谱系发生树 自达尔文的进化论问世以来，生物学家都在努力从形态学角度揭示生物的谱系发生关系。从 1993 年 M. Chase 等多位学者用单个叶绿体 *rbcL* 基因序列构建被子植物谱系发生以来，分子系统学迅速发展。构建成功的谱系发生树要靠丰富的材料、高分辨率的信息分子，现在多采用谱系基因组学（phylogenomics）方法，多为单拷贝或寡拷贝核基因，并结合形态性状进行分析。我认为那些只凭不充分的材料，信息含量不够高的基因序列构建的谱系发生树，又不与形态性状结合就用来划分物种或其他级别的类群、讨论谱系发生关系，这种方法很少会被认为是成功的。

高度综合的学科必须采取综合的研究途径 分类学是一门高度综合的学科，只有采用综合的研究途径，才有成功的结果。现在有水平的研究多采用综合途径，涉及的学科有形态学、遗传学、生殖生物学、细胞学、植物化学、孢粉学、古植物学（化石）、分子系统学等。在我们对世界牡丹和芍药研究中，除化石（芍药属未发现有可靠化石）外，这些学科都涉及了。不仅如此，我们还应用了数量性状，并采用统计学方法用于数量性状的分析，现在证明是很有帮助的。

重视模式标本、摒弃模式概念 模式标本的作用在于锁定拉丁名。在本书第3章“中亚地区芍药属植物的种名问题”就叙述了1957年*Flora USSR*（《苏联植物志》）和我们于1994年发表的那篇文章，都因未看到*Paeonia anomala* L. (1771)、*P. intermedia* C. A. Mey. (1830)和*P. hybrida* Pall. (1788)的模式标本而造成张冠李戴，甚至错误发表新种。对于模式标本，有两种错误的对待：一是不重视，不追求查阅模式标本；二是拿手上的标本与原始描述或模式标本做对照，发现有差异的就被描述为“新种”。其实模式标本只有固定拉丁名的作用，它只是物种众多个体中的一个，并不代表物种的全部特征。只要划分物种的人心中有居群多态性，就不会被模式概念限制，就不会轻易发表“新种”。

《国际植物命名法规》的使用 《国际植物命名法规》（简称《法规》）的作用在于用法规保证植物和菌物名称的合法性，从而保证植物和菌物名称的统一。这是分类学家必须遵循的法规，我们必须了解《法规》的内容，在有问题时去深解有关条文，并准确应用，但不必死记硬背（除研究法规的专家）。我曾通过《法规》解决过难题。伊比利亚半岛（葡萄牙、西班牙）有一种芍药，欧洲学者一直使用*Paeonia broteri* Boiss. & Reut. (1842) 这一学名，但在我的研究过程中发现有另一个更早的合法名称*Paeonia lusitanica* Mill. (1768)。按《法规》的优先权这一条，前一名称应作为后一名称的异名。但是我知道，在学名应用上有一定的灵活性，即学名可以有条件保留。于是我和西班牙植物园园长兼植物标本馆馆长Castroviejo教授联名向国际植物分类学会申请保留*P. broteri* Boiss. & Reut.，后经委员会全票通过，把“不合法名称”变成了“合法名称”。

4. 芍药属（科）未解的科学问题

科学进步永无止境。虽然我们研究世界牡丹和芍药30多年，揭示了一些现象，回答和解决了一些科学问题，但还有不少问题有待更先进的思想和手段，更深入地去探索解决。

1）为什么芍药科（属）在被子植物中如此孤立？它在被子植物中的系统位置成了一个历经几个世纪激烈争论的问题，如今用分子系统学方法揭示了它属于虎耳草目，但该目有16个科，却找不到它与哪个科亲缘关系最近。因此，它仍然还是很孤立。这一问题自然衍生出以下几大问题。

2）如第2章末尾所述的，芍药科（属）在形态、化学成分、胚胎发生、染色体组、染色体减数分裂上有7个在被子植物中很独特的性状是如何进化而来的？特别是奇妙的染色体，它的巨大染色体组和染色体减数分裂高频率的异常现象是如何形成的？染色体高度杂合性的形成和维持机制是什么，它在进化上的意义何在？总之，如何揭开染色体隐藏的秘密？为何芍药属存在多个等倍体杂交起源的物种，因而发生网状进化事件？

3）我们的谱系发生研究显示，芍药科（属）在历史长河中经历了近 8000 万年的单系发展过程，那在这一段历史中，芍药科（属）的祖先究竟有什么样的经历？是否它的祖先在非洲，它随印度板块离开非洲，一路漂移，失去了不少亲戚，孤零零地来到喜马拉雅？

4）芍药属植物在胚胎发生过程中都经历游离核原胚期。这一现象在裸子植物中是普遍的，但在被子植物中却是独一无二的，以至著名植物学家 G. L. Stebbins 由此推论，芍药属是被子植物最原始的成员。当然现在看来这一推论站不住脚，其是否为返祖现象，以及其发生机制有待进一步研究。

5）第 1 章中简述了牡丹和芍药在多方面的极高价值，与人类生活的密切关系，但它们的许多物种，特别是多数野生牡丹都已处于濒危，甚至是极危状态。虽然我们的观察和研究为世界牡丹和芍药物种数目和分布提供了比较精准的数据，对它们的生存现状也提供了基本资料，但是这远不能满足有效保护野生牡丹和芍药的要求。现在迫切需要的是对野生牡丹和芍药的生存状况进行更深入的调查，开展保护生物学研究，为有效保护提出科学的保护策略和保护措施，以引起有关部门的重视。

5. 国际对“世界牡丹和芍药研究”的评论

我于 1997 年开始在国外发表一系列研究论文和专著，共有 46 篇文章和由 3 本书组成的系列专著。国际同行对我们的研究成果予以高度称赞，下面是依据我手边的资料整理的。

（1）对物种划分和分类修订给予肯定和赞扬

本书第 3 章 3.4.1 和 3.4.3 提及了两个例子。

（2）多次受国内外邀请做学术报告

2004 年 4 月 18 日，美国、加拿大、德国等 5 国 13 位植物学家与牡丹和芍药的爱好者来北京听我讲世界牡丹和芍药。此后至少有 6 次受邀做世界牡丹和芍药的学术报告，其中在维也纳大学 2 次（2004 年 9 月，2009 年 7 月），在塞尔维亚贝尔格莱德举行的地中海地区生物学大会（2004 年 9 月）、日本广岛大学（2004 年 10 月）、美国菲尔德自然史博物馆（Field Museum of Natural History）（2005 年 5 月 17 日）、德国柏林植物园和标本馆（2011 年 7 月）各 1 次。国内在大学、研究所、学会或专业会议上做牡丹和芍药研究的报告在 20 次以上。

（3）牡丹和芍药国际大会的评价

2005 年，国际牡丹和芍药协会在德国慕尼黑举行国际大会，我是唯一被邀请做大会报告的人（跋图 2）。

在大会公告上还有对我研究的评语：“没有人比他更影响我们对牡丹和芍药分类的认识。他的 20 多篇文章澄清了许多混淆。”

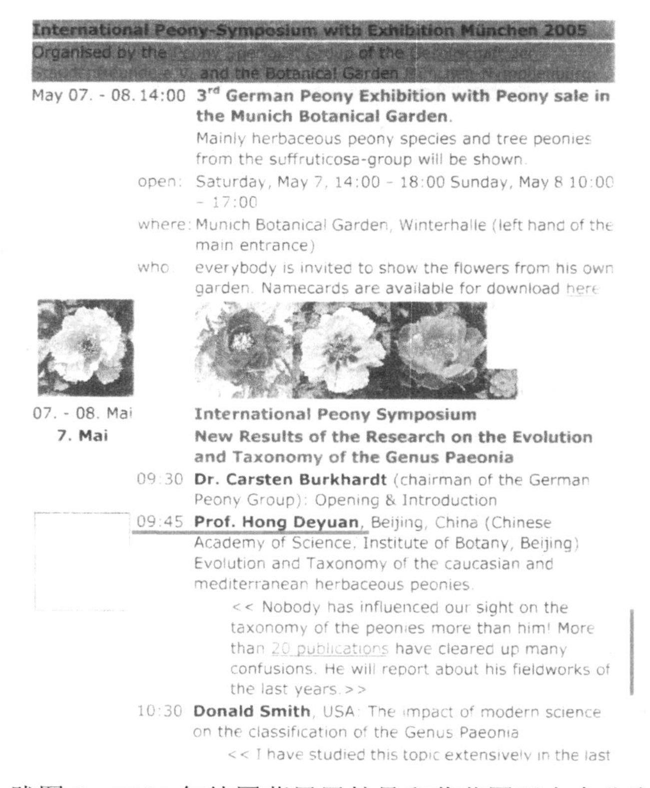

International Peony-Symposium with Exhibition München 2005

Organised by the ... of the ... and the Botanical Garden ...

May 07. - 08. 14:00 **3rd German Peony Exhibition with Peony sale in the Munich Botanical Garden.**

Mainly herbaceous peony species and tree peonies from the suffruticosa-group will be shown.

open: Saturday, May 7, 14:00 - 18:00 Sunday, May 8 10:00 - 17:00

where: Munich Botanical Garden, Winterhalle (left hand of the main entrance)

who: everybody is invited to show the flowers from his own garden. Namecards are available for download here

07. - 08. Mai **International Peony Symposium**

7. Mai **New Results of the Research on the Evolution and Taxonomy of the Genus Paeonia**

09:30 **Dr. Carsten Burkhardt** (chairman of the German Peony Group): Opening & Introduction

09:45 **Prof. Hong Deyuan**, Beijing, China (Chinese Academy of Science, Institute of Botany, Beijing) Evolution and Taxonomy of the caucasian and mediterranean herbaceous peonies.

<< Nobody has influenced our sight on the taxonomy of the peonies more than him! More than 20 publications have cleared up many confusions. He will report about his fieldworks of the last years. >>

10:30 **Donald Smith**, USA: The impact of modern science on the classification of the Genus Paeonia

<< I have studied this topic extensively in the last

跋图 2　2005 年德国慕尼黑牡丹和芍药国际大会公告

（4）各方对 *PEONIES of the World: Taxonomy and Phytogeography* 的评价

PEONIES of the World: Taxonomy and Phytogeography（《世界牡丹和芍药：分类与植物地理》）的初稿于 2006 年完成，我希望能在世界著名出版社出版，英国皇家植物园邱园出版社在植物学专著出版方面很有名气，我试着把初稿发出去。令人惊喜的是，仅一个多月我就收到标本馆主任 S. Owens 教授代表科学著作评委会给我的信，信中写道："我们科学书籍评委会已讨论了您的提议，总的来说，评委会对你的书印象很深。你的著作有很高的科学权威性（considerable scientific authority）"。接到此信我自然十分兴奋，为了使这本书具有更加名副其实的"科学权威性"，我又花了一年多时间，认真地修改文稿，于 2008 年正式交稿，2010 年出版。

书评的第一段内容如下："最危险的事莫过于让两位以上酷爱牡丹和芍药的人参与牡丹和芍药的定名和分类，他们开始会情绪高昂，可不久他们往往就没有了心情。牡丹和芍药分类的最严重问题就是错误鉴定。现在应该撇开过去的文献，而进入洪德元最近出版的专著。他纠正了过去不重视标本、也不用统计学的状况。他查阅研究了 65 个标本馆的 5000 份标本，对全球 100 多个地区的野生居群进行了考察，运用了统计学分析性状，也查验了尽可能多的模式标本。这本专著提供了极为丰富的资料，再加上对现有文献的详细比较和对 DNA 的分析，可以毫无疑问地说，该书体现了对世界牡丹和芍药的全面研究。"（跋图 3）

Book Review: *Peonies of the World, taxonomy and phytogeography* by Hong De-Yuan　　　Jo Bennison

There is nothing as dangerous as getting two or more peony fanatics onto the subject of naming and classification of peonies. Opinions become entrenched, feelings run high and all too often tempers get lost. Enter the most recent monograph on the genus *Paeonia* sweeping through past literature to present 32 species and 26 sub-species with comprehensive botanical keys to sections, subsections, species and subspecies.

跋图 3　*PEONIES of the World: Taxonomy and Phytogeography* 书评的第一段

书评中还以达乌里芍药彩花亚种*Paeonia daurica* subsp. *mlokosewitschii* (Lomakin) D. Y. Hong 等为例阐述我的分类处理既科学，又实用。最后，书评说："我拿着洪的书到地里核对我种的许多物种，可以毫不迟疑地鉴定出种，而拿别的书，则要留下疑问和问号。突然间，我觉得我种植的这个园子很有意义，各个类群也分得清楚了。"

美国国家科学院院士、中国科学院外籍院士 Peter Raven（彼得·雷文）于 2019 年给他的朋友康奈尔植物园执行主任 Christoper 博士的信中提到我对世界牡丹和芍药的研究："…his monumental work on peonies over the years（……他多年来对牡丹和芍药做了不朽的研究）"。

6. 分类学队伍逐渐"濒危"，我心有忧

生物多样性保护已成国家战略，2021 年 10 月，国家主席习近平出席在昆明召开的《生物多样性公约》第十五次缔约方大会，在领导人峰会上宣布启动国家植物园体系建设。这对于推进生物多样性保护无疑是一个战略性举措。植物园的首要使命是迁地和就地保护濒危物种。我国是生物多样性大国，大约有 3 万种维管植物，其中大约有 4000 种处于濒危状态，但都没有准确的数据，更没有准确的名单。为了健康发展国家植物园事业，我国必须有精准的物种数据，特别是精准的濒危物种数据，准确对应迁地保护和就地保护的目标。这就必须有一支规模相当的分类学队伍。可是我国的这支队伍不是在壮大，也不是在维持，而是在快速萎缩之中。近几年，我参与了国家植物园构建方案的评审，发现不止一两个构建方案中缺失分类学学者，更不用说有力的分类学队伍。这就是国家植物园体系建设中需要解决的大问题。这就是我们 33 位有关学科的学者联名呼吁解决分类学队伍严重萎缩的问题。我个人认为造成分类学队伍萎缩的原因有 3 个。

（1）我国分类学原理的传播一度受阻碍

分类学原理的核心是生物的变异和进化。而这一原理主要体现在遗传学中。没有遗传学知识，自然就没有分类学原理。

20 世纪 30 年代，苏联农业科学院院长李森科把学术问题政治化，以他为首的米丘林学派把孟德尔-摩尔根遗传学打成“反动的、唯心的伪科学”。受此影响，我国各大学（唯复旦大学例外）只开设“米丘林遗传学”。全国只有我就读的复旦大学因有孟德尔–摩尔根学派的著名遗传学家 Th. Dobzhansky 的门生谈家桢教授当生物系主任，争取到孟德尔–摩尔根遗传学教研组与米丘林遗传学教研组并存。至 1962 年我毕业时，我们生物系 180 位同学经过 5 年的学习，几乎全都赞成孟德尔–摩尔根遗传学。但是，从全国来看，复旦的学生毕竟是少数，声音小。没有了“真正的遗传学”，那么基因突变、遗传重组、居群生物学（population biology）、居群多态性、达尔文进化论等生物学基本理论也就难有阵地，没有这些概念和知识，就没有真正的分类学原理可言。

（2）植物科属识别手册不能代替大学“植物分类学”教科书

另一个对中国植物分类学造成严重影响的是大学的“植物分类学”教科书，其中还有名校老师编写的。这类教科书里面的内容几乎不涉及分类学的内涵、原理、科学问题和研究方法，而只是中国一些植物科、属的形态描述。可以说，它们不是分类学教科书，恰当的书名应是：“中国植物科、属识别手册”。这自然会给人造成“植物分类学”不是科学的印象。这样的“植物分类学”教科书教的仅仅是认识植物。这类“植物分类学”教科书造成了三大不良影响：①使社会上产生了诸如“分类学不是科学”的奇谈怪论；②使学生对分类学研究疏而远之，因为这样的教科书已让他们对“分类学”产生厌倦感，更何况分类学研究必不可少的野外考察相当艰苦；③为发表“新种”“新变种”开辟了大道，一些分类工作者心中没有分类学原理，有标本就找志书或模式标本对号入座，对不上号的，就发表“新种”“新变种”。

在此我要高声呼吁，要重新修订植物分类学教科书，科研和教学单位要着力通过研究生培养，建设高水平的分类学队伍。

（3）科研成果评估体系有待大改进

在“跋”的最前面，我介绍了分类学可分广义分类学和狭义分类学。广义分类学分为分类、谱系发生和进化研究，三者相互交错，互相重叠。狭义分类学有时被称为经典分类学，内容包括对生物类群进行分类处理，如物种划分、对生物类群进行分类修订、编写国家或地区的生物志书。总的来说，整个分类学研究的成果难于发表在影响因子（即点数）很高的杂志上，而经典分类学的成果创新性有限，而且有很强的地区性，况且各种志书或类群专著是书，没有点数。这类工作必须开展野外考察，既艰苦又危险。在这以影响因子论“英雄”的年代，从事经典分类的年轻人深感经费难得，晋升困难。在这样的研究现状下，有多少年轻人还愿意加入这个队伍，已经在这个队伍的年轻人又有多少还甘心留在前途渺茫的原岗位。

可以这样说，我国应采取切实可行的措施，特别是切实改进成果评估体系，从简单地按点数论“英雄”，改为按学科特点、贡献论成果，避免经典分类学家和标本馆“人去楼空”。在这里我要特别强调的是，保护生物多样性是国家战略，有效的保护必须有精准的物种数据，有得力的分类队伍，才能有精准的物种数据。在这样的背景下，我们三位院士及相关学科学者共33人，于2022年5月23日，以“分类学者成‘濒危物种’，抢救生物分类学刻不容缓”为题，联名在《中国科学报》呼吁对这一现状予以足够重视，采取切实有效的措施，挽救生物分类学队伍。